普通高等教育"十二五"系列教材

辽宁省"十二五"普通高等教育本科省级规划教材

电子技术简明教程

（第二版）

主　编　秦　宏

副主编　曲延华　张玉梅

参　编　于　源

主　审　李晶皎

中国电力出版社
CHINA ELECTRIC POWER PRESS

内 容 提 要

本书根据非电类专业或电类少学时专业对电子技术基础知识的要求，在结构和内容上做了实用性处理，立足少而精，具有简明、易懂、实用、与实践密切结合的特点，使读者可以在较少的时间内，了解电子技术的基本面貌，掌握基本的电子知识与技能。

本书主体部分分模拟电子技术和数字电子技术两篇。主要内容包括绪论、基本半导体器件、常用放大电路单元、正弦信号产生电路、直流稳压电源、模拟电子电路应用实例、数字电子技术基础知识、数字逻辑电路、脉冲信号的产生与整形、数字电子电路应用实例、模拟与数字系统的接口 11 个部分。为进一步使教材紧凑，将半导体的基本知识和模数接口电路分别处理为绪论和附篇，可根据需要取舍而不影响全书结构。

本书可作为高等学校非电类本科电子技术或电子学等课程的教材或教学参考书，也可供少学时的电类专业或其他工科专业选用，或供社会读者阅读参考。

图书在版编目（CIP）数据

电子技术简明教程/秦宏主编. —2 版 . —北京：中国电力出版社，2015.2（2023.8 重印）

普通高等教育"十二五"规划教材　辽宁省"十二五"普通高等教育本科省级规划教材

ISBN 978 - 7 - 5123 - 7085 - 2

Ⅰ. ①电…　Ⅱ. ①秦…　Ⅲ. ①电子技术-高等学校-教材　Ⅳ. ①TN

中国版本图书馆 CIP 数据核字（2015）第 009164 号

中国电力出版社出版、发行

（北京市东城区北京站西街 19 号 100005 http：//www. cepp. sgcc. com. cn）
三河市航远印刷有限公司印刷
各地新华书店经售

＊

2010 年 10 月第一版
2015 年 2 月第二版　2023 年 8 月北京第十三次印刷
787 毫米×1092 毫米　16 开本　15.25 印张　372 千字
定价 45.00 元

版 权 专 有　侵 权 必 究

本书如有印装质量问题，我社营销中心负责退换

前　言

进入 21 世纪以来，电子技术高速发展，新器件、新知识、新技术层出不穷。对培养国家基本建设人才的高等学校来说，电子技术作为高等学校大多数工科专业的必修课程，地位也越来越重要。这促使电子技术课程体系、教材、教学方法都要随之发展，以适应时代的需要。在教材方面，电子、信息类的专业教材各具特色，但对于少学时的本科专业来说，教学实践中往往要么面面俱到却无法深入探究任何一个实际问题，要么大幅删减教学内容却丧失了对电子技术体系全貌的把握。因此，高等学校教学实践中迫切需要一本简明易懂、内容精练但又不失全貌、篇幅上合理、结构上逻辑性强、能与实践密切结合的针对高等学校少学时专业的电子技术教材。

本书根据高等学校电子技术课程教学基本要求编写，主要内容是电子技术的基础理论、基本器件、常用实用电路等电子技术的相关知识内容。全书充分考虑高等学校工科少学时电子课程的特点，立足于少而精，将课程内容做了大胆整合，结构做了大胆调整，突出结构的逻辑性，语言的通俗性，使教材具有简明、易懂、实用，能与实践密切结合的特点，使学生可在较少的学时中了解电子技术的基本面貌，掌握精髓，具备基本的电子知识与技能。在 2010 年至今的使用过程中，本书的内容体系受到各方面的好评，因此，此次修订沿用了第一版的体例，仅对个别内容进行了调整，便于更好地教学。

本书的主要特点如下：

（1）结构紧凑、突出主线。本书分为模拟电子技术和数字电子技术两篇。为进一步使教材结构紧凑，将半导体的基本知识和模数接口电路分别处理为绪论和附篇，可根据需要取舍而不影响全书结构。本书主要内容有绪论、基本半导体器件、常用放大电路单元、正弦信号产生电路、直流稳压电源、模拟电子电路应用实例、数字电子技术基础知识、数字逻辑电路、脉冲信号的产生与整形、数字电子电路应用实例、模拟与数字系统的接口 11 个部分。

（2）立足模块、综合应用。本书凝练电子技术课程的知识点，弱化大量的原理、推导等研究性问题，教材上篇模块包括基本半导体器件、常用放大电路单元、正弦信号产生电路、直流稳压电源四章，最后以模拟电子电路应用实例综合模拟电子技术部分的各知识点，加强理论知识与工程实际问题的联系，使学生在较少学时内具备综合应用的思维能力。

教材下篇模块包括数字电子技术基础知识、数字逻辑电路、脉冲信号的产生与整形三章，最后以数字电子电路应用实例综合数字电子技术部分各知识点，加强理论综合能力与实践应用能力。

全书最后通过附篇模数接口，将模拟、数字部分有机地联系为一个整体，并通过一个实用的多路测温系统实例，立足模块、综合应用，拓宽学生的知识面和眼界，使学生适应后续课程的学习与不同就业岗位的需要，达到"少学时、宽接口"的目的。

（3）理论够用、取舍灵活（弃小细节、取大结构）。半导体的基本知识部分是整个电子技术的基础，但由于此部分内容涉及较多的微观半导体知识与理论，特别是对于非电类少学时专业来说，无论从课时容量上、后续专业课对本课程的要求上，都不一定是必选内容。从模块化思维的角度来说，弱化内部理论、强化外部应用是本教材的指导思想。同时，为了使读者更好地掌握电子技术知识全貌，本教材将半导体的基本知识编入绪论，使用者可根据情况灵活取舍，不影响全书结构。

　　本书还创新地采用了每章"自己做小结"的形式，便于读者把握每个单元的基本概念和基本要求。每章配有习题并有一定比例的实践性较强的应用题型。书末还提供了试卷格式的综合测试题，可以使读者更好地掌握本门课程的基本理论知识及实际应用技能。

　　本书的第2章的2.2节、2.3节以及第3、4章由曲延华编写，第5章由于源编写，第6章的6.1节、6.2节由张玉梅编写，秦宏编写了其余章节并统稿。

　　由于编者尚处于少学时电子技术教材编写的探索阶段，书中难免出现不妥和疏漏之处，敬请读者提出宝贵意见。

编　者

2014 年 12 月

本 书 符 号 说 明

1 基 本 原 则

1. 电流和电压的基本原则（以基极电流为例）

$I_{B(AV)}$ 平均值

I_B（I_{BQ}）   直流量或静态值（大写字母＋大写下标）

i_B 可能包含直流及交流的瞬时总量（小写字母＋大写下标）

i_b 交流瞬时值（小写字母＋小写下标）

I_b 交流有效值（大写字母＋小写下标）

$\dot{I}_b$ 正弦交流信号的相量形式

ΔI_B 变化量

2. 下标的一般含义

各种符号均可以用基本符号＋下标的形式表示更多的含义。如：s 代表信号源，i 代表输入，o 代表输出等，其他符号的下标均可依此方法表示。

i	输入
o	输出
f	反馈
s	信号源
H，L	高，低
c，d	共模，差模
F，R	正向，反向
L	负载
REF	基准或参考电压
max，min	最大，最小

2 基 本 符 号

1. 电流和电压

I，i	电流的通用符号
U，u	电压的通用符号
V_{BB}，V_{CC}，V_{EE}	晶体三极管 BJT 的基极、集电极和发射极回路电源
V_{GG}，V_{DD}，V_{SS}	场效应管 FET 的栅极、漏极和源极回路电源
GND	地

2. 电阻、电导、电容和电感

R，r	直流电阻和交流电阻的通用符号
G，g	直流电导和交流电导的通用符号
C	电容的通用符号
L，M，T	电感、互感和变压器

3. 增益与放大倍数

A	放大倍数或增益的通用符号
A_u	电压放大倍数的通用符号
F	反馈网络的反馈系数
A_f	闭环增益
A_{ud}	差模电压放大倍数
A_{uc}	共模电压放大倍数
A_{od}	开环差模电压增益
A_{um}	中频电压放大倍数

4. 功率和效率

P	功率的通用符号
P_V	直流源供给的功率
P_T	管耗
η	效率的通用符号

5. 频率与周期

f	频率的通用符号
f_M	最高工作频率
T	交流电源或脉冲的周期
t_w	脉冲宽度
q	占空比

3 基本器件参数符号

1. 二极管

VD	二极管的通用符号
VZ	稳压二极管
a，k	阳极和阴极
I_F	最大整流电流（正向电流）
I_S	反向饱和电流
U_{th}	二极管和三极管的死区电压
U_{BR}	反向击穿电压
U_{RM}	最高反向工作电压
U_Z	稳压管的稳定电压

2. 三极管

VT	晶体三极管 BJT 的通用符号
b，c，e	基极、集电极和发射极
$\bar{\beta}$，β	晶体三极管共发射极直流电流放大系数和交流电流放大系数
I_{CBO}，I_{CEO}	三极管的极间反向电流
I_{BS}，I_{CS}	临界饱和基极电流和临界饱和集电极电流
U_{CES}	三极管饱和管压降

$U_{(BR)CEO}$	基极开路时集电极与发射极间的反向击穿电压
I_{CM}	集电极最大允许电流
P_{CM}	集电极最大允许耗散功率
r_{be}	三极管的交流输入电阻

3. 场效应管

VT	场效应管 FET 的通用符号
g, d, s	栅极、漏极和源极
g_m	低频跨导
U_T，U_P	增强型场效应管的开启电压和耗尽型场效应管的夹断电压
I_{DSS}	耗尽型场效应管的漏极饱和电流

4. 其他模拟器件

K_{CMR}	共模抑制比
U_{T+}，U_{T-}	迟滞比较器（施密特触发器）的正向和负向阈值电压
ΔU_T	迟滞比较器（施密特触发器）的回差电压

5. 数字逻辑电路

G	逻辑门
N	扇出系数
t_{pd}	平均延迟时间
PD	延时-功耗积
E、EN、EI、EO 等	使能控制端
FF	触发器
Q，Q^n	触发器的现态
Q^{n+1}	触发器的次态
R，S	RS 触发器的输入端
CR，CLR，R，R_D 等	置 0 端（或复位端）
S，S_D	置 1 端（或置位端）
CP，CLK	时钟或时钟脉冲
D	D 触发器的输入端
J，K	JK 触发器的输入端
D_{SL}，D_{SR}	左移和右移串行数据输入端
PE，LD	置数控制（使能）端
TC，CO	进位输出端
$R/\overline{W}$	读/写控制端
I/O	输入/输出端

4　其　他　符　号

BW	通频带或带宽
Q	静态工作点
φ	相位角
T	热力学温度（单位为 K）

目　录

下篇　数字电子技术

附篇　模　数　接　口

绪　　论

你的位置

电子技术研究的主要内容是电子元器件、电子电路以及各种电信号。本章首先介绍电子技术的概况、本课程的内容与分类，然后介绍电子器件的基本材料——半导体的基本知识，最后介绍半导体器件的基本结构——PN 结，为半导体器件的学习打下基础。

本章关键词

◆ 模拟信号、数字信号；

◆ 本征半导体、自由电子、空穴；

◆ N 型半导体、P 型半导体、多子、少子；

◆ PN 结、单向导电性。

0.1　电子技术概况

0.1.1　电子技术的发展与应用

从美国的德福雷斯 1906 年发明了真空三极管至今，电子技术的发展经历了电子管、半导体三极管、半导体集成电路多个阶段，成为发展最迅速的一门学科。尤其在电子技术高度发展的今天，电子技术已经应用到工业、农业、国防等各个领域，电子技术已成为人类生存和发展的必需和关键因素，电子技术的发展水平也成为一个国家科技力量的重要标志。

电子技术是研究电子信号、电子电路与电子系统及应用的学科。各种电子电路组合成具有一定功能的电子系统，以完成对电子信号的各种处理。由于电子电路是由电子器件连接构成的，因此，电子技术的发展是建立在电子器件的发展上的。

真空三极管是第一代电子器件，体积大、耗能高，使电子设备的发展受到了较大的限制。1948 年研制成功的第二代电子器件——半导体三极管，使电子技术从真空时代进入固体时代，各种单个的电子器件与电容、电阻、电感、导线等连接起来就构成了各种电子电路和电子系统。分开独立的电子器件称为分立元件，由分立元件连接而成的电子电路称为分立件电路。分立件电路体积和质量较大，并且连接点较多，容易发生故障。基于解决这个问题的考虑，1958 年，美国德克萨斯公司发明了一种将晶体管、电阻、导线等集成为一体的、可以完成某种特定功能的新型功能器件，称为集成电路（Integrated Circuit，IC）。从此以后，集成电路的集成度（单位面积上能集成的单元器件数目）越来越高，几乎以几何级数的速度发展，从此电子技术进入了微电子时代。从开始的每片芯片上仅能制作 1～100 个晶体管的小规模集成电路发展到可集成 100～1000 个晶体管的中规模集成电路、集成度为 10^3～10^5 的大规模集成电路、集成度为 10^5～10^6 的超大规模集成电路等。

0.1.2　电子信号、电子电路与电子系统

1. 电子信号

信号是某种信息的载体，如电压信号、声音信号、温度信号、压力信号等，但声音、温度、压力等信号都属于非电物理量。这些非电物理量无法直接传递给电子系统，需要经过适当的传感器转换为电压或电流等电量，即电信号。

信号的形式是多种多样的，可以从不同的角度进行分类。例如，周期性和非周期性信号、确定信号与随机信号等。在电子技术中，由于分析方法的根本区别，更普遍的是将电子信号分为模拟信号与数字信号。模拟信号是指在时间上、幅值上都连续的电信号，如图 0.1.1 (a) 所示，正弦波就是典型的模拟信号；数字信号是指在时间上、幅值上都断续的电信号，图 0.1.1 (b) 给出了常见的数字信号波形。

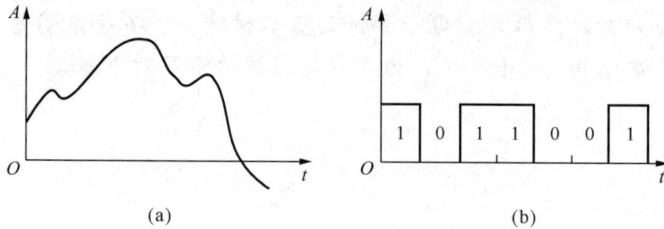

图 0.1.1　模拟信号和数字信号
(a) 模拟信号；(b) 数字信号

自然界中的信号基本上都是模拟信号，比如温度、压力等信号随时间的变化均是连续不断的。经过传感器后形成的电信号根据传感器的不同可以是模拟信号也可以是数字信号。而计算机系统中的信号都是数字信号。所以，为了控制系统各部分间的"通信"，还经常需要将数字信号与模拟信号进行相互间的转换。

模拟信号的优点是直观且容易实现，但主要存在抗干扰能力差的问题。

数字信号正好相反，抗干扰能力强、可靠性高、能长期存储、便于加密和纠错，数字电路也更便于高度集成化。另外由于电子计算机处理的信号就是数字信号，因此数字信号一个重要的优点是便于计算机进行信息处理。

比如数字信号的抗干扰性，是因为数字信号只有 0 和 1 两种状态，在信号的接收端，当信号的幅度达到规定电平的一半及以上，就可以判为"1"信号，否则就判定为"0"信号。如果"1"信号受到干扰，使我们在某时收到了一个"0.9"，那么就认为原来的信号应该是 1，于是予以恢复。除非干扰强到把原来的信号变为"0.5"以下，但这种情况一般不会大量发生。

但数字信号也有占用频带较宽、技术要求相对复杂、进行模/数转换时会带来量化误差等问题，应根据情况合理处理。

2. 电子器件与电子电路

电子电路是由电子器件构成的，电子器件是电子电路、电子系统乃至电子技术学科的基础。

电子电路是指由若干电子器件相互连接构成的具有特定功能的电路整体。处理模拟信号的电子电路称为模拟电路，处理数字信号的电子电路称为数字电路。根据其功能的多少，电路可能简单也可能复杂，也可能是模拟与数字的混合电路。由于大规模集成电路和模拟-数字混合集成电路的大量出现，在单个集成芯片上可能集成许多种不同类型的电路，从而自成一个系统。例如，目前有多种单个芯片构成的数据采集系统产品，芯片内部往往包括多路模拟开关、可编程放大电路、取样-保持电路、模数转换电路、数字信号传输与控制电路等多种功能电路。

3. 电子系统

多种电子电路相互连接，形成一个能完成某些特定功能的电子系统。在实际应用中，电

子系统必须与其他物理系统相结合，才能构成完整的实用系统。例如，常见的 VCD 系统，在光盘上记录的声音和图像信号是通过激光传感系统转化为电信号的，而光盘的同步旋转和激光探头的移动则是通过电子系统控制的精密机械系统实现的。

0.1.3　课程的内容与分类

因为电子技术是研究电子信号、电子电路与电子系统及应用的学科，因此本书主要基于处理电子信号的基本电子电路，使读者对电子技术的概况有一个基本了解，从而能够了解简单电子系统的构成与应用，为电子技术的进一步深造或其他学科的学习打下基础。

电子技术课程主要包括模拟电子技术和数字电子技术两方面的内容，分别对应于本书的上篇和下篇。

模拟电子技术是研究模拟信号、模拟电子电路与系统的学科。模拟电路是处理模拟信号的电子电路，主要内容有半导体分立器件、半导体集成器件和由它们构成的电压放大电路、反馈放大电路、功率放大电路、信号产生电路、电源电路以及简单模拟系统的综合。模拟电子技术的基础是各种电子器件，重点是利用电子器件构成的各种基本单元电路，有了器件和单元电路的知识就可以由此构成较复杂的模拟电子电路和系统。

数字电子技术是研究数字信号、数字电路与系统的学科。数字电路是处理数字信号的电子电路，主要内容有数字电路基础、组合逻辑电路、时序逻辑电路、脉冲信号的产生与整形电路、可编程逻辑器件等内容以及简单数字系统的综合。数字电子技术的基础是基本逻辑关系和逻辑门等，重点是各种规模的数字集成电路。掌握了以上的数字电子基础知识，就可以用来构成各种数字电子电路和系统。

在实际的电子系统中，大多数的电子系统是既包括模拟电路又包括数字电路的混合系统，所以我们还要了解模拟电路与数字电路的接口电路，其典型代表就是附篇的数模与模数转换电路。

对于高等学校的学生，电子技术是一门非常重要的专业基础课。通过本课程的学习，学生可以掌握电子技术的基本概念、基本理论和基本技能，获得分析、设计、检测简单电子电路的能力，以及在以后的专业课学习、工作实践中能利用所学电子知识解决相关理论问题和工程技术问题的能力。

电子技术是一门实践性较强的学科，在学习中要树立工程估算的概念，并要加强实验、实习等实践性环节的学习。由于集成技术的发展，还必须重视集成器件的学习和使用。

0.2　电子器件的基本材料——半导体

你知道为什么以前习惯把收音机称为"半导体"吗？那是因为电子器件的基本材料是半导体，电子器件也被普遍地称为半导体器件，而收音机中的主要器件都是半导体器件，所以人们通常把收音机简称为"半导体"。那么，为什么其他材料，比如说导体不能作为构成电子器件的基础材料呢？要想知道答案，就要从半导体的基本特性说起。

半导体是导电能力处于导体和绝缘体之间的物质，通常，用电阻率表示物质导电能力的强弱，电阻率越小，导电能力就越强。半导体的电阻率在 $10^{-1} \sim 10^{11} \Omega \cdot m$ 之间，如锗（Ge）、硅（Si）、硒（Se）、砷化镓（GaAs）等元素以及一些金属硫化物和氧化物等。

　　半导体的导电特性具有不同于其他物质的热敏性、光敏性与杂敏性。也就是说半导体的导电能力随温度升高、光照增强和掺入杂质元素的增加而显著增强。例如，纯净的锗在温度每增加 10℃时，其电阻率几乎减小为原来的 1/2；一种硫化镉薄膜，在暗处其电阻为几十兆欧，受光照后，电阻可以下降到原来的 1％；在纯净的半导体硅中掺入亿分之一的硼，电阻率会下降为原来的几万分之一。以上特性是导体和绝缘体都不具备的，因此，利用这些特性可以制造出性能不同、用途各异的半导体器件。

　　半导体器件是 20 世纪中期开始发展起来的，具有体积小、质量小、使用寿命长、可靠性高、输入功率小和功率转换效率高等优点，在现代电子技术中获得了广泛的使用。一般的半导体器件都具有能量控制作用，因此，也称为有源器件。

　　半导体之所以具有上述特性，根本原因在于其特殊的原子结构。

0.2.1　本征半导体

　　现代电子学中，最常用的半导体材料是硅（Si）和锗（Ge），其原子的外层电子数分别为 14、32，均为具有 4 个最外层价电子的四价元素，其原子结构可以表示成图 0.2.1 所示的简化模型。

　　1. 本征半导体

　　通常把纯净的不含任何杂质的半导体称为本征半导体。在实际应用中，必须将半导体提炼成单晶体，使它的原子排列由杂乱无章的状态变成有一定规律、整齐排列的晶体结构，如图 0.2.2 所示，称为单晶，即本征半导体。硅和锗等半导体都是晶体，所以半导体管又称为晶体管。

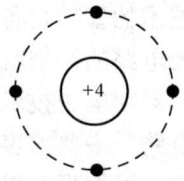

图 0.2.1　硅和锗的原子结构简化模型

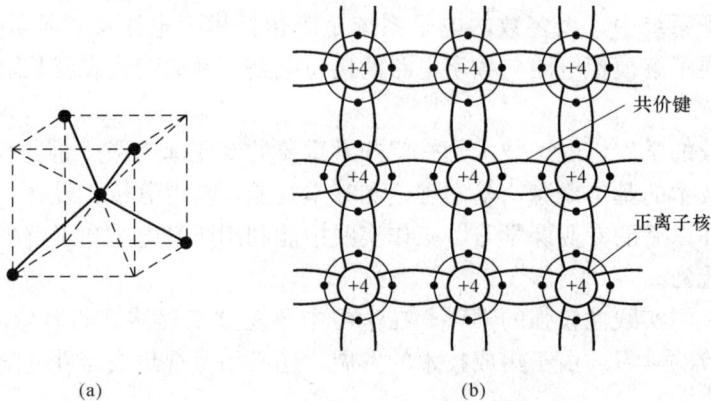

(a)　　　　　　　　　　　　(b)

图 0.2.2　本征硅（或锗）的晶体结构

(a) 结构图；(b) 平面示意图与共价键

　　从图 0.2.2（b）的平面示意图可以看出，硅或锗原子间以共价键结合，每个原子的最外层都形成 8 个价电子的稳定结构。所以，半导体的价电子既不像导体那样容易挣脱成为自由电子，也不像在绝缘体中被束缚得那样紧。因为导电能力的强弱，在微观上看就是单位体积中能自由移动的带电粒子数目的多少，因此，半导体的导电能力介于导体和绝缘体之间。

　　2. 本征激发与复合

　　在本征半导体中，总有一些价电子从热运动中获得足够的能量，能挣脱共价键的束缚而成为带单位负电荷的自由电子。同时，在原来共价键位置上留下一个相当于带有单位正电荷电量的空位，称为空穴，这种现象称为本征激发。
本征激发出来的自由电子和空穴总是成对出现的，
称为自由电子-空穴对，如图 0.2.3 所示。相反，
自由电子和空穴在热运动中又可能重新相遇结合
而消失，称为复合。

　　本征激发和复合总是同时存在、同时进行的，
在温度一定的情况下，两者达到动态平衡。也就
是说，温度一定时，整块半导体内的自由电子与
空穴的数目保持一定且相等，半导体呈电中性，
不带电量。一般在室温时，纯硅中的自由电子浓
度 n 与空穴浓度 P 约为

图 0.2.3　本征激发产生自由电子-空穴对

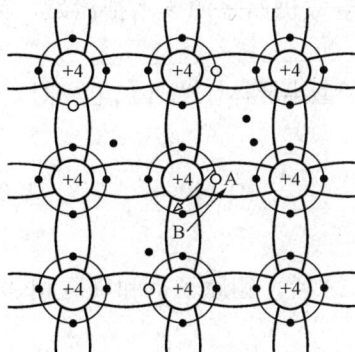

$$n = P \approx 1.5 \times 10^{10} \text{ 个} /\text{cm}^3 \qquad (0.2.1)$$

对于纯锗来说，这个数字约为 2.5×10^{13} 个 $/\text{cm}^3$。而金属导体中的自由电子浓度约为
10^{22} 个 $/\text{cm}^3$，从数字上可以看出，本征半导体的导电能力是很差的。

　　温度越高，光照越强，本征激发越激烈，产生的自由电子-空穴对越多，半导体的导电
能力就越强。这就是半导体材料具有热敏性和光敏性的本质原因。

3. 自由电子运动与空穴运动

　　本征半导体每激发出一个带负电的自由电子，就会留下一个空穴，使电中性的原子变成了
带正电的正离子，或者说相当于相应的空穴带一个单位的正电荷。在热能或外加电场作用下，
邻近原子带负电的价电子很容易跳过来填补这个空位，相当于此处的空穴转移到相邻的原子
处去，如图 0.2.4 所示，价电子由 B 到 A 的运动，相当于空穴由 A 到 B 的移动。新形成的
这个空位，又被其他相邻原子的价电子所填补，这样的依次递补形成了空穴的相对运动——
就像一个带正电的空穴在价电子移动的相反方向上运动一样，所以，空穴运动的实质就是价
电子依次填补空位的运动。在电子技术中，将空穴看成是一种带单位正电荷的、与自由电子
一样可以运动的粒子，统称为载流子。

　　在外加电场的作用下，半导体中带负电的自由电子逆电场方向移动形成电子电流 I_N，
带正电的空穴顺电场方向移动形成空穴电流 I_P，如图 0.2.5 所示，总电流 I 是电子电流 I_N
和空穴电流 I_P 的和，即

$$I = I_N + I_P \qquad (0.2.2)$$

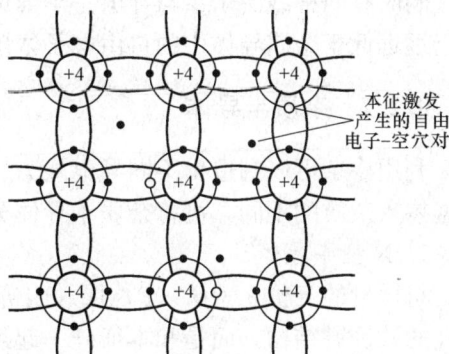

图 0.2.4　空穴运动

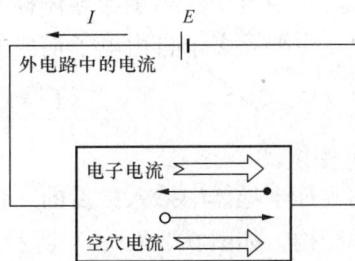

图 0.2.5　本征半导体中载流子的导电方式

同时有两种载流子参与导电是半导体所独有的，但由于半导体中自由电子与空穴浓度之和仍远远低于金属导体中的自由电子浓度，所以半导体的导电能力仍然极差。

0.2.2　杂质半导体

利用掺杂可以制造出不同导电能力、不同用途的半导体器件，这就是半导体的杂敏性。根据掺入杂质的不同，可将杂质半导体分为 N 型半导体和 P 型半导体。

1. N 型半导体

将微量的五价元素磷（P）掺入四价本征半导体后，由于磷原子数量较少，不能改变本征硅的共价键结构，而是和本征硅一起组成共价键，如图 0.2.6（a）所示。

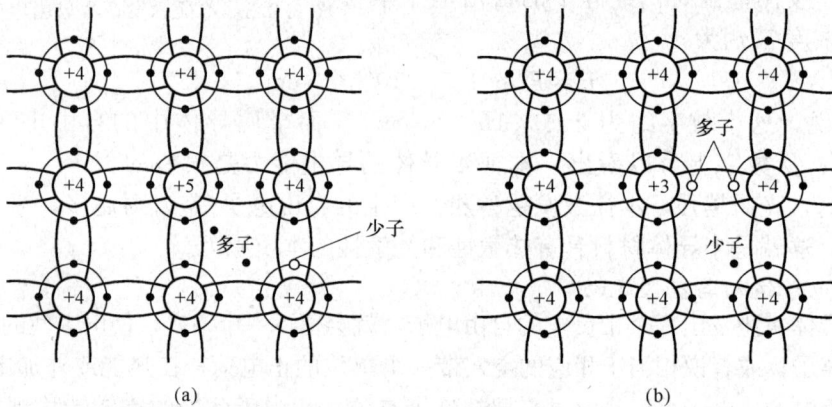

图 0.2.6　杂质半导体
（a）N 型半导体；（b）P 型半导体

磷原子用 4 个价电子与和它相邻的 4 个硅原子构成共价键后，剩余的一个价电子就成为了带负电的自由电子，同时，磷原子由于失去一个电子，而成为带正电的离子。因此，每掺入一个杂质原子，就相当于掺入了一个自由电子，掺入杂质的浓度越高，提供的自由电子的浓度就越高，杂质半导体的导电能力就越强。

例如，在本征硅中掺入亿分之一的五价元素，则掺入的自由电子数为 $10^{-8} \times 10^{22}$ 个/cm³ $=10^{14}$ 个/cm³，远远高于 10^{10} 个/cm³ 的本征载流子浓度。掺杂后自由电子的数目主要取决于掺杂浓度，是占多数的载流子，简称多子；掺杂后的空穴仍然来源于本征激发，为少子。由于整块半导体并没有额外获得电荷，仍然呈电中性。

这种多子为自由电子的掺杂半导体称为 N[1] 型或电子型半导体。当外加电场时，流过 N 型半导体的电流主要是多子自由电子形成的电流，即

$$I = I_N + I_P \approx I_N \tag{0.2.3}$$

2. P 型半导体

在四价的本征半导体中掺入微量的三价元素硼（B）之后，硼原子也和周围相邻的硅原子组成共价键结构，如图 0.2.6（b）所示。

---

[1]　Negative 的首字母，因 N 型半导体中带负电的自由电子是多数载流子。

与 N 型半导体类似，由于三价硼原子的最外层只有 3 个价电子，每掺入一个硼原子就相当于掺入了一个能接受电子的空穴，同时自己成为带负电的离子，此时空穴为多子、自由电子为少子。这种杂质半导体称为 P❶ 型或空穴型半导体，整块半导体宏观上看仍为电中性。

在外加电场作用下，P 型半导体总的电路电流约为多子空穴形成的电流，即

$$I = I_N + I_P \approx I_P \tag{0.2.4}$$

需要注意的是：杂质半导体中的多子浓度约等于所掺杂质原子的浓度，受温度影响较小，而少子是热运动产生的，所以尽管浓度较低，却对温度非常敏感，这是半导体器件温度稳定性较差的主要原因。

0.3　PN　结

几乎所有的半导体器件都是由不同数量和结构的 PN 结构成的。

0.3.1　PN 结的形成

在一块本征半导体上通过某种掺杂工艺，使其分别形成 N 型和 P 型两部分区域后，在它们的交界处形成的特殊薄层，就是 PN 结。几乎所有的半导体器件都是由不同数量和结构的 PN 结构成的。

1. 多子的扩散运动建立内电场

图 0.3.1（a）中的⊖和⊕分别代表 P 区和 N 区的杂质离子。因为 P 区的多子空穴与 N 区的多子自由电子互相向对方扩散❷并复合，所以在 P 区和 N 区的交界处使载流子复合殆尽，形成由不能移动的带电杂质离子组成的空间电荷区——N 区为正离子区、P 区为负离子区，这些正负离子形成了一个从 N 区指向 P 区的内电场，如图 0.3.1（b）所示。

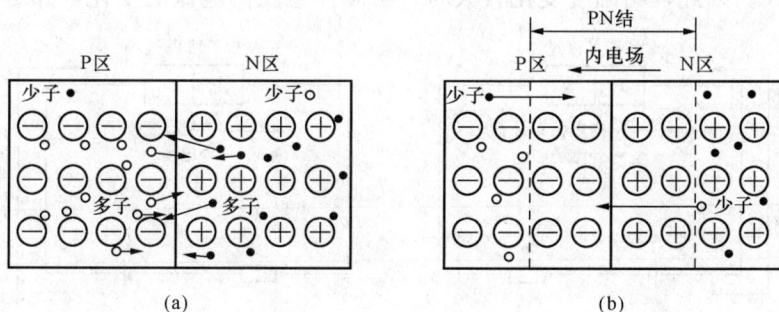

图 0.3.1　PN 结的形成
（a）多子的扩散运动；（b）PN 结中的内电场与少子漂移

2. 内电场阻碍多子扩散、帮助少子漂移运动，形成平衡 PN 结

多子扩散建立起的内电场对多子产生的电场力与其扩散方向相反，使多子扩散运动逐渐

---

❶　Positive 的首字母，因 P 型半导体中带正电的空穴是多数载流子。
❷　载流子在浓度差的作用下产生的由高浓度向低浓度方向的定向运动称为扩散运动。

减弱；相反，内电场的方向将帮助双方的少子向对方区域漂移❶，如图 0.3.1（b）所示。

从图 0.3.1 中可以看出，P 区向 N 区的多子空穴扩散方向与 N 区到 P 区的少子空穴漂移方向恰好相反，两区的自由电子也是一样。因此，随着内电场从无到有、从弱到强的建立，扩散运动逐渐减弱、漂移运动逐渐增强，最后形成动态平衡，即单位时间内 P 区与 N 区交界处的多子扩散数目与少子漂移数目相等。这时，空间电荷区的厚度、内电场的大小都不再发生变化，宏观上 N 区和 P 区的交界面上也没有电流流过，这个空间电荷区就称为 PN 结，其厚度约为几微米。

0.3.2　PN 结的单向导电性

所谓单向导电性是指将 PN 结按不同方向接入电路中时将呈现截然相反的导电特性，这是电阻等无源器件所不具备的。将 PN 结的 P 区接高电位、N 区接低电位，称为加正向偏置电压，简称正偏；反之，称为反偏，分别如图 0.3.2 所示。

1. PN 结正偏导通

图 0.3.2（a）中的 PN 结外加正偏电场与内电场方向相反，使内电场削弱，破坏了内部载流子运动的平衡，因此扩散增强、漂移几乎减弱为 0。所以，正偏时流过 PN 结的正向电流 I_F 是由数量较多的多子形成的较大的扩散电流，并随外加正偏电压的增大而呈指数上升。为防止较大的 I_F 造成 PN 结的损坏，应串接限流电阻 R。正偏 PN 结呈现较小的电阻，理想状态下可以看成是短路，称为正偏导通状态。

2. PN 结反偏截止

图 0.3.2（b）中的 PN 结内外电场方向相同，内电场增强，多子扩散减弱到几乎为零，漂移运动增强。因此，反偏时流过 PN 结的反向电流 I_R 是由数目较少的少子形成的较小的漂移电流，常温下锗管为微安（μA）数量级，硅管仅有纳安（nA）数量级。由于少子是本征激发产生的，所以温度每增加 10℃，反向电流 I_R 几乎增加为原来的 2 倍，却几乎不随反偏电压的增加而增大。因此，当温度变化较大时，必须注意反向电流的变化，并尽量采用硅管。

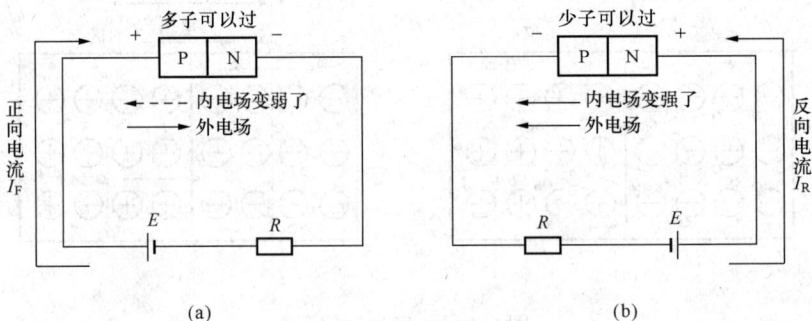

图 0.3.2　PN 结的单向导电性
（a）正偏导通；（b）反偏截止

在反向偏置下，PN 结呈现出一个很大的电阻（几百千欧以上），理想情况下可以看做是断路，称为反偏截止状态。

❶　载流子在电场力的作用下产生的定向运动称为漂移运动。

综上所述，PN 结具有单向导电性：正偏导通，正向电阻很小；反偏截止，反向电阻很大。

3. PN 结的电容效应

由于空间电荷区的宽度随 PN 结两端的偏置电压而改变，外加电压变化时，PN 结中的电荷量相应增减，相当于存、放电荷的作用，因此，PN 结具有电容效应，等效为 PN 结的结电容。一般低频应用时可以忽略结电容的影响，而高频应用时，结电容的影响较大。

自己做小结

【小结】

（1）电子技术是研究电子信号、电子电路与电子系统及应用的学科。电子信号分为时间上、幅值上都连续的 ① 信号和时间上、幅值上都断续的 ② 信号。

（2）半导体具有热敏性、光敏性与杂敏性。纯净的半导体称为 ③ 半导体，本征半导体中自由电子和空穴的浓度 ④ 。杂质半导体有 N 型和 P 型两种：在掺入五价元素形成的 ⑤ 型半导体中，自由电子是 ⑥ 、空穴是 ⑦ ；在掺入 ⑧ 价元素形成的 P 型半导体中，空穴是多子、自由电子是少子。本征半导体和杂质半导体都是 ⑨ 的。

（3）PN 结是构成半导体器件的基础，具有 ⑩ ：正偏导通，正向电阻很小；反偏截止，反向电阻很大。

【答案】

①模拟；②数字；③本征；④相同；⑤N；⑥多子；⑦少子；⑧三；⑨电中性；⑩单向导电性。

习　　题

0.2.1　判断下列说法的正误。

（1）本征半导体是指没有掺杂的纯净晶体半导体。（　　）

（2）温度升高后，本征半导体中的载流子浓度将增加。（　　）

（3）由于掺杂，P 型半导体带正电，N 型半导体带负电。（　　）

0.2.2　选择正确的答案填空，并说明原因。

（1）掺杂半导体中的少子浓度_____（小于、大于、等于）本征半导体载流子浓度。

（2）在室温附近，温度升高，掺杂半导体中的_____（多子、少子、载流子）浓度明显增加。

0.3.1　判断下列说法的正误，并说明原因。

（1）零偏置时的 PN 结中没有载流子的移动，因此宏观上没有电流。（　　）

（2）温度升高后，PN 结的单向导电性将变差。（　　）

模拟电子技术

第1章 基本半导体器件

你的位置

电子器件 → 能完成某种功能的电子电路 → 复杂电子电路系统

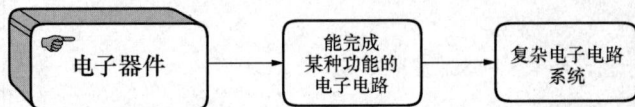

　　各种电子器件连接起来构成电子电路，电子器件是电子电路、电子系统乃至电子技术学科的基础。电子器件的基本材料是半导体，所以电子器件被普遍地称为半导体器件。半导体器件可以分为分立器件和集成器件。

　　了解了绪论中关于半导体的基本知识后，本章学习半导体二极管、三极管和场效应管等基本半导体分立器件的原理、符号、特性与应用，了解典型模拟集成器件的类型、特点，为电子技术的学习打下基础。

本章热身

进入新的学习之前请先来温习本章题目中的概念：

（1）什么是"半导体"？

（2）什么是"分立"器件？什么是"集成"器件？

这几个问题并不难，答案都在绪论中哦！

本章关键词

◆ 二极管、单向导电性、正偏导通、反偏截止；

◆ 三极管、电流控制器件、双极型、放大区、饱和区、截止区；

◆ 场效应管、电压控制器件、单极型、恒流区、可变电阻区、截止区；

◆ 集成电路。

1.1 半导体二极管

1.1.1 二极管的结构与类型

半导体二极管是将一个 PN 结装入管壳密封并引出电极而成的，因此二极管的特性就是 PN 结的特性，也就是说，二极管具有单向导电性。

阳极a ○—▷|—○ 阴极k

图 1.1.1　半导体二极管的电路符号

　　图 1.1.1 为半导体二极管的电路符号，二极管的两极分别称为正极或阳极 a（P 区），负极或阴极 k（N 区）。因此

二极管的单向导电性表现为：当外加正向偏置电压（阳极接高电位、阴极接低电位）时，正偏的二极管呈现较小的电阻，理想状态下可以看成是短路，即正偏导通；反之，反偏二极管呈现很大的电阻，理想情况下可以看做是断路，即反偏截止。

不同结构与种类的二极管内 PN 结的面积不同，比如结面积很小的点接触型锗二极管 2AP1，最大整流电流是 16mA，最高工作频率是 150MHz，不能承受高的反向电压和大的电流，但适用于高频的检波、调制电路及脉冲数字电路里的开关元件，也可以用作小电流整流。

结面积较大的面接触型二极管能通过较大的正向电流，适合用于低频电路中。如 2CZ54 为整流二极管，最大整流电流为 500mA，最高工作频率为 3kHz。

按照适用范围，可以将二极管分为用于检波、限幅和小电流整流的普通二极管、将交流电变换成直流电的整流二极管以及用于计算机、脉冲控制和开关电路中的开关二极管等类型。二极管的型号命名方法参见附录 D。

常见二极管的外形如图 1.1.2 所示。

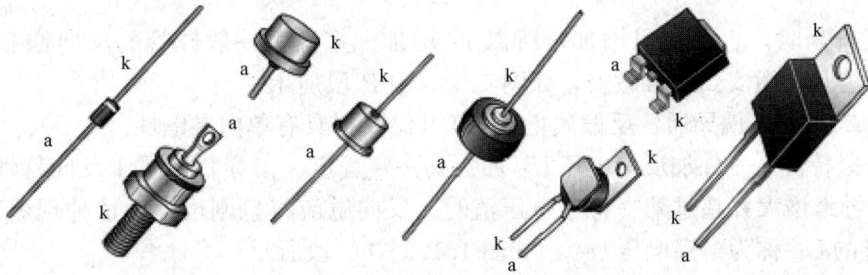

图 1.1.2 半导体二极管的常见外形

1.1.2 二极管的伏安特性与参数

1. 伏安特性曲线

将二极管的电流随外加偏置电压的变化规律以曲线的形式描绘出来就是二极管的伏安特性曲线，如图 1.1.3 所示。

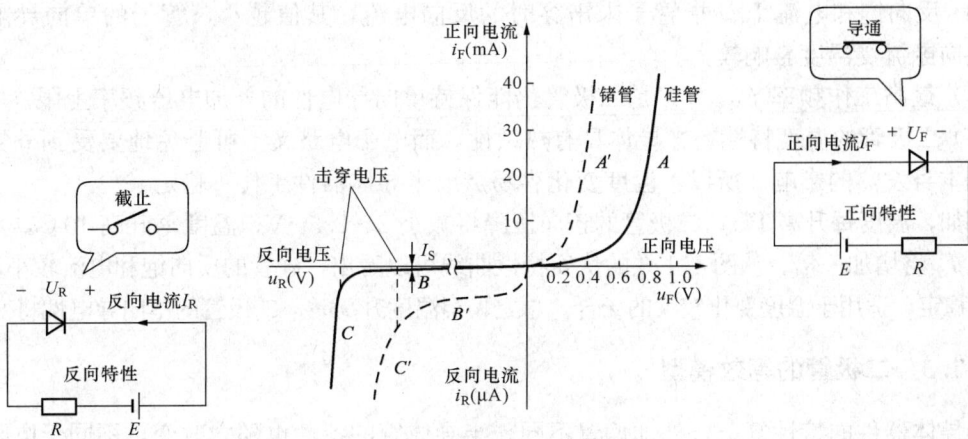

图 1.1.3 二极管的伏安特性

（1）正向特性——外加正向电压 U_F。正向电压 U_F 较小（锗管约小于 0.1V，硅管约小于 0.5V，这个电压称为死区电压 U_{th}）时，还不足以产生正向电流。当 U_F 大于一定数值后，扩散运动迅速增加，开始产生正向电流，并随 U_F 的增加以指数规律急剧上升，如图 1.1.3 中 A 段所示。此时二极管正偏导通，正向电阻极小，理想情况下可以看成闭合开关（短路）。

因为二极管正向导通电阻极小，所以使用时必须外加限流电阻，以免当 U_F 增加时，I_F 急剧增大而烧坏管子。从二极管的正向特性还可以看出：当二极管正向电流在很大范围内变化时，二极管两端的电压几乎不变。一般小功率硅管约为 0.7V，锗管为 0.2～0.3V，这个数值可以作为小功率二极管正向工作时管子两端直流压降的估算值，简称正向压降或正向导通电压。

（2）反向特性——外加反向电压 U_R。当外加反向电压时，管子内部为少子漂移运动，形成的反向电流 I_R 极小，即反向电阻极大。此时二极管反偏截止，理想情况下可以看成断开开关（断路）。

当反向电压 U_R 在一定范围内变化时，由少子组成的反向电流 I_R 几乎不变，又称为反向饱和电流 I_S，即

$$I_R = I_S \tag{1.1.1}$$

当温度升高时，少子数目增加，所以 I_S 增加。室温下一般硅管的反向饱和电流小于 $1\mu A$，锗管为几十微安到几百微安，如图 1.1.3 中 B 段所示。

因此，二极管正偏导通、反偏截止，与 PN 结一样具有单向导电性。

（3）击穿特性——外加反向电压 U_R 增大到一定程度。击穿特性属于反向特性的特殊部分。当 U_R 继续增大并超过某一特定电压值时，反向电流将急剧增大，这种现象称为击穿，发生击穿时的 U_R 称为击穿电压 U_{BR}。如图 1.1.3 中 C 段所示。

如果击穿时的反向电流过大，二极管可能因过热而损坏。

2. 二极管的主要参数

只有了解了二极管的主要参数，才能正确选用和判断二极管的好坏。

（1）最大整流电流 I_F。指二极管长期运行时允许通过的最大正向平均电流，否则会使二极管因过热而损坏。

（2）最高反向电压 U_{RM}。U_{RM} 为二极管工作时允许加的最大反向电压，为使二极管安全工作，一般手册上给出的最高反向电压为反向击穿电压 U_{BR} 的一半。

（3）反向饱和电流 I_S。指管子未击穿时的反向电流，其值越小，管子的单向导电性越好，反向电流受温度影响较大。

（4）最高工作频率 f_M。f_M 是二极管仍能保持单向导电性的外加电压频率上限。

（5）二极管的温度特性。半导体具有热敏性，而电子电路又不可避免地要受到外界温度及电路本身发热的影响。所以，温度变化容易造成半导体器件工作不稳定。

例如，温度每升高 1℃，二极管的正向压降将减小 2～2.5mV；温度每升高 10℃，反向饱和电流 I_S 将增加一倍。从图 1.1.3 的伏安特性曲线可以看出，硅管的反向饱和电流较小，因此比锗管稳定，适用于温度变化较大的场合。总之，当温度升高时，二极管的单向导电性将变坏。

1.1.3 二极管的等效模型

半导体器件的特性复杂，外加偏置不同，半导体管的特性也随之改变，不同于电阻等简单线性无源器件。因此，为简化电路分析，由若干可以代替实际非线性半导体器件的线性电

路元件组成的网络就是其等效模型。一般来说，模型精度越高，模型本身就越复杂，分析电路时的计算量就加大。因此，根据不同的工作条件和要求选择合适的等效模型，在分析和设计电子电路等实际工作中有着十分重要的作用。

另外，由于二极管反偏时反向电阻极大，一般模型中都认为反偏二极管是理想开路的，正偏二极管可根据不同情况建立不同的模型。

1. 理想模型

将二极管的单向导电特性理想化，忽略其正向导通电压和较小的正向电阻，认为正偏二极管的管压降为 0，相当于短路导线，其伏安特性如图 1.1.4 所示。

一般在电源电压远大于❶二极管的正向导通压降时，利用理想模型来分析，不会产生较大的误差。

2. 恒压降模型

恒压降模型的伏安特性如图 1.1.5 所示，认为二极管除正偏导通后电阻为 0 外，二极管有一个恒定的管压降，对于硅管和锗管来说，分别取典型值 0.7V 和 0.3V。恒压降模型比理想模型更接近实际，应用较广，一般在二极管电流大于 1mA 时，恒压降模型的近似精度还是相当高的。

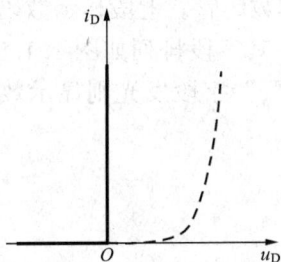

图 1.1.4　采用理想模型的二极管伏安特性　　　　图 1.1.5　采用恒压降模型的二极管伏安特性

除以上模型外，还有更精确但也相对复杂的折线模型等，一般情况下，采用理想模型或恒压降模型即可满足精度要求。

1.1.4　特殊二极管

1. 稳压二极管

稳压二极管简称稳压管，又称为齐纳（Zener）二极管，是用特殊工艺制造的硅半导体二极管，其外形、结构、伏安特性均与普通二极管相似，也具有单向导电性。稳压二极管的特点是击穿区特性陡直且可以稳定地工作于击穿区而不损坏，其电路符号如图 1.1.6 所示。

稳压管的稳压作用是：在反向击穿区内，反向电流有很大变化，而稳压管两端的电压几乎保持不变。因此，稳压管稳压工作时应工作在反向击穿区。稳压管的反向击穿电压称为稳压管的稳定电压 U_Z，反向击穿曲线越陡，稳压效果越好。

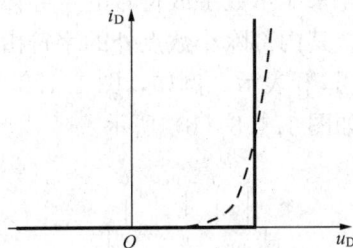

图 1.1.6　稳压二极管
的电路符号

---

❶　一般，同一量纲的两个物理量 A 和 B 之间，若满足 $A>(5\sim10)\,B$，则可以认为 A 远大于 B，记为 $A\gg B$。

2. 发光二极管

（1）发光二极管。发光二极管（Light Emitting Diode，LED）是一种可以将电能直接转换成光能的半导体光电器件，其电路符号如图 1.1.7 所示。

发光二极管也具有单向导电性：反偏截止不发光，正偏导通时因流过正向电流而发光，其颜色与发光二极管的材料及掺杂元素有关。发光二极管可以分为发不可见光和发可见光两种，前者有发红外光的砷化镓发光二极管等，后者有发红光、黄光、绿光、蓝光和紫光的发光二极管等。

发光二极管的工作电流一般为几毫安至几十毫安，正偏电压比普通二极管要高，为 $1.5 \sim 3V$，具有功耗小、体积小、可直接与集成电路连接使用的特点，并且稳定、可靠、长寿（$10^5 \sim 10^6 h$）、光输出响应速度快（$1 \sim 100MHz$），应用十分方便和广泛，除应用于各种发光显示方面以外，另一重要应用是将电信号转变为光信号，通过光缆传输，接受端配合光电转换器件再现电信号，实现光电耦合、光纤通信等应用。

（2）半导体数码管。将做成条形字段的发光二极管按一定方式排列，通过使其中某些字段的点亮来显示数字或符号的半导体发光器件称为半导体数码管。七段显示数码管是最常见的一种，其内部除小数点外的字符由七个发光字段组成，其字段排列如图 1.1.8（a）所示，小数点用 dp 表示。例如，图 1.1.8（a）中"a"、"b"、"c"字段发光则显示数字"7"，相应字形如图 1.1.8（b）所示。

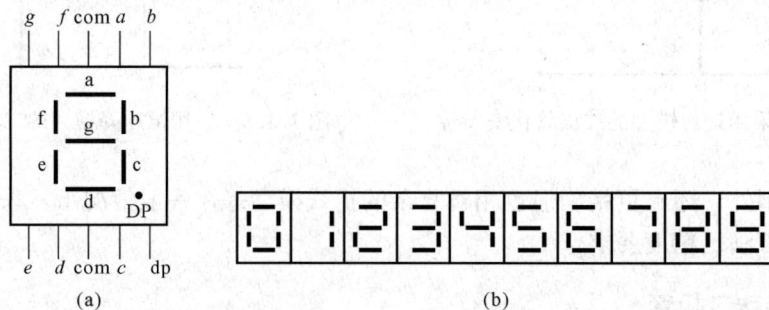

图 1.1.7 发光二极管的电路符号

图 1.1.8 七段半导体数码管

（a）外形与字段排列；（b）数码字型

根据发光二极管的连接形式，半导体数码管可以分为共阴和共阳两种。图 1.1.9（a）、（b）分别为共阴和共阳两种半导体数码管的内部原理图。从图 1.1.9 中可以看出：对于共阴

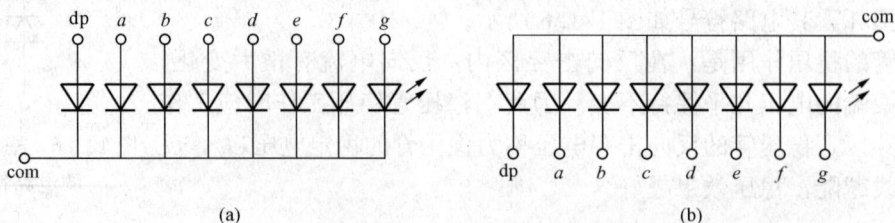

图 1.1.9 七段半导体数码管内部电路原理图

（a）共阴极结构；（b）共阳极结构

结构的数码管,应该将"com"接低电位,欲点亮的字段接高电位;对于共阳结构的数码管,应将"com"接高电位,欲点亮的字段接低电位❶。需要注意的是,与普通二极管一样,也要注意限流电阻的使用,以免造成数码管的损坏。

半导体数码管字形清晰,工作电压低,体积小,可靠性好,寿命长,响应速度快,发光颜色因所用材料不同有红色、绿色、黄色等,其缺点是工作电流较大,段电流为几毫安至几十毫安。

3. 光电二极管

光电二极管也称为光敏二极管,其 PN 结被封装在透明玻璃外壳中,可以直接受到光的照射,电路符号如图 1.1.10 所示。

正偏时光电二极管的光敏特性不明显,所以,光电二极管在电路中一般处于反偏状态。无光照时,反向电阻很大,反向电流很小,处于截止状态;当有光照射在 PN 结上时,将产生光生电流,光的照度越大,光电流就越大。

光电二极管的材料几乎都是硅,光电二极管可以用来做测光元件、光电信号转换的传感器或与发光二极管配合实现光电传输和耦合。

图 1.1.10 光电二极管的电路符号

1.1.5 二极管在电子技术中的应用

二极管在电子技术中广泛地应用于整流、限幅、钳位、开关、稳压、检波等方面,大多是利用二极管单向导电的特点。

1. 整流

利用二极管的单向导电性可以把大小和方向都变化的正弦交流电变为单向脉动的直流电,简单、经济,在日常生活及电子电路中经常采用。简单的整流电路如图 1.1.11 所示。

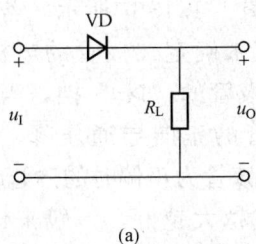

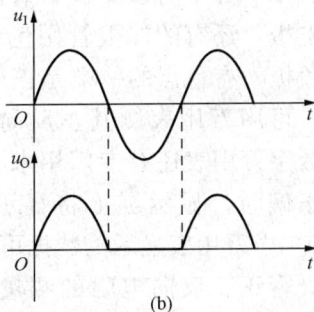

2. 限幅

利用二极管的单向导电性,将输入电压限定在要求的范围之内,称为限幅。

图 1.1.12 (a) 所示的双向限幅电路中,交流输入电压 u_1 和直流电压 E_1 都对二极管 VD1 起作用;相应的 VD2 也同时受

图 1.1.11 二极管的整流应用
(a) 二极管整流电路;(b) 输入与输出波形

u_1 和 E_2 的控制。在假设 VD1、VD2 为理想二极管时,有如下限幅过程发生:当输入电压 $u_1 > 3V$ 时,VD1 导通,VD2 截止,$u_O = 3V$;当 $u_1 < -3V$ 时,VD2 导通,VD1 截止,$u_O = -3V$;当 u_1 在 $-3V$ 与 $+3V$ 之间时,VD1 和 VD2 均截止,因此 $u_O = u_1$,输出波形如图 1.1.12 (b) 所示。电路稍加变化,还可以得到各种不同的限幅应用,图 1.1.11 也可以

---

❶ 七段数码管的两个"com"端内部是连通的,实际应用中使用其中任意一个均可。

理解为限幅电路的一种。

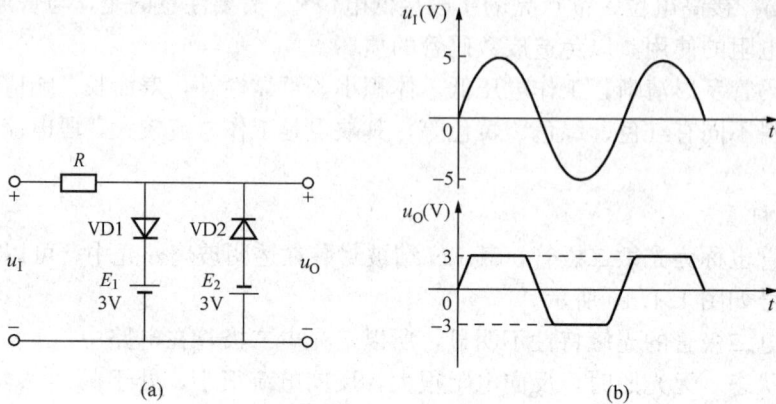

图 1.1.12 二极管的限幅应用
(a) 双向限幅电路；(b) 输入与输出波形

3. 稳压

除用不同系列的稳压二极管实现要求的稳定电压输出外，在需要较低的稳定电压输出时，可以利用几个二极管的正向压降串联来实现。

4. 开关

由于二极管具有单向导电性，可以相当于一个受外加偏置电压控制的无触点开关，因此经常将半导体二极管作为开关元件来使用。尤其在本书的下篇——数字电子技术部分，二极管大多作为开关元件来使用。

5. 二极管的识别与简单测试

从图 1.1.2 中可以看出，有的二极管从外壳的形状上可以区分其电极，还有的二极管用色环或色点来标志：靠近色环的一端是负极，有色点的一端是正极，如图 1.1.13 中所示。若标志脱落，可用万用表测其正反向电阻值来确定二极管的电极。一般，数字万用表还有专门用来测量二极管的"▷⊢"挡，当二极管被正偏时，显示屏上将显示二极管的正向导通压降，从图 1.1.13 中万用表显示的数据可以看出该管为正偏时的硅管。

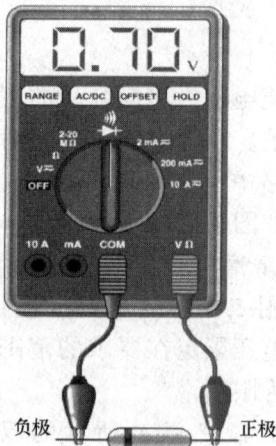

图 1.1.13 利用"▷⊢"
挡测量二极管

二极管正、反向电阻的测量值相差越大越好，一般来说，硅二极管的正向电阻在几百欧到几千欧，锗管小于 $1k\Omega$，因此如果正向电阻较小，基本上可以认为是锗管。从数字万用表的"▷⊢"挡，也可以方便地知道二极管的材料。

1.2 半导体三极管

半导体三极管是通过一定的工艺，将两个 PN 结结合在一起形成的半导体器件。由于两个 PN 结的相互影响，使半导体三极管呈现出不同于单个 PN 结的电流放大作用，是电子技术中的重要元件。

1.2.1 三极管的结构与类型

半导体三极管又称为晶体三极管，按照半导体材料的不同，三极管可分为硅管、锗管；按功率分有小功率、中功率和大功率管；按照频率分有高频管和低频管；而按照三极管的结构又可以分为 NPN 型和 PNP 型两类。图 1.2.1 所示为几种常见三极管的外形。三极管的型号命名方法参见附录 D。

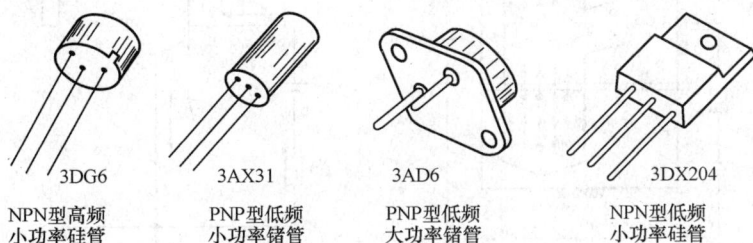

| 3DG6 | 3AX31 | 3AD6 | 3DX204 |
| NPN型高频小功率硅管 | PNP型低频小功率锗管 | PNP型低频大功率锗管 | NPN型低频小功率硅管 |

图 1.2.1 常见三极管的外形

图 1.2.2 给出了 NPN 型和 PNP 型三极管的结构示意图和电路符号，符号中的箭头方向是三极管的实际电流方向。

由图 1.2.2 可见，三极管具有发射区、基区和集电区三个区域，发射极 e、基极 b 和集电极 c 三个电极以及发射结（发射区与基区交界）和集电结（集电区与基区交界）两个 PN 结的内部结构。图 1.2.2 只是三极管结构的示意图，三极管的实际结构并不对称，具有发射区掺杂浓度高、基区很薄且低掺杂、集电区面积大的内部结构特点，所以三极管的发射极和集电极不能对调使用。

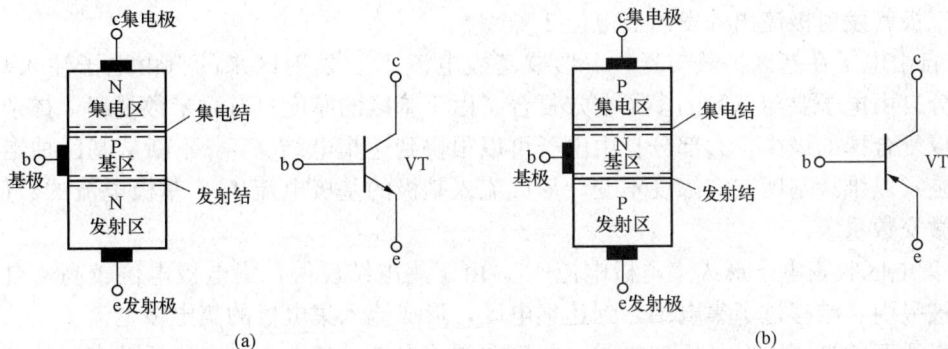

图 1.2.2 三极管的结构与电路符号
(a) NPN 型三极管；(b) PNP 型三极管

1.2.2 三极管的伏安特性与参数

1. 三极管的工作原理

由于 NPN 管和 PNP 管的结构对称、工作原理相同，下面以硅材料 NPN 管为例，讨论三极管的基本工作原理。

（1）三极管放大的外部偏置条件。要使三极管具有放大作用，无论 NPN 管还是 PNP 管、无论何种电路形式，都必须使三极管满足发射结正偏、集电结反偏的外部偏置条件，如

图 1.2.3 所示。其中，电源 V_{BB} 使发射结正偏，基极电位约为 0.7V，电源 V_{CC} 大于 0.7V 即可使集电结反偏。图 1.2.3 中的电阻可以起到限流和电流电压的转换作用。

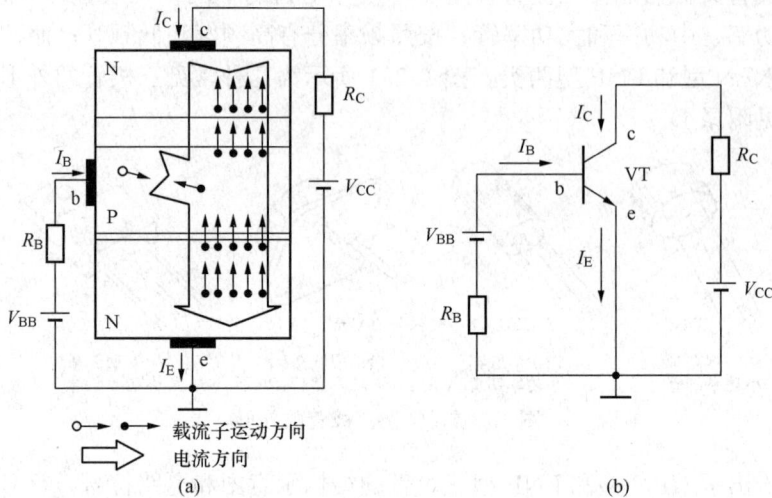

图 1.2.3　三极管内的载流子运动规律与其形成的外部电流
（a）三极管内部的载流子运动；（b）载流子运动形成的外部电流

（2）三极管内部载流子的微观传输过程。

1）发射区多子自由电子向基区扩散，形成发射极电流 I_E。图 1.2.3（a）中，由于发射结正偏，发射区中高掺杂的多子自由电子因扩散运动越过发射结到达基区（同时，基区多子空穴也向发射区扩散，但因基区掺杂浓度低，数量和发射区的电子相比极少，可忽略不计），形成从三极管发射极流出的发射极电流 I_E。

2）自由电子在基区扩散与复合，形成基极电流 I_B。发射区来的自由电子注入基区后，有一部分自由电子要与基区的多子空穴复合。由于基区的厚度只有微米数量级，掺杂浓度又低，所以复合掉的极少，大部分自由电子可以很快到达集电结。V_{BB} 不断从基区抽走电子形成新的空穴以维持基区空穴浓度不变，形成流入基极的基极电流 I_B，基极电流的数值较小，一般为微安数量级。

3）集电区收集电子形成集电极电流 I_C。由于集电结反偏，集电极电位较高，自由电子很快就被吸引、漂移过了集电结，到达集电区，形成流入集电极的集电极电流 I_C。

值得注意的是：以上分析忽略了一些反向漂移电流，如由于集电结反偏产生的由基区少子电子与集电区少子空穴产生的漂移电流 I_{CBO}。由于 I_{CBO} 是少子电流，数量较少，近似分析中忽略不计。但 I_{CBO} 的大小不受 I_B 控制，对放大没有贡献，且极易受温度影响，容易引起三极管工作不稳定，所以 I_{CBO} 的大小是衡量三极管质量好坏的一个重要因素。

从以上分析可以看出，三极管中的两种载流子都参与导电，所以称为双极型晶体管（Bipolar Junction Transistor，BJT）。

由于 PNP 管和 NPN 管结构对称，发射区发射的不是自由电子而是空穴，所以 PNP 管的电流方向恰好与 NPN 管的电流方向相反。

（3）三极管各电极电流分配关系。三极管各电极间的电流分配实质上是三极管内部载流子运动的外部体现。将三极管看成是一个节点，可以得到发射极电流 I_E 与 I_B、I_C 的关

系，即

$$I_\mathrm{E} = I_\mathrm{B} + I_\mathrm{C} \tag{1.2.1}$$

I_C 与 I_B 的比例，取决于制造三极管时的结构和工艺，基本上为定值。近似分析时，定义三极管的直流电流放大系数 $\bar{\beta}$ 为 I_C 与 I_B 的比值，即

$$\bar{\beta} = \frac{I_\mathrm{C}}{I_\mathrm{B}} \tag{1.2.2}$$

$\bar{\beta}$ 一般在几十到 200 之间，$\bar{\beta}$ 越大，三极管的电流放大能力越强。从式（1.2.1）和式（1.2.2）中可以解出

$$I_\mathrm{E} = I_\mathrm{B} + I_\mathrm{C} = (1 + \bar{\beta})I_\mathrm{B} \tag{1.2.3}$$

考虑 I_CBO 的影响时

$$I_\mathrm{C} = \bar{\beta}I_\mathrm{B} + (1 + \bar{\beta})I_\mathrm{CBO} = \bar{\beta}I_\mathrm{B} + I_\mathrm{CEO} \tag{1.2.4}$$

式中，$I_\mathrm{CEO} = (1 + \bar{\beta})I_\mathrm{CBO}$，称为穿透电流。

式（1.2.4）表明，集电极电流 I_C 由两部分组成：第一部分是 $\bar{\beta}I_\mathrm{B}$，表明集电极电流 I_C 与基极电流 I_B 成正比关系，即 I_B 控制 I_C，$\bar{\beta}$ 越大，控制作用也就越大；第二部分是对放大不起作用又极易受温度影响的 I_CEO，由于 I_CEO 是 I_CBO 的（$1 + \bar{\beta}$）倍，当 I_CBO 较小时，将 I_CEO 忽略不计，可以得到与式（1.2.2）一致的 I_C 与 I_B 的近似关系式，即

$$I_\mathrm{C} = \bar{\beta}I_\mathrm{B} \tag{1.2.5}$$

由于 $\bar{\beta}$ 较大，通常认为 $I_\mathrm{E} \approx I_\mathrm{C}$。基极电流通常是微安级别，$I_\mathrm{C}$ 和 I_E 的数量级可以达到毫安级。

式（1.2.1）～式（1.2.5）就是关于三极管各电极间电流的分配关系，也适用于 PNP 管。这几个公式十分重要，在讨论三极管及其放大电路时经常要用到。

（4）三极管的电流放大作用。图 1.2.3（b）中包含由三极管的基极与发射极构成的输入回路和由集电极与发射极构成的输出回路，发射极作为输入和输出回路的公共端，称为共发射极放大电路。三极管内载流子有规律的传输，产生了 I_E、I_B 以及 I_C 电流，并在集电极电阻上产生输出电压 U_O。其中，输出电流 I_C 是输入电流 I_B 的 $\bar{\beta}$ 倍，这是对直流电流的放大作用。

在电子电路中，更关心的是三极管对微弱变化信号——交流信号的放大作用，而不是直流。接入待放大输入信号 ΔU_I 的共发射极放大电路如图 1.2.4 所示，发射结的外加电压等于 $V_\mathrm{BB} + \Delta U_\mathrm{I}$，使发射极电流产生 ΔI_E 的变化，并引起相应的 ΔI_C 和 ΔI_B。定义 ΔI_C 与 ΔI_B 的比值为三极管共发射极交流电流放大系数 β，即

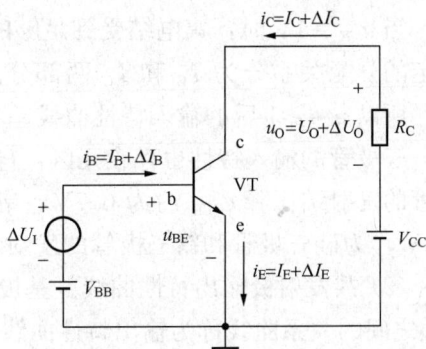

图 1.2.4 加入交流信号后的电流放大作用

$$\beta = \frac{\Delta I_\mathrm{C}}{\Delta I_\mathrm{B}} \tag{1.2.6}$$

或

$$\Delta I_\mathrm{C} = \beta \Delta I_\mathrm{B} \tag{1.2.7}$$

以及 $\hspace{5cm} \Delta I_E = (1 + \beta)\Delta I_B \hspace{4cm}$ (1.2.8)

输出电流 ΔI_C 是输入电流 ΔI_B 的 β 倍，可见三极管对变化的输入电流 ΔI_B 有放大作用，β 为几十到 200 之间，一般有 $\beta \approx \bar{\beta}$。$\beta$ 表征了 ΔI_B 对 ΔI_C 的控制能力，β 越大，控制能力越强。因此，三极管是一个具有电流放大作用的电流控制器件，用基极电流来控制集电极电流。同样，在集电极电阻 R_C 上产生的压降也增加了一个 ΔU_O，在参数合适的情况下，ΔU_O 可以达到 ΔU_I 的几十倍以上，这样就得到了被放大了的输出电压。

2. 伏安特性曲线

三极管的伏安特性是指三极管各极间电压与各电极电流的关系，是管内载流子运动的外部体现，三极管的伏安特性也是非线性的。

（1）共发射极输入特性曲线。当管压降 u_{CE} 一定时，输入回路中基极电流 i_B 与发射结电压 u_{BE} 间的关系曲线称为输入特性曲线，即

$$i_B = f(u_{BE})\big|_{u_{CE}=常数} \hspace{3cm} (1.2.9)$$

图 1.2.5（a）为某硅 NPN 型三极管的输入特性曲线，从图上可以看出：由于三极管 BJT 的发射结正偏，因此三极管的输入特性曲线与二极管的正向特性类似。但由于三极管的两个 PN 结靠得很近，i_B 不仅与 u_{BE} 有关，还受到 u_{CE} 的影响。

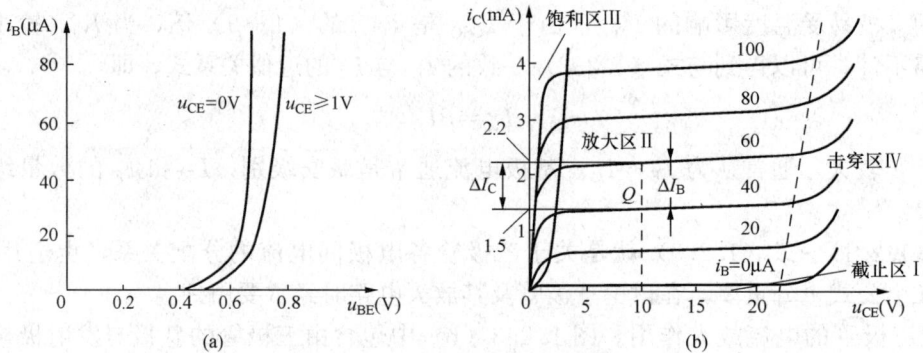

图 1.2.5　三极管的输入、输出特性曲线
（a）输入特性曲线；（b）输出特性曲线

当 $u_{CE}=1\text{V}$ 时，集电结受到足够的反偏，吸引发射区发射过来的自由电子，使 I_E 按照确定的分配关系分为 I_B 和 I_C 两部分。u_{CE} 继续增大，对 I_B 与 I_C 之间的分配关系影响不大，所以 $u_{CE} \geq 1$ 后的输入特性曲线基本重合。

三极管的输入特性也存在死区：硅管约为 0.5V，锗管约为 0.1V。发射结正偏导通后，硅管的发射结压降 U_{BE} 约为 0.7V，锗管约为 0.3V。与二极管一样，今后分别以 0.7V 和 0.3V 作为硅三极管和锗三极管的发射结导通压降估算值。

（2）共发射极输出特性曲线。基极电流 i_B 一定时，输出回路中集电极电流 i_C 与管压降 u_{CE} 之间的关系曲线称为输出特性曲线，即

$$i_C = f(u_{CE})\big|_{i_B=常数} \hspace{3cm} (1.2.10)$$

图 1.2.5（b）为某三极管共射极放大电路的输出特性曲线，图中各条曲线的形状基本一样，取其中一条进行分析。

输出特性曲线的起始部分很陡，当 u_{CE} 略有增加时，i_C 增大得很快。这是因为 u_{CE} 较小

时，集电结的反偏较弱，对发射过来的多子的吸引力不强，所以 u_{CE} 稍有增大，i_C 就会有很大的增加。当 $u_{CE} > 1V$ 后，反偏集电结的内电场已经足够强，足以把能吸引过来的电子都吸引到集电区形成 i_C，i_C 和 i_B 的分配比例固定，即使 u_{CE} 再增加，i_C 也不会有明显的增加。若改变基极电流 i_B 的值，就可以得到另外一条输出特性曲线。若 ΔI_B 为一常数，将得到一族间隔基本均匀且比较平坦的曲线族。

（3）三极管的三个工作区。半导体三极管的输出特性可以分为截止区、放大区和饱和区三个区域，如图 1.2.5（b）中标注。

1）截止区。$i_B = 0$ 的输出特性曲线与横坐标轴之间的区域称为截止区，即 $i_B \leqslant 0$。

要使 $i_B \leqslant 0$，发射结必须在死区以内或反偏。为使三极管可靠截止，一般给发射结加反偏电压。因此，截止区的偏置特点是发射结与集电结均反偏。$i_B = 0$ 时对应的集电极电流 $i_C \approx i_E = I_{CEO}$。因 I_{CEO} 较小，可认为截止状态时三极管各电流均为 0，即三个电极间相当于开路，三极管等效为断开开关。

由于截止区所有电流约为 0，截止区的三极管不具备放大作用。

2）放大区。图 1.2.5（b）中与横轴平行等距且近似为直线部分的区域称为放大区。

放大区的偏置条件是发射结正偏，集电结反偏。由于 i_C 与 i_B 之间满足电流分配关系 $i_C = \bar{\beta} i_B + I_{CEO}$，输出特性曲线近似为水平线。理想情况下，当 i_B 等量增加时，输出特性曲线是一族与横轴平行等距的曲线族。在放大区内，i_C 仅取决于 i_B，而与 u_{CE} 无关。由此也可以很容易地估算 β 的大小——在相同的 i_B 间隔下（即相同的 ΔI_B），各条曲线间的间隔越大（即 ΔI_C 越大），β 值就越大。按图 1.2.5（b）中的数据估算，该三极管的 $\beta \approx \dfrac{(2.2 - 1.5)\text{mA}}{(60 - 40)\mu\text{A}} = 35$。

放大区体现了三极管基极电流对集电极电流的控制作用，说明三极管是一种具有电流放大能力的电流控制器件。

3）饱和区。图 1.2.5（b）中靠近纵轴的区域称为饱和区。

为更好地理解饱和区，可以根据图 1.2.4 来分析：放大状态时，i_C 随 i_B 增加而增加，由于 $u_{CE} = V_{CC} - i_C R_C$，所以管压降 u_{CE} 随 i_C 的增加而下降，当 u_{CE} 下降到 0.7V（对于硅管来说）的临界点后若继续下降，则集电结由反偏变为正偏，三极管经历从放大到临界饱和再到完全饱和的过程，饱和状态的三极管两结均正偏。饱和时小功率硅管的 u_{CE} 约为 0.3V，锗管约为 0.1V，其值称为三极管的饱和压降 U_{CES}。

因为饱和后三极管的管压降约为 U_{CES}，已经近似为 0，u_{CE} 无法再随 i_B 增加而下降，i_C 受到限制也无法再随 i_B 增加[1]，ΔI_B 失去了对 ΔI_C 的控制作用，也就是说，饱和状态的三极管不再具有放大作用，放大区的 β 也不再适用于饱和区。

定义临界饱和时的 i_C 和 i_B 为临界饱和集电极电流 I_{CS} 和临界饱和基极电流 I_{BS}，由于是在临界点，仍然有 $I_{CS} = \beta I_{BS}$ 成立，但进入饱和区后，i_C 不再随 i_B 变化，而是 $i_C \approx I_{CS}$，其中

$$I_{CS} = \frac{V_{CC} - U_{CES}}{R_C} \approx \frac{V_{CC}}{R_C} \qquad (1.2.11)$$

对应的临界饱和基极电流为

---

[1] 饱和时集电结正偏，失去了对扩散过来的多子的收集能力，因此基极电流失去了对集电极电流的控制能力。

$$I_{BS} = \frac{I_{CS}}{\beta} \tag{1.2.12}$$

饱和区的集电极电流呈现为可能达到的最大值，且三极管各电极间压降均很小，近似为0。所以。饱和区的三极管各电极间可近似认为短路，等效为闭合开关。

当 u_{CE} 过大，集电结因反偏电压过大而击穿，如图 1.2.5（b）中的 IV 区所示。此时集电极电流 i_C 急剧增大，可能造成管子的击穿而损坏，在使用中应避免出现这种情况。

3. 主要参数

（1）共发射极直流电流放大系数 $\bar{\beta}$ 与共发射极交流电流放大系数 β。$\bar{\beta}$ 与 β 的数值较为接近，一般认为 $\bar{\beta} = \beta$，以后不再区分。β 值是衡量三极管放大能力的重要指标。β 太小，电流放大作用差；β 太大，管子的性能往往不稳定。

（2）极间反向电流 I_{CBO} 与 I_{CEO}。I_{CBO} 与 I_{CEO} 都属于少子漂移电流，受温度影响较大，因此越小越好。一般，β 大的管子，I_{CEO} 也较大，温度稳定性变差。在输出特性曲线上，$i_B = 0$ 时对应的 i_C 即为 I_{CEO}。

（3）极限参数。极限参数是指为保证三极管安全工作对其工作电压、电流和功率损耗等的限制，选择和使用管子时，必须保证三极管的工作状态不能超过这些极限值。一般有基极开路时集电极与发射极之间的反向击穿电压 $U_{(BR)CEO}$、集电极最大允许电流 I_{CM} 和集电极最大允许耗散功率 P_{CM}。

其中，$U_{(BR)CEO}$ 的含义是基极开路时 c、e 间的击穿电压。因为 $U_{(BR)CEO}$ 是各种情况下以及各电极间反向击穿电压的最小值，所以使用时只要注意三极管各电极间的电压不要超过 $U_{(BR)CEO}$ 就可以了。

（4）温度对三极管参数的影响。与二极管类似，温度每升高 10℃，少子漂移电流 I_{CBO} 近似增大一倍，发射结电压 U_{BE} 也具有 －（2mV～2.5mV）/℃ 的温度系数。另外，温度每升高 1℃，β 相应增大 0.5%～1%。

1.2.3 三极管的等效模型

通常，外加信号幅度较大时半导体器件的等效模型称为大信号等效模型，前边介绍的二极管的理想模型与恒压降模型均属于大信号模型。

对于图 1.2.4 中的三极管来说，当 $\Delta U_1 = 0$ 时，电路中的直流电压源相对于只有零点几伏的发射结电压来说是大信号，分析其产生的发射结电压、基极电流、集电极电流、管压降等直流工作点参数时就要采用大信号模型。但由于三极管的一个重要作用是对小信号的放大，经常需要在放大状态的三极管上叠加输入一个幅度很小的交流信号[1]，如图 1.2.4 中加入了 ΔU_1，这时需要建立对应 ΔU_1 的交流小信号等效模型。

交流小信号模型有以下特点：由于交流小信号的电压、电流变化范围小，小范围内可以将非线性元件近似为线性元件，就比如人们在地球这个大圆球上做短距离活动时认为地面是平面的道理一样。即当电路的直流工作点确定后，将二极管工作点附近的特性用线性模型近似，所以，小信号模型是线性模型。另外，由于小信号模型关心的是交流信号，不关心直流

---

[1] 以硅二极管为例，正偏后的导通压降为 0.7V，叠加上峰值为 10mV 的正弦交流小信号，交流信号的幅度远小于 0.7V。

信号，因此小信号模型中只考虑交流分量不考虑直流分量。

与二极管类似，三极管呈现的特性是更复杂的非线性伏安特性，不同工作条件和要求下的等效模型更复杂，这里介绍的均为简化模型。

1. 三极管的大信号等效模型

根据对三极管截止、放大与饱和三个状态的讨论，分别得到其 c、e 间等效模型如图 1.2.6 所示，b、e 间可参照二极管：反偏时视为开路，正偏时用理想模型或恒压降模型均可。

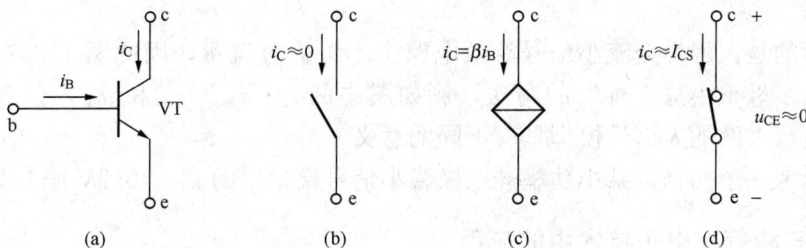

图 1.2.6 三极管 c、e 间大信号等效模型

(a) 三极管端口；(b) 截止状态；(c) 放大状态；(d) 饱和状态

三极管截止、放大、饱和三种工作状态的特点见表 1.2.1。

表 1.2.1 三极管三种工作状态的比较

特点 工作状态	偏置	条件	各电极电流	等效	应用
截止	两结均反偏	$u_{BE} \leqslant 0$	i_B、i_C、$i_E \approx 0$	断开开关	开关
放大	发射结正偏 集电结反偏	$i_B < I_{BS}$	$i_C = \beta i_B$	电流控制器件	放大
饱和	两结均正偏	$i_B \geqslant I_{BS}$	$i_C = I_{CS}$	闭合开关	开关

2. 三极管的低频小信号等效模型

从图 1.2.4 可知，当直流偏置使三极管工作于放大状态时，若在三极管的基极输入回路叠加一个幅度较小的交流输入信号，则在输出端会得到被放大了的交流输出信号。在输入信号较小的情况下，把三极管工作点附近小范围内的特性用一段直线来近似，得到共发射极接法的三极管小信号等效模型如图 1.2.7 所示。

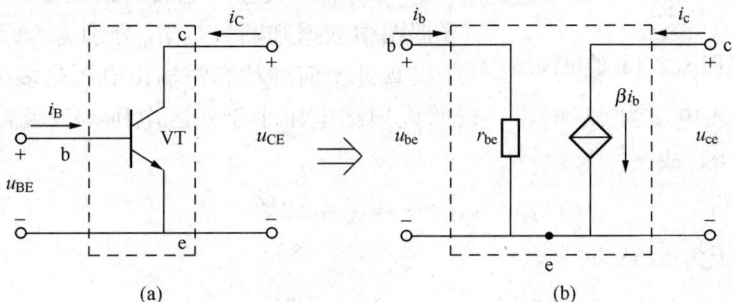

图 1.2.7 三极管及其小信号等效模型

(a) 三极管在共发射极接法时的双口网络；(b) 放大区的小信号等效模型

当输入信号较小时，三极管输入端口（基极 b 和发射极 e 之间）等效为三极管的输入电阻 r_{be}。对于一般的低频小功率三极管，r_{be} 可以由式（1.2.13）来估算，其中的 I_E 是三极管静态时的发射极电流。

$$r_{be} = 300 + (1+\beta) \frac{26\text{mV}}{I_E} \tag{1.2.13}$$

式中，I_E 单位为 mA；r_{be} 单位为 Ω。

集电极 c 和发射极 e 间的输出端口等效成一个电流控制电流源 i_c，控制变量是 i_b，受控系数是 β。

值得注意的是：因为交流小信号等效电路中不考虑直流量，因此图 1.2.7（b）中的变量均用"小写字母＋小写下标"的写法，例如图中的 i_c、i_b、u_{ce} 和 u_{be}，代表纯粹的交流量，与三极管放大区的大信号模型具有不同的意义。

请读者思考一个问题：某小功率硅三极管小信号模型中的 $u_{be} \approx 0.7\text{V}$ 吗？为什么？

1.2.4　三极管在电子技术中的应用

半导体三极管是电子电路的核心元器件，应用十分广泛。三极管可以应用于放大电路、振荡电路、数字逻辑电路等多个方面，可归纳为放大和开关应用两大类。

1. 放大应用

在模拟电子电路中，三极管主要工作于放大状态，可以把输入基极电流 ΔI_B 放大 β 倍，以 ΔI_C 的形式输出。因此三极管的放大应用，就是利用三极管的电流控制作用把微弱的电信号增强到所要求的数值。利用三极管的电流放大作用，可以得到各种形式的电子电路，在后续章节中会加以介绍，这里不再赘述。

2. 开关应用

从三极管的截止、饱和状态的大信号模型可以看出，三极管也可以工作于开关状态，是基本的开关器件之一，主要应用于数字电路。开关状态的三极管工作于截止区或饱和区，分别等效于断开和闭合的开关，而放大区只是出现在三极管饱和与截止的相互转换过程中，是个中间过渡过程。

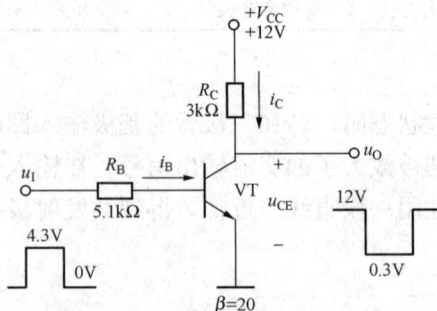

【例 1.2.1】　图 1.2.8 为三极管构成的受输入 u_I 控制的开关应用电路，设图中三极管为硅管，根据图中数据判断，当 u_I 分别为 0V 和 4.3V 时，三极管处于何种状态？输出电压是多少？

图 1.2.8　【例 1.2.1】的电路图

解：（1）输入电压为 0V 时，三极管发射结电压小于死区电压，三极管处于截止状态，各电极电流约为 0，故

$$u_O \approx +V_{CC} = 12\text{V}$$

（2）输入电压为 4.3V 时

$$i_B = \frac{u_I - U_{BE}}{R_B} = \frac{4.3\text{V} - 0.7\text{V}}{5.1\text{k}\Omega} \approx 0.71\text{mA}$$

$$I_{CS} = \frac{V_{CC} - U_{CES}}{R_C} \approx 4 \ (mA)$$

$$I_{BS} = \frac{I_{CS}}{\beta} = 0.2 \ (mA)$$

所以 $i_B > I_{BS}$，三极管工作于饱和状态，输出电压约为饱和压降 0.3V。

3. 三极管的测试

由于三极管内部是由 PN 结构成的，所以可以用万用表对三极管的电极好坏作大致的判断。对于数字万用表来说，测试更加方便，除可利用"▸▸—"挡测量管内的 PN 结以外，还有专门测量三极管 β 值的插孔，测量时只需将挡位拨至测量三极管的位置，并将 NPN 管或 PNP 管的三个管脚插入对应的 e、b、c 插孔中，就可以读出 β 值的大小。

1.3 场 效 应 晶 体 管

诞生于 20 世纪 60 年代的场效应晶体管（Field Effect Transistor，FET）只有多子参与导电，故名单极型器件，常称为场效应管。与三极管 BJT 相比，场效应管是电压控制器件，利用输入回路的电场效应来控制输出回路电流，输入电流几乎为 0，因此具有高输入电阻的特点，其输入电阻可达 $10^7 \sim 10^{12} \Omega$。同时，场效应管受温度和辐射的影响也比较小，便于集成，耗电省，因此成为当今集成电路发展的重要方向。

根据结构的不同，场效应管可以分成结型和绝缘栅型两大类。由于绝缘栅型场效应晶体管应用更为广泛，本节仅介绍绝缘栅场效应管。

1.3.1 绝缘栅场效应管简介

1. MOS 场效应管的结构与工作原理

（1）基本结构。绝缘栅场效应管按其导电类型，可以分为 N 沟道（多子自由电子导电）和 P 沟道（多子空穴导电）两种。绝缘栅场效应管的结构如图 1.3.1（a）所示，它是以一块低掺杂浓度的 P 型半导体为衬底，在衬底上制作两个高掺杂的 N 型区（称为 N$^+$区）并引出两个电极，分别称为源极 s 和漏极 d。再在硅片上覆盖一薄层二氧化硅（SiO$_2$）绝缘层，在此绝缘层上喷涂一层金属铝并引出电极，称为栅极 g，衬底通常与源极接在一起使用。图中场效应管的栅极与源极、漏极均无电接触，故称为绝缘栅场效应管。由于金属栅极与半导体之间常采用二氧化硅绝缘层，所以又称为金属-氧化物-半导体场效应管（Metal Oxide Semiconductor，MOS）。

如图 1.3.1（a）所示场效应管的绝缘层中事先掺入了大量的正离子，其产生的电场足以将 P 型衬底表面的空穴向下排斥，同时将衬底中的电子向上吸引到衬底表面，形成一个连通两个 N$^+$区的 N 型薄层，即漏源之间的导电沟道。由于这个沟道是 N 型的，因此将这个场效应管称为 N 沟道 MOS 管或 NMOS 管。若制造场效应管时未加入正离子或正离子较少，则必须靠外加电压的电场才能产生沟道，其结构如图 1.3.1（c）所示。因此，将不必外加电压就可以产生导电沟道的绝缘栅场效应管称为耗尽型管，需要外加电压才能产生导电沟道的称为增强型管。图 1.3.1（b）、（d）分别为耗尽型 NMOS 管和增强型 NMOS 管的电路符号，符号中的断线表示增强型管子无外加偏置时不存在沟道的特点，符号中的箭头表示由 P

（衬底）指向 N（沟道）的方向。

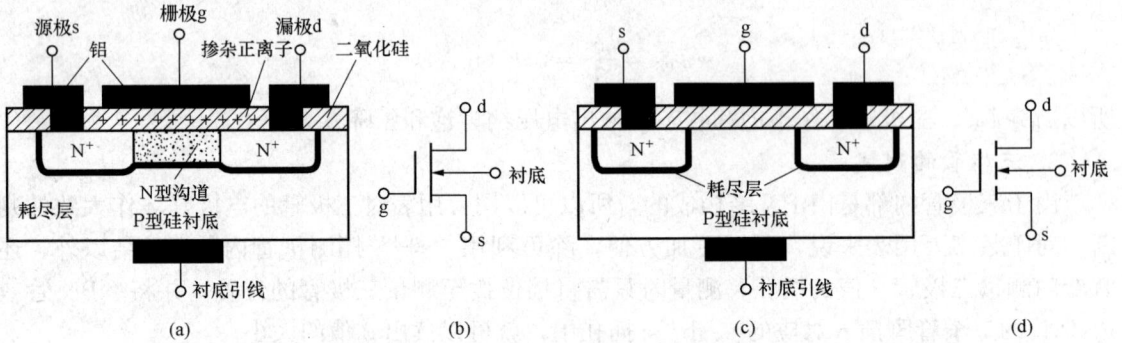

图 1.3.1　N 沟道 MOS 场效应管
(a) 耗尽型 NMOS 场效应管的结构；(b) 耗尽型 NMOS 管的电路符号；
(c) 增强型 NMOS 场效应管的结构；(d) 增强型 NMOS 管的电路符号

　　类似的，P 沟道 MOSFET 是通过在 N 型硅衬底上制作 P 型的高掺杂区（P$^+$ 区）而实现的，其结构与 NMOS 管完全对称，因此其沟道为 P 型。PMOS 管也有增强型和耗尽型两种，其电路符号分别如图 1.3.2 所示。

　　(2) 工作原理。以增强型 NMOS 管为例的场效应管偏置电路如图 1.3.3（a）所示，当栅极和源极之间的偏置电压 $u_{GS}=0$ 时，由于 NMOS 管中不存在导电沟道，所以即使外加漏源电压 V_{DD}，漏极电流也几乎为 0。

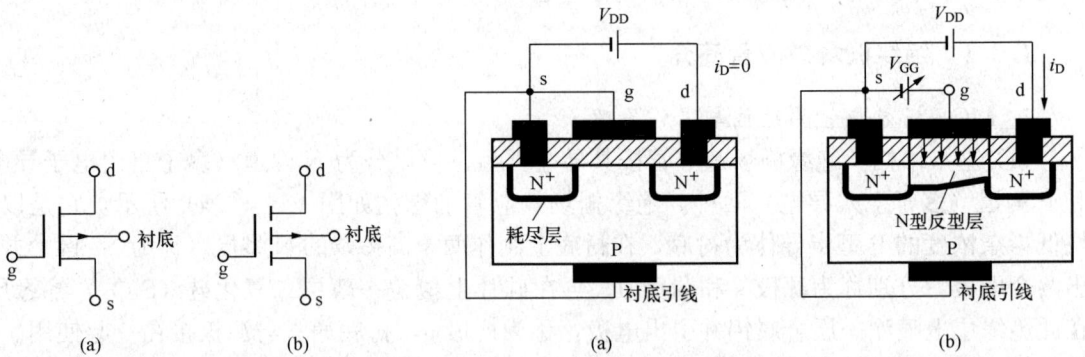

图 1.3.2　P 沟道 MOSFET 的电路符号
(a) 耗尽型 PMOSFET 的电路符号；
(b) 增强型 PMOSFET 的电路符号

图 1.3.3　增强型 NMOSFET 的电压控制作用
(a) $u_{GS}=0$V 时，管内无导电沟道；
(b) $u_{GS} \geqslant U_T$ 时，沟道产生并且沟道宽度受 u_{GS} 控制

　　在图 1.3.3（b）中，大于零的栅源电压在栅极与衬底间产生一个指向下的电场，使 P 型衬底中的空穴向下移动，自由电子向衬底表面移动。当栅源电压足够大时，P 型衬底表面就形成了 N 型导电沟道，外加 V_{DD}（即 u_{DS}）将产生相应的漏极电流 i_D。u_{GS} 继续增加，沟道随之加宽，漏极电流 i_D 也随之增大，体现了栅源电压对漏极电流的控制作用，因此，场效应管被称为电压控制器件。恰好使 NMOS 管形成沟道的 u_{GS} 称为开启电压 U_T。

　　若在上述增强型 NMOS 管已形成导电沟道的基础上，再在栅源之间加上要放大的微弱

的信号源电压，则沟道的宽窄就会随信号电压的大小而变化，i_D 也将随输入信号电压而变化，从而实现了用交流信号去控制漏极电流 i_D 的目的。

N 沟道耗尽型 MOS 场效应管的工作原理和 N 沟道增强型 MOS 场效应管相似。只不过在 $u_{GS}=0$ 时，已有的导电沟道在外加 V_{DD} 的作用下就可以产生漏极电流。因而在适当的 u_{DS} 作用下，耗尽型场效应管在正栅压、零栅压甚至在 u_{GS} 较负的情况下也可以工作，因此，耗尽型场效应管使用起来更灵活。

2. 伏安特性曲线

仍以增强型 NMOS 为例，其伏安特性曲线如图 1.3.4 所示。

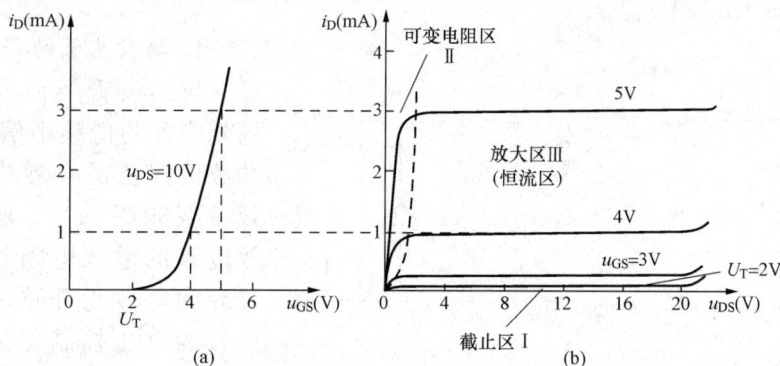

图 1.3.4 增强型 NMOS 管的共源极电路与伏安特性曲线

(a) 转移特性曲线；(b) 输出特性曲线

(1) 转移特性曲线。因为场效应管的栅极输入电流 $i_G \approx 0$，所以不必描述输入电流与输入电压的关系。转移特性是指在漏源电压 u_{DS} 一定时，漏极电流 i_D 与栅源电压 u_{GS} 之间的关系，如图 1.3.4 (a) 所示。

从图 1.3.4 (a) 中可以看出，栅源电压 u_{GS} 超过开启电压 U_T 后开始产生漏极电流，u_{GS} 越大，沟道越宽，漏极电流 i_D 越大。

(2) 输出特性曲线。输出特性曲线是指在栅源电压 u_{GS} 一定时，漏极电流 i_D 与漏源电压 u_{DS} 之间的关系，如图 1.3.4 (b) 所示。与三极管类似，其输出特性曲线分为截止区、放大区（恒流区）和可变电阻区三个区域。

当栅极电压 $u_{GS} < U_T$ 时，无导电沟道，$i_D \approx 0$，称为截止区，如图 1.3.4 (b) 中的 I 区所示。当 u_{GS} 一定且 u_{DS} 较小时，i_D 随 u_{DS} 的增加而线性增加，场效应管等效为一个线性电阻。若改变 u_{GS}，等效电阻也随之改变，可以看成是一个受栅压控制的电阻，因此称为可变电阻区，如图 1.3.4 (b) 中的 II 区所示。当 u_{DS} 较大后，i_D 几乎不随 u_{DS} 的增加而变化，而只和 u_{GS} 有关，曲线平坦，如图 1.3.4 (b) 中的 III 区所示。这个区域体现了 u_{GS} 对 i_D 的电压控制作用。

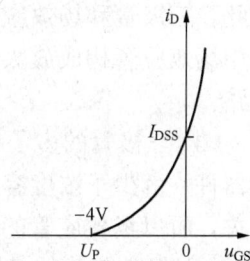

图 1.3.5 耗尽型 NMOS 管的转移特性曲线

由于耗尽型管子的栅压可正可负，零栅压时也可以产生漏极电流，所以耗尽型 NMOS 的转移特性如图 1.3.5 所示。图中的栅源电压负到使漏极电流为零时的 u_{GS} 称为夹断电压 U_P，零栅压时的漏极电流定义为漏极饱和电流 I_{DSS}。其他类型场效应管的特性曲线不再赘述。

3. 场效应管的主要参数

除了前述的适用于增强型管的开启电压 U_T 和适用于耗尽型管的夹断电压 U_P、漏极饱和电流 I_{DSS} 以外，场效应管的一个重要参数是低频跨导 g_m，类似于三极管的 β，定义为漏极电流的变化量 ΔI_D 与其对应的栅源电压的变化量 ΔU_{GS} 之比，即

$$g_m = \frac{\Delta I_D}{\Delta U_{GS}}\bigg|_{u_{DS}=常数} \tag{1.3.1}$$

这个参数表示 u_{GS} 对 i_D 的控制能力，是衡量场效应管放大能力的重要参数，其单位是 μS（μA/V）或 mS（mA/V）。

4. 场效应管的等效模型

与三极管类似，这里仅介绍场效应管的低频小信号简化模型，共源极接法的场效应管小信号等效模型如图 1.3.6 所示。由于场效应管的输入电阻相当大，因此栅源间等效为开路，又因为场效应管为电压控制器件，所以场效应管的输出回路等效为电压控制电流源。

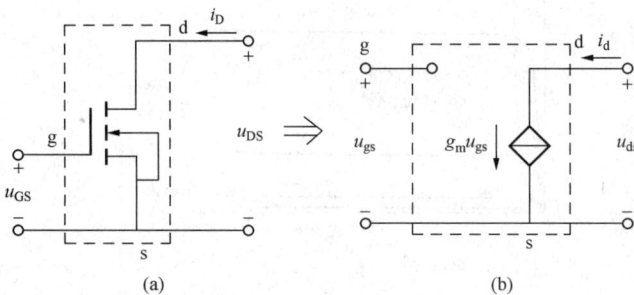

图 1.3.6　场效应管的小信号等效模型

（a）场效应管共源极双口网络；（b）小信号等效模型

1.3.2　场效应管与三极管的特点比较

和三极管相似，场效应管也有放大和开关两方面的基本应用，这里不再赘述。

场效应管 FET 和三极管 BJT 都具有较强的放大能力，并由此发展成单极型和双极型两大类集成电路，是电子技术中两种非常重要的元器件，现将这两种分立器件的特点作一比较。

（1）三极管 BJT 是电流控制器件，用基极电流控制集电极电流；场效应管 FET 是电压控制器件，利用栅源电压控制漏极电流。场效应管的跨导 g_m 比较小，其放大作用远低于晶体三极管。

（2）由于场效应管是利用电场效应来工作的，其输入端几乎不取电流，输入电阻很大。因此，三极管和场效应管各适用于不同的信号源。在仅允许取少量信号源电流的情况下，应选用场效应管构成放大电路；在允许取一定输入电流的情况下，可以选用三极管构成放大电路。

（3）三极管的多子和少子均参与导电，是双极型器件；场效应管是利用多子导电的单极型器件。因少子浓度容易受温度、光照、辐射等外界因素的影响，而多子浓度仅与掺杂浓度有关，所以场效应管的温度稳定性好，在温度变化较大的场合，宜选用场效应管。

（4）场效应管的集成制造工艺简单，且具有耗电省、工作电源电压范围宽等优点，因此更加广泛地应用于大规模和超大规模集成电路中。

（5）对于衬底不与源极相连的 MOS 管来说，漏极和源极是对称的，可以互换使用。对

于耗尽型MOS管来说，栅极偏置电压可正、可负、可零，在电路设计时更加方便。

1.4 模拟集成电路

前面讨论的二极管、二极管等半导体器件均属于分立器件，在实际应用中，广泛使用的是集成器件。集成器件是利用半导体集成工艺将所需的晶体管、二极管、电阻、电容等元件及布线同时制作在一块半导体晶片上，具有某种特定功能的集成电路（Integrated Circuit，IC）。由于集成电路将半导体晶片、元器件、连线整个封装起来后只引出相应管脚，所以在实践中往往将集成电路作为一种与三极管等分立器件并列的元件来使用，也称为芯片。图1.4.1给出了集成运算放大器的常见外形，这是模拟集成电路中一种十分常见的集成电路。

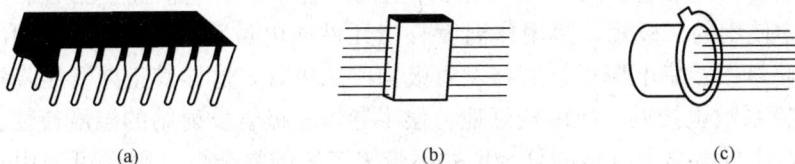

图 1.4.1 常见集成运算放大器外形
(a) 双列直插式；(b) 扁平式；(c) 圆壳式

集成电路实现了器件、连线和系统的一体化，整个电路的体积大大缩小，且引出线和焊接点的数目也大为减少，从而使电子元件向着微小型化、低功耗和高可靠性方面迈进。因此，各类集成电路均具有外接线少、可靠性高、性能优良、质量小、造价低廉、使用方便等优点，更便于大规模生产。用集成电路来装配电子设备，其装配密度比晶体管可提高几十倍至几千倍，设备的稳定工作时间也可大大提高。因此，自20世纪60年代问世以来，集成电路得到迅速发展并在实践中获得了广泛应用。

1. 集成电路的分类

一般集成电路可分为模拟集成电路、数字集成电路和模/数混合集成电路三大类。模拟集成电路是对连续变化的模拟信号进行处理的集成电路，按现有的集成电路工艺水平，几乎包含了除逻辑集成电路以外的所有集成电路。模拟集成电路的种类繁多，按照功能分类，常用的有集成运算放大器、集成功率放大器、模拟乘法器、集成稳压器等，在众多的模拟集成电路中，集成运算放大器应用极为广泛。目前，不但各种功能和性能的模拟集成电路和数字集成电路，还有模拟与数字混合集成的电路，甚至一个芯片就是一个电子系统。集成电路的具体功能更是数不胜数，其应用遍及人类生活的方方面面。

还可以按单片集成芯片上集成的元器件个数，也就是集成度将集成电路分类。最初的单片集成电路上只集成了十几个元器件，随着集成技术的发展，集成度呈几何级数的速度提升。对模拟集成电路而言，集成电路按集成度高低的不同可分为200只元件以下的小规模集成电路（Small Scale Integrated circuits，SSI），200～1000只元件的中规模集成电路（Medium Scale Integrated circuits，MSI），1000只元件以上的大规模集成电路（Large Scale Integrated circuits，LSI），10万只元件以上的超大规模集成电路（Very Large Scale Integrated circuits，VLSI）和集成度更高的甚大规模集成电路（Ultra Large Scale Integrated circuits，ULSI）等。

而按照构成集成电路的晶体管来分可以将集成电路分为双极型集成电路和单极型的 MOS 集成电路。双极型集成电路的制作工艺复杂，功耗较大，单极型集成电路的制作工艺简单，功耗也较低，易于制成大规模和超大规模集成电路。

2. 集成电路设计上的特点

模拟集成电路种类繁多，功能各异，但电路的内部结构大同小异，在电路的设计上基本具有以下特点：

（1）组件中的各元件处于同一硅片上，又是通过相同的工艺过程制造，因而有良好的对称性，宜于制成相同参数与特性的元器件。

（2）由集成电路工艺制造的电阻，其阻值范围有一定的局限性，在需要较低或较高阻值的电阻时，可用晶体管来代替或采用外接电阻的办法。

（3）集成电路工艺不适于制作几十微法以上的电容，至于电感就更加困难。

（4）组件中使用的二极管，多用作温度补偿元件或电位移动电路，大都由晶体管构成。常用的形式是将基极、集电极短接后与发射极构成二极管，这样其正向管压降接近同类管子的 U_{BE} 值，温度系数也接近，故能较好地补偿半导体三极管发射结的温度特性。

（5）由于在集成电路中电路的复杂性并不带来工艺的复杂性，因而可采用复杂电路来提高性能。

3. 集成电路的基本常识

集成电路型号众多，随着技术的发展，又有更多的功能更强、集成度更高的集成电路涌现，为电子电路的设计和制作带来了方便。其命名一般由前缀、数字编号、后缀组成。前缀表示集成电路的生产厂家及类别，后缀一般用来表示集成电路的封装形式、版本代号等，参见附录 F。

除个别种类外，集成电路一般没有严格统一的符号，通常更倾向于表达集成电路有几根引脚及作用，常见的几种集成电路的图形表示如图 1.4.2 所示。

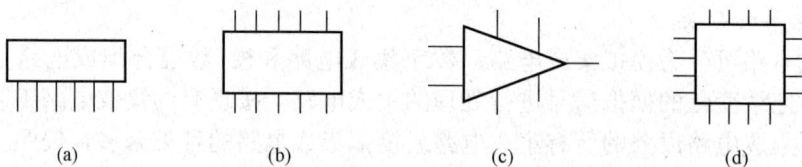

（a）　　　　　　（b）　　　　　　（c）　　　　　　（d）

图 1.4.2　集成电路的常见图形表示

（a）单列集成电路；（b）双列集成电路；（c）放大器形式的双列集成电路；（d）四列集成电路

使用集成电路时也要注意其参数，如工作电压、散热等。模拟集成电路工作电压各异，数字集成电路多用＋5V 的工作电压。在设计制作时，若没有专用的集成电路可以应用，就应该尽量选用应用广泛的通用集成电路，同时考虑集成电路的价格和制作的复杂度。在电子制作中，有许多常用的集成电路，如 NE555（时基电路）、LM324（四个集成的运算放大器）、TDA2822（双声道小功率放大器）、KD9300（单曲音乐集成电路）、LM317（三端可调稳压器）等。

另外，对于 CMOS 型集成电路，特别要注意防止静电击穿，最好不要用未接地的电烙铁焊接。

自己做小结

【小结】

（1）半导体二极管的内部结构就是一个 PN 结，其基本特性就是 ①　，可用伏安特性曲线表示器件的特性。常用二极管模型有理想模型和恒压降模型两种。

稳压二极管稳压工作时应工作于 ②　区。

二极管可用于整流、限幅、钳位、开关、稳压、检波、显示、光电耦合等方面。

（2）半导体三极管的基本结构是三区、两结、三极，有 NPN 型和 PNP 型两种结构。三极管具有电流放大作用的外部条件是：发射结 ③　，集电结 ④　，在放大区有 $i_C \approx \beta i_B$，所以称三极管具有电流放大作用，是 ⑤　控制器件。

三极管的性能由特性曲线和参数来表征，三极管共发射极接法的输出特性曲线有三个区：放大区、 ⑥　区和 ⑦　区。

（3）绝缘栅场效应管有增强型和耗尽型之分，每一种又有 N 沟道和 P 沟道两种类型。场效应管具有电压放大作用，在放大区有 $i_D = g_m u_{GS}$，是 ⑧　控制器件。

（4）根据外加信号幅度，可以将非线性的半导体器件等效为大信号等效模型和交流小信号模型。三极管交流小信号模型的 c、e 间等效为 ⑨　，场效应管的 d、s 间等效为 ⑩　。

（5）集成器件是利用半导体集成工艺将所需元件及布线同时制作在一块半导体晶片上，具有某种特定功能的集成电路，简称 IC，通常将其作为元件来使用。集成电路具有外接线少、可靠性高、性能优良、质量小、造价低廉、使用方便等优点，更便于大规模生产。因此，从 20 世纪 60 年代问世以来，集成电路得到迅速发展并在实践中获得了广泛应用。

【答案】

①单向导电性；②反向击穿；③正偏；④反偏；⑤电流；⑥截止；⑦饱和；⑧电压；⑨电流控制电流源；⑩电压控制电流源。

习　题

1.1.1 判断下列说法的正误。

（1）半导体二极管正偏时应将阳极置于较高电位，即内部 PN 结的 N 区。（　　）

（2）温度升高后，二极管的单向导电性将变好。（　　）

（3）普通半导体二极管可以用来做低电压稳压使用。（　　）

（4）稳压二极管的稳压工作区就是它的反向击穿区。（　　）

1.1.2 测得 3 个二极管的电参数如表 1.1 所示，哪个二极管的性能最好，为什么？

表 1.1　　　　　　　　　　　　　　习题 1.1.2 表

二极管 \ 测量参数	正向电流（正向电压相同）	反向电流（反向电压相同）	反向击穿电压
A	30mA	$3\mu A$	150V
B	100mA	$1\mu A$	200V
C	50mA	$6\mu A$	100V

1.1.3　硅二极管电路如图 1.1 所示，试分别用二极管的理想模型和恒压降模型计算电路中的电流和输出电压 U_{AO}。（1）$E=3$V；（2）$E=10$V。

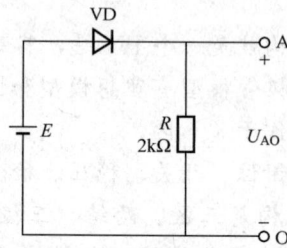

图 1.1　习题 1.1.3 图

1.1.4　二极管电路如图 1.2 所示，试判断各二极管是导通还是截止，并求出 A、O 端的电压 U_{AO}（设二极管为理想二极管）。

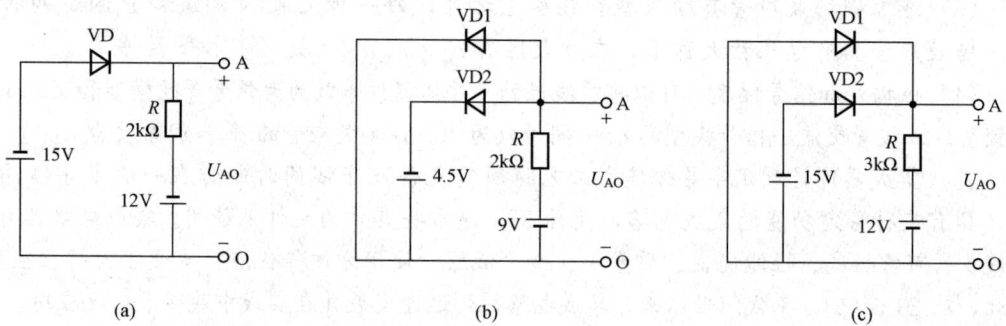

(a)　　　　　　　　(b)　　　　　　　　(c)

图 1.2　习题 1.1.4 图

1.1.5　图 1.3 所示电路中，$u_I=10\sin\omega t$（V），VD 为理想二极管，试画出各电路输出电压 u_O 的波形。

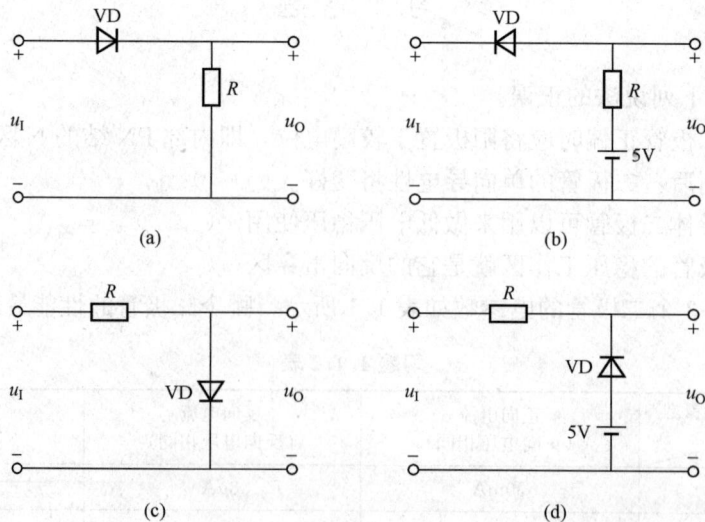

(a)　　　　　　　　　　　　(b)

(c)　　　　　　　　　　　　(d)

图 1.3　习题 1.1.5 图

1.1.6 图 1.4 所示电路中，$u_I = 10\sin\omega t$（V），VZ 为理想稳压二极管，稳定电压值为 6V，试画出电路输出电压 u_O 的波形。

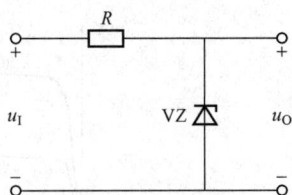

1.1.7 某发光二极管的导通电压为 1.5V，最大整流电流为 30mA，要求用 4.5V 直流供电，电路的限流电阻至少为多大？

图 1.4　习题 1.1.6 图

1.1.8 若要使共阴极的半导体数码管显示字符 4，则各引脚应分别接入什么电位？若是共阳极的呢？

1.2.1 三极管 A 的 β 值为 200，I_{CEO} 为 100μA；三极管 B 的 β 值为 50，I_{CEO} 为 10μA，其他参数基本相同，哪个三极管的性能更好？为什么？

1.2.2 图 1.5 所示三极管各电极电流为 $I_1 = -2.04\text{mA}$、$I_2 = 2\text{mA}$、$I_3 = 0.04\text{mA}$，问 A、B、C 各是三极管的哪个电极？是 NPN 管还是 PNP 管？该管的 β 值是多少？

1.2.3 测得放大电路中某三极管的三个电极对地电压如图 1.6 所示，试区分此三极管的三个电极，并判断它是硅管还是锗管？

1.2.4 三极管三个电极的对地电压如图 1.7 所示，试判断各管处于什么状态？是硅管还是锗管？

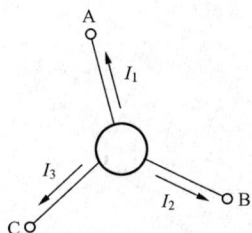

图 1.5　习题 1.2.2 图　　　图 1.6　习题 1.2.3 图　　　图 1.7　习题 1.2.4 图

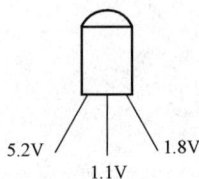

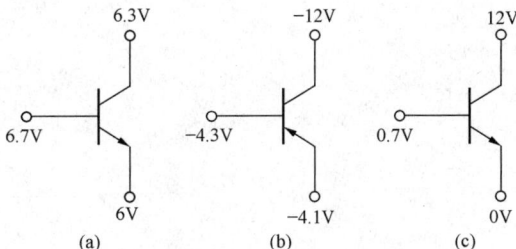

1.2.5 判断图 1.8 所示电路中的三极管工作于什么区？设发射结压降为 0.7V。

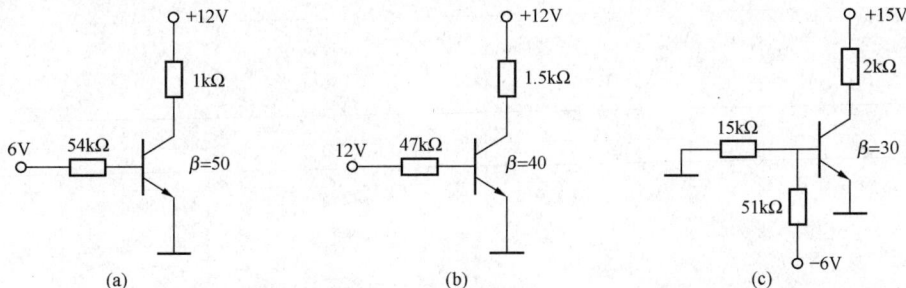

图 1.8　习题 1.2.5 图

1.2.6 放大电路中某三极管的静态基极电流为 40μA、集电极电流为 2mA，画出该三极管的小信号等效模型并标明模型中的参数。

1.3.1 由实验测得场效应管输出特性曲线如图 1.9 所示。试判断它们的类型，对于耗尽型场效应管确定其夹断电压和 I_{DSS} 值，对于增强型场效应管确定其开启电压值。

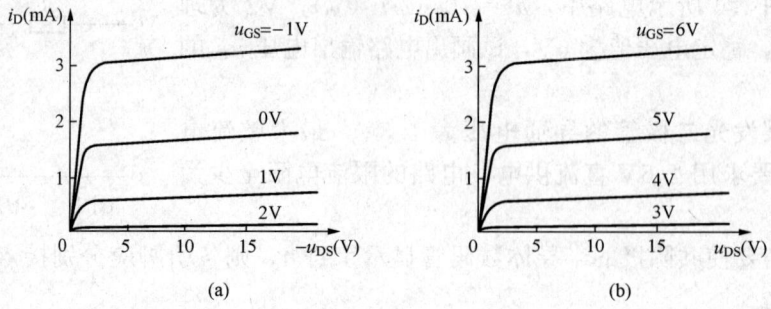

图 1.9　习题 1.3.1 图

第2章 常用放大电路单元

你的位置

```
信号          输入    分立/集成           功率        输出
产生电路     ──────→  放大电路  ──────→  放大电路  ──────→  负载

                        电源电路
```

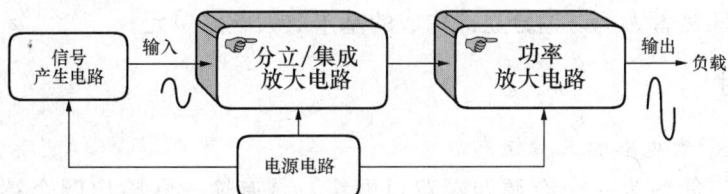

经过第1章的学习，了解了电子技术中常用的半导体器件，利用这些器件就可以构成各种各样的电子电路。

模拟电子系统的核心是对"交流信号"的"放大"，因此，本章的主要内容是模拟电子技术中的各种基本放大电路，包括基本放大电路、集成运算放大电路、功率放大电路等。

本章热身

在进行本章的学习之前，先来了解下面的这些问题。

（1）什么是"放大"呢？"功率放大电路"是做什么用的？

解答：模拟电子电路中经常会有微弱的输入信号，必须加以放大才能推动后续电路。比如，电力系统中经常要使用一种可以将温度、压力等非电量转变成电信号的传感器对锅炉的炉温、压力进行监测，而这种传感器的输出不仅微弱，还会掺入许多干扰。因此，为了识别出监测对象的微小变化，必须对传感器的输出电信号加以放大以获得合乎要求的数值，再经过各种处理，比如进一步获得足够大的功率以推动继电器、电动机、显示仪表等执行元件工作。

人们熟悉的收音机电路也是一个以"放大"为核心的小型电子系统，它将微弱的无线电信号逐级放大，最后经功率放大级输出推动喇叭，还原出声音信号。

从以上的叙述中可以了解，功率放大电路是放大电路中的一种，因其需要输出足够大的功率推动负载工作，所以是一种以输出较大功率为目的放大电路，常工作于大电流、大电压的大信号情况下。为与放大微弱小信号的放大电路相区别，将这类放大电路称为功率放大电路。

（2）用什么器件可以实现放大？

解答：在第1章学习过的三极管、场效应管以及集成运算放大器等都可以构成各种放大电路。

本章关键词

◆ 基本放大电路：共发射极放大电路、共集电极放大电路、共基极放大电路；静态、静态分析；动态、动态分析；负反馈和正反馈。

◆ 集成运算放大电路：差放、零点（温度）漂移；理想运放、线性、非线性；虚短、虚断。

◆ 功率放大电路：甲类、乙类、甲乙类；OCL 电路、OTL 电路。

2.1　基 本 放 大 电 路

本节主要以三极管为例讨论分立件构成的基本放大电路单元。

2.1.1　概述

1. 基本单级放大电路的三种组态

放大电路可以等效为一个有源四端双口网络，具有输入和输出两个端口，如图 2.1.1 所示。

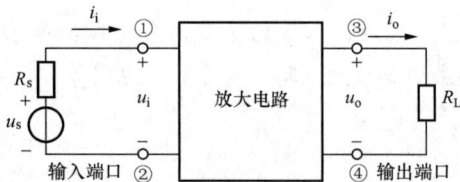

图 2.1.1　放大器的输入和输出端口

若以三极管的两个电极分别作为输入端①和输出端③，则第三个电极必须同时作为输入、输出端口的公共端②和④。根据公共端的不同，可以组成共发射极（Common Emitter，CE）、共集电极（Common Collector，CC）和共基极放大电路（Common Base，CB）❶ 三种基本单级电路组态，如图 2.1.2 所示。

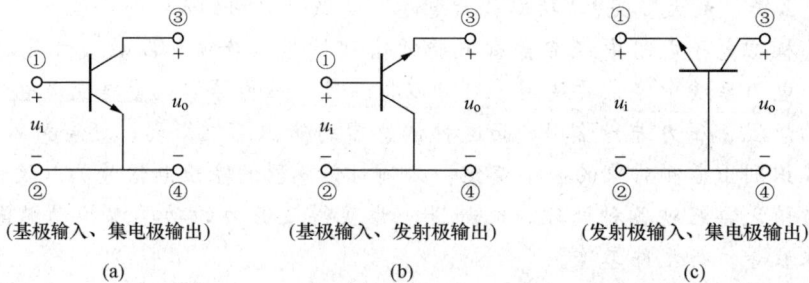

（基极输入、集电极输出）　（基极输入、发射极输出）　（发射极输入、集电极输出）

　　　(a)　　　　　　　　　　(b)　　　　　　　　　　(c)

图 2.1.2　三极管基本单级放大电路的三种连接形式

（a）共发射极放大电路；（b）共集电极放大电路；（c）共基极放大电路

2. 放大电路中各元件的作用

（1）放大电路中的元件。三极管基本单级共发射极放大电路如图 2.1.3（a）所示。为分析方便，将放大电路分为只有直流电压源作用的直流工作状态（即 $u_i=0$）和加入交流输入信号后的交流工作状态两种情况。直流工作状态下的电路中只有直流电压源产生的直流电压和直流电流，也称为静态；交流工作状态下电路中的电流和电压是直流值与变化的交流值的叠加，也称为动态。

因此，不管什么连接方式，也不论三极管是什么管型，放大电路必须满足以下两个基本

---

❶　场效应管基本放大电路的三种连接方式为共源极（Common Source，CS）、共漏极（Common Drain，CD）和共栅极（Common Gate，CG）放大电路。

条件：

　　静态条件：合适的直流电源保证三极管发射结正偏、集电结反偏。

　　动态条件：保证交流输入信号能有效加入并有效取出的交流信号通路。

　　电路中元器件的作用都是为了使以上两个条件得以保证：

　　1）为满足静态条件，图 2.1.3（a）中的直流电压源 V_{BB} 使 NPN 管发射结正偏，V_{CC} 使集电结反偏（因为发射结正偏，硅三极管的基极电位约为 0.7V，集电极电压源 V_{CC} 只要高于 0.7V 即可使集电结反偏）。同时，由【例 1.2.1】可知，为保证三极管可靠地工作于放大状态，基极偏置电阻 R_B 与集电极负载电阻 R_C 也必须取合适的数值。

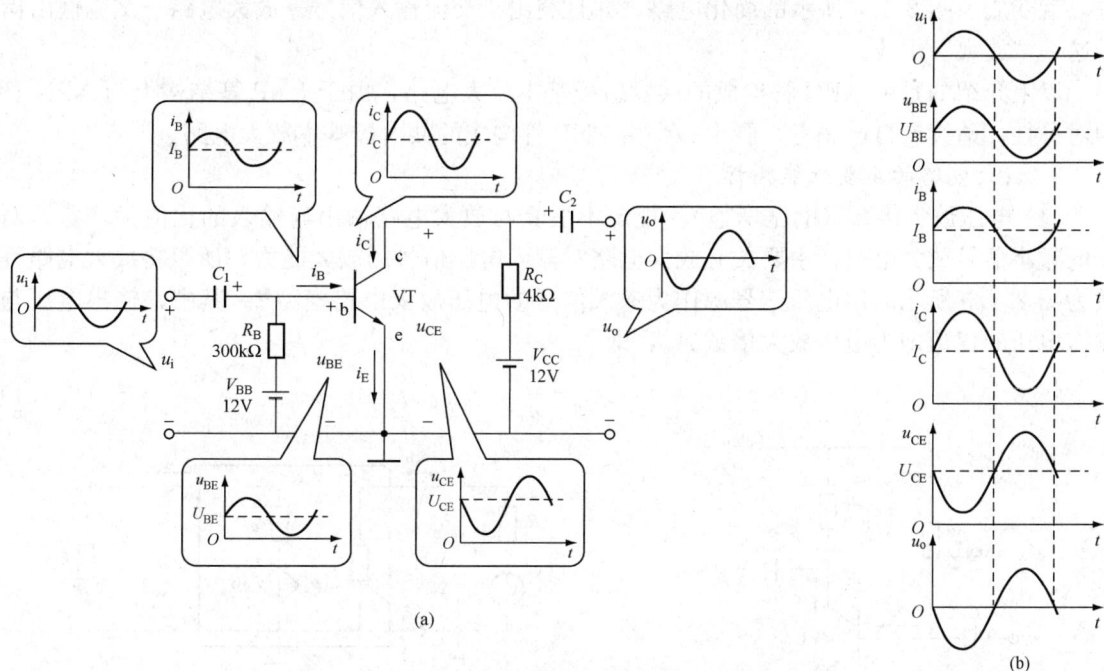

图 2.1.3　基本单级共发射极放大电路与各点波形

(a) 基本单级共发射级放大电路；(b) 各点波形

　　2）为保证动态条件，使交流输入信号可以无阻碍通过，耦合电容 C_1 和 C_2 一般取 1～100μF 的较大数值❶，使其对交流信号近似短路。由于电容具有隔直作用，可以使两级以上的放大电路相互连接时，其直流状态互相独立、互不干扰，所以也称其为隔直电容。

　　图 2.1.3（a）中的"⊥"是零电位的接地点，一般取为输入、输出电压以及直流电源的共同端点。这个点不一定真正的接地，只是确定一个零电位点以便于称呼电路中其余点的电位。电流的参考方向则以三极管的实际电流方向为正。

　　（2）放大电路的基本原理。

　　1）静态分析。未加入交流输入信号时，由于电容的隔直作用，仅在 C_1 和 C_2 之间存在着直流电压 U_{BE}，直流电流 I_B、I_C 和直流管压降 U_{CE}。在合适的参数下，三极管将处于放大状态等待交流输入信号的到来。

---

❶　这个数值的电容一般为有极性的电解电容，须将电解电容的正极接直流高电位才可以正常工作。

2）动态分析。加入交流 u_i[1] 后，u_i 顺利地通过 C_1 叠加到三极管的发射结电压上，使发射结电压 u_{BE} 在原来的直流电压 0.7V 的基础上，叠加了一个变化的正弦交流输入电压 u_i，使 u_{BE} 以 0.7V 为中心按输入信号的正弦规律上下波动，继而引起 i_B、i_C 和 u_{CE} 的相应变化。因为有 $u_{CE}=V_{CC}-i_CR_C$，所以 u_{CE} 和 u_i、u_{BE}、i_B、i_C 的变化规律相反。由于 C_2 的隔直，只有 u_{CE} 中的交流部分通过 C_2 到达输出端，成为输出电压 u_o，在合适的参数下，u_o 的幅度可以达到输入电压 u_i 的几十倍。相应的电流、电压波形如图 2.1.3 (a) 中所示。电路中的各点波形见图 2.1.3 (b)。

（3）放大电路的习惯画法。若认为 V_{BB} 与 V_{CC} 相等且不画出，则只在连接它们正极的一端标出对地的电压值 V_{CC} 和极性（"+"或"−"），同时，输入和输出信号也采用这样的画法，就变成了图 2.1.4 所示的简化电路，并且突出了交流输入信号→放大电路→交流输出信号这一"放大"主线。

以上介绍的是由 NPN 管构成的共发射极基本放大电路，由于 PNP 管结构上与 NPN 管的对称性，请读者自己思考，画出一个由 PNP 管构成的共射极基本放大电路。

3. 放大电路的主要性能指标

（1）电压放大倍数（电压增益）。规定不失真时放大电路输出与输入的比值为增益。对于低频小信号放大电路，主要关心放大电路对输入电压信号的放大能力，所以将放大电路等效为图 2.1.5 所示的用电压信号源作为输入信号的电压放大电路模型[2]。其中，输出电压与输入电压的比值即为电压放大倍数 A_u，即

$$A_u = \frac{u_o}{u_i} \tag{2.1.1}$$

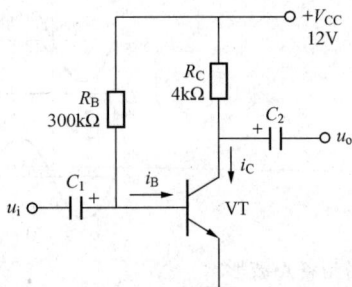

图 2.1.4　基本共发射极放大电路的习惯画法

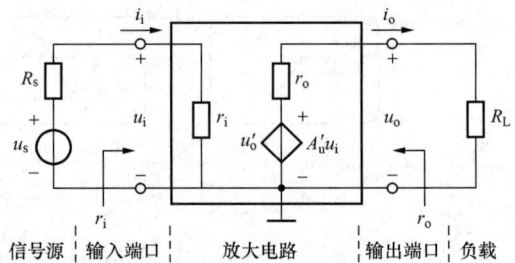

图 2.1.5　电压放大电路的电路模型

其中，负载开路时的电压放大倍数特殊记为 $A_u' = \dfrac{u_o'}{u_i}$。

工程上常以 $20\lg\left|\dfrac{u_o}{u_i}\right|$ 的形式表示电压放大倍数的大小，单位是分贝（dB）。比如，100dB 代表的放大倍数为 10^5。

（2）输入电阻 r_i。从放大电路的输入端看进去的等效电阻称为放大电路的输入电阻，如图 2.1.5 所示，定义为输入电压 u_i 与输入电流 i_i 之比，即

$$r_i = \frac{u_i}{i_i} \tag{2.1.2}$$

输入电阻的大小决定了放大电路从信号源处得到信号的多少，由图 2.1.5 可知，即

---

[1]　为了简单起见，本书中的交流信号均以正弦信号为例。

[2]　如不作特殊说明，本书中所讨论的放大电路均为电压放大。

$$u_i = \frac{r_i}{r_i + R_s} u_s \tag{2.1.3}$$

所以，u_i 一定小于 u_s，但当信号源为电压源时，放大电路的输入电阻越大，u_i 就越接近于 u_s，放大电路从信号源处得到电压信号的能力就越强，有利于获得较大的输出幅度。相反，请读者思考，如果是电流源输入，适合什么样输入电阻的放大电路？

（3）输出电阻 r_o。输出电阻是从放大电路输出端看进去的等效电阻，如图 2.1.5 所示。定义为在输入电压源短路、保留 R_S 且负载开路时，放大电路的输出端所加测试电压 u_t 与其产生的测试电流 i_t 之比，即

$$r_o = \frac{u_t}{i_t} \bigg|_{\substack{u_s = 0 \\ R_L = \infty}} \tag{2.1.4}$$

这是理论上的定义方法，不能用来实际测量。

从图 2.1.5 中可以看出，u_o 与负载开路时的开路输出电压 u_o' 之间有

$$u_o = \frac{R_L}{R_L + r_o} u_o' \tag{2.1.5}$$

同样，u_o 一定小于 u_o'，所以放大电路的输出电阻越小，负载上得到的电压信号就越多，负载变化对输出电压大小的影响就越小，放大电路的带负载能力就越强。

（4）最大输出功率 P_{om} 和效率 η。在输出信号不失真的情况下，负载上获得的最大交流功率称为最大输出功率，记为 P_{om}。规定放大电路的最大输出功率与直流电源提供的功率之比为放大电路的效率 η。效率越高，在交流输入信号的控制下，直流电源提供的能量转换为交流输出能量的能力就越强。

（5）频率特性与通频带 BW。由于电路中耦合电容、电感线圈等电抗元件以及分布电容等电抗效应的影响，放大电路只能在有限频率范围内保持电压放大倍数近似不变，随着频率增高或降低到一定程度，放大倍数都要出现明显的下降，输出与输入信号间的相移也要随之改变。电压放大倍数的大小与频率的关系，称为幅频特性，相移与频率的关系，称为相频特性，幅频特性与相频特性统称为频率特性。

以共发射极单级放大电路的幅频特性为例，画出其电压放大倍数与频率的关系曲线如图 2.1.6 所示。由于坐标跨度大，图中纵轴用 $20\lg|A_u|$（dB）表示，横轴也用对数坐标 $\lg f$。

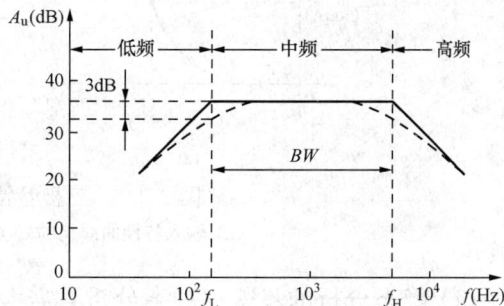

图 2.1.6　单级共发射极放大电路的幅频特性

从幅频特性曲线可以看出：中频段的电压放大倍数最大且基本不变，随着频率的增高或降低，电压放大倍数均下降。当放大倍数下降到中频增益的 $\frac{\sqrt{2}}{2}$ 时所对应的频率分别称为上限截止频率 f_H 和下限截止频率 f_L。f_H 和 f_L 表征放大电路对频率高于 f_H 或低于 f_L 的输入信号已不能有效地放大。因此，定义放大电路的带宽 BW 为 f_H 和 f_L 之间的频率宽度，也称为通频带，即

$$BW = f_H - f_L \tag{2.1.6}$$

对应于 f_H 和 f_L 时的电压放大倍数与中频时相比下降了 3dB，所以，通频带也称为 3dB 带宽。BW 表示放大电路对不同频率输入信号的放大能力，BW 越宽，对于频带较宽的输入信号来说，失真就越小。

应当指出，并不是在所有场合都要追求较宽的通频带。例如，在信号的接收电路中就采用选频放大电路，使之仅对某单一频率的信号或某段较窄的频率范围进行放大，对其余频率或频段范围以外的信号衰减，并且衰减速度越快，衰减得越彻底，电路的性能越好。因此，放大电路只需具有和输入信号相对应的通频带即可，盲目追求较宽的通频带不但无益，还会造成放大电路放大倍数的牺牲并降低抗干扰能力。

除以上的几种性能指标外，还有失真度、最大不失真输出幅度、温度漂移等。有了这些性能指标，不仅可以衡量放大电路的性能，还可以根据放大电路的实际情况，确定其使用场合和范围。对于本书讨论的低频小信号电压放大电路来说，主要的指标是电压放大倍数、输入电阻和输出电阻。

2.1.2　三极管共发射极放大电路

电路分析分为静态分析和动态分析两个步骤。

1. 静态分析

静态分析的目的是分析三极管的静态参数 U_{BE}、I_B、I_C 和 U_{CE} 能否使三极管处于放大状态。

由于 U_{BE}、I_B、I_C 和 U_{CE} 在输入特性曲线上对应点 Q（U_{BE}，I_B），在输出特性曲线上对应点 Q（U_{CE}，I_C），分别如图 2.1.7 所示，这 4 个数值称为静态工作点，也可以写作 U_{BEQ}、I_{BQ}、I_{CQ} 和 U_{CEQ}。

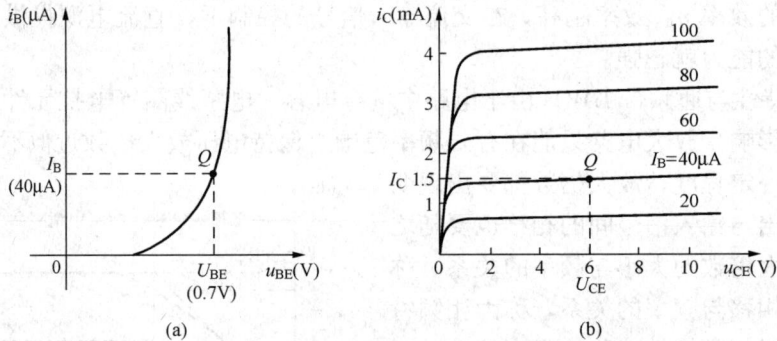

图 2.1.7　三极管特性曲线上的静态工作点

(a) 输入特性曲线上的 Q 点；(b) 输出特性曲线上的 Q 点

（1）静态分析的步骤。静态分析只需考虑直流，所以将耦合电容开路后得到图 2.1.8 (a) 电路相应的直流通路，如图 2.1.8 (b) 所示。

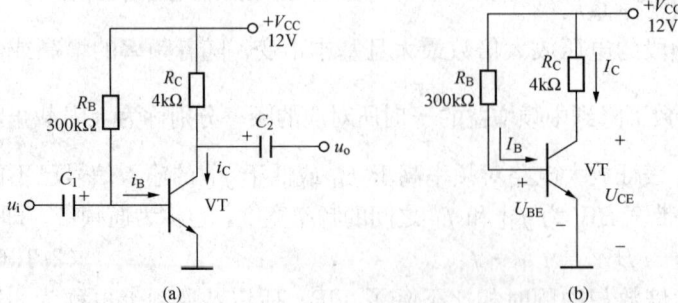

图 2.1.8　共发射极固定偏置放大电路和它的直流通路

(a) 共发射极固定偏置放大电路；(b) 直流通路

直流分析的步骤为：放大电路→直流通路（耦合电容开路）→静态工作点计算（U_{BE}、I_B、I_C、U_{CE}）。因为要求三极管发射结正偏，所以认为 U_{BE} 已知，不再计算。

【例 2.1.1】 已知图 2.1.8 (a) 中硅三极管的 $\beta = 40$，计算

该电路的静态工作点。

解：由图2.1.8（b）的直流通路且$U_{BE}\approx 0.7V$，可得

$$I_B=\frac{V_{CC}-U_{BE}}{R_B}\approx 40\ (\mu A) \tag{2.1.7}$$

所以
$$I_C=\beta I_B=40\times 40=1.6\ (mA) \tag{2.1.8}$$

$$U_{CE}=V_{CC}-I_CR_C=12-1.6\times 4=5.6\ (V) \tag{2.1.9}$$

因此，该三极管电路的静态工作点为$U_{BE}=0.7V$，$I_B=40\mu A$，$U_{CE}=5.6V$，$I_C=1.6mA$。

由于这个电路的V_{CC}和R_B是两个固定的参数，由它们决定的I_B是固定值，所以图2.1.8也称为固定偏置放大电路。

（2）温度对静态工作点的影响。使放大器静态工作点不稳定的最主要原因是温度。

随着温度升高，β、U_{BE}和I_{CEO}都将引起集电极电流I_C增大，使静态工作点升高，导致放大电路工作状态接近或进入饱和区而不能正常放大。

图2.1.9所示的共发射极放大电路称为分压式射极偏置电路。图中，由于I_B很小，所以可认为$I_1\approx I_2$。因此三极管基极电位U_B的大小主要由R_{B1}和R_{B2}对V_{CC}的分压来决定，即

$$U_B=\frac{R_{B2}}{R_{B1}+R_{B2}}V_{CC} \tag{2.1.10}$$

由于电源电压和电阻值都是常量，三极管的基极电位U_B可以看成是恒定的。当温度T升高时，发生以下自动调节过程：

$$T\uparrow \to I_C\uparrow \to I_E\to U_E\uparrow、\ U_B\ 不变 \to U_{BE}\downarrow \to I_B\downarrow$$
$$I_C\downarrow \longleftarrow$$

宏观上看，集电极电流基本不变，反之，当外界因素引起集电极电流减小时，也可以通过类似的过程维持静态工作点的稳定。

实际上，图2.1.9中的I_1越大于I_B、U_B越大于U_{BE}，稳定控制的作用越好。为兼顾其他指标，一般取

$$\begin{cases}I_1=(5\sim 10)I_B\\U_B=(3\sim 5)V\end{cases} \tag{2.1.11}$$

【例2.1.2】 分压式射极偏置电路如图2.1.9所示，$\beta=60$，$R_E=1k\Omega$，$R_{B1}=30k\Omega$，$R_{B2}=10k\Omega$，$R_C=2k\Omega$，$R_L=2k\Omega$，$V_{CC}=12V$，求解静态工作点Q。

解：$U_B=\dfrac{R_{B2}}{R_{B1}+R_{B2}}V_{CC}=\dfrac{10}{30+10}\times 12\approx 3\ (V)$

图2.1.9　分压式射极偏置电路

所以

$$I_C\approx I_E=\frac{U_B-U_{BE}}{R_E} \tag{2.1.12}$$

管压降为

$$U_{CE}=V_{CC}-I_C(R_C+R_E) \tag{2.1.13}$$

基极电流为
$$I_B=\frac{I_C}{\beta}$$

将电路元件参数带入，可得$I_C=2.3mA$、$U_{CE}=5.1V$、$I_B=38\mu A$。

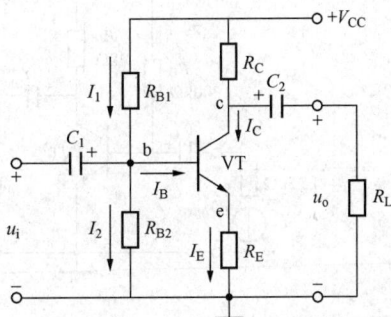

因为三极管的集电极电流主要是由发射极电阻 R_E 来确定和稳定的，所以这个电路被称为射极偏置电路。由式（2.1.12）还可以看出，I_C 的大小与 β 无关，在需要更换管子时，不会因管子的特性不同而造成静态工作点的移动。

2. 动态分析——小信号等效电路分析法

动态分析的目的是分析计算电压放大倍数、输入电阻和输出电阻等性能指标。

动态分析必须在静态的基础上进行，因为电路首先要有合适的静态工作点，才能对加入的交流信号进行放大。

动态分析前要对电路进行如下处理：①因为仅考虑交流，所以将耦合电容和理想直流电压源均做短路处理，得到电路的交流通路；②由于电压放大电路的动态分析是针对小信号的，所以将三极管用交流小信号等效模型替换，得到电路的小信号等效电路。利用这个电路就可以很方便地计算放大电路的各项性能指标。

这种在输入信号较小时，用小信号等效模型替换交流通路中的非线性元件，使电路全部等效为线性元件组成的电路后，再进行性能指标分析计算的方法称为小信号等效电路分析法。

总之，动态分析的步骤为：放大电路→交流通路（耦合电容和直流电压源短路）→小信号等效电路→A_u、r_i、r_o 等性能指标分析。

将图 2.1.8（a）所示共发射极放大电路重画于图 2.1.10（a）中，图 2.1.10（b）为其交流通路，图 2.1.10（c）为相应的小信号等效电路，电路中加入了内阻为 R_s 的电压信号源，$\beta=40$。电路的静态分析如前所述，即 $I_C=1.6\text{mA}$，故有

$$r_{be}=300+(1+\beta)\frac{26\text{mV}}{I_E}\ (\Omega)\approx 1(\text{k}\Omega)$$

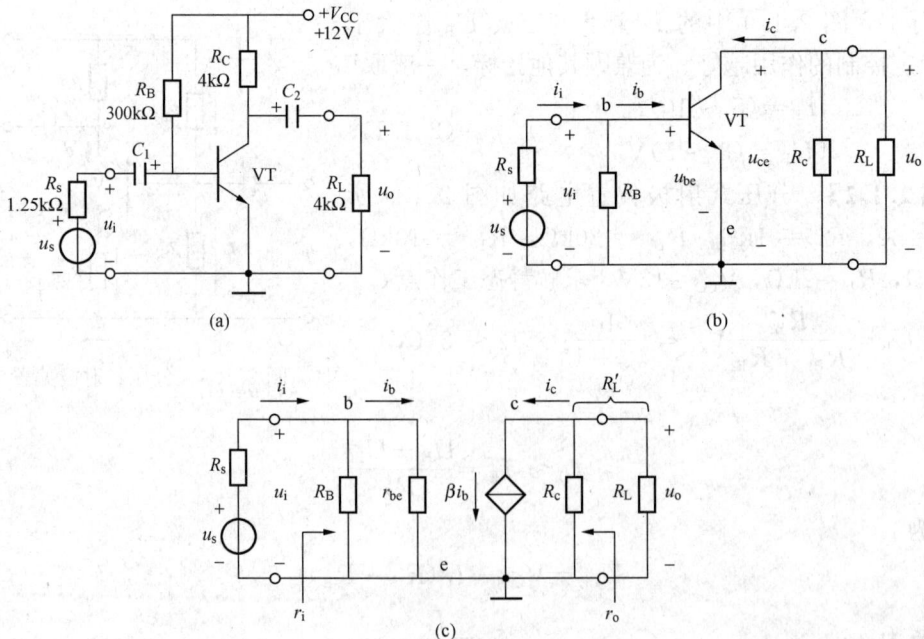

(a)

(b)

(c)

图 2.1.10　共发射极基本放大电路

(a) 基本共发射极放大电路；(b) 交流通路；(c) 小信号等效电路

（1）电压放大倍数 A_u。根据 $i_c = \beta i_b$ 的受控关系，分别写出输入电压 u_i 和输出电压 u_o 与 i_b 的关系式

$$u_i = i_b r_{be} \tag{2.1.14}$$

$$u_o = -\beta i_b (R_C /\!/ R_L) \tag{2.1.15}$$

所以

$$A_u = \frac{u_o}{u_i} = \frac{-\beta i_b (R_C /\!/ R_L)}{i_b r_{be}} = -\beta \frac{(R_L /\!/ R_C)}{r_{be}} = -\beta \frac{R_L'}{r_{be}} \tag{2.1.16}$$

$$= -40 \times \frac{2}{1} = -80$$

式中：R_L' 为集电极电阻和负载电阻并联的等效电阻，称为等效负载电阻。

在经验数值下，由式（2.1.16）得出的电压放大倍数可以达到几十倍到一、二百倍，负号代表输出电压与输入电压相位相反。

（2）输入电阻 r_i。根据输入电阻的定义式（2.1.2）和式（2.1.14），可以得到

$$i_i = i_{R_B} + i_b = \frac{u_i}{R_B} + \frac{u_i}{r_{be}}$$

$$r_i = \frac{u_i}{i_i} = \frac{1}{\dfrac{1}{R_B} + \dfrac{1}{r_{be}}} = R_B /\!/ r_{be} \tag{2.1.17}$$

$$\approx 1 \ (\text{k}\Omega)$$

低频小功率三极管的 r_{be} 较小，只有 $1 \sim 2\text{k}\Omega$，一般 $R_B \gg r_{be}$，可以认为共射极基本放大电路的输入电阻近似为 r_{be}，显然，这个阻值并不大。

实际上，采用观察和定义计算相结合的方法计算输入电阻更简单有效。由于输出回路对输入回路不产生影响，从图 2.1.10（c）中可以很明显地看出：$r_i = R_B /\!/ r_{be}$。

（3）源电压放大倍数 A_{us}。源电压放大倍数 A_{us} 定义为输出电压 u_o 与信号源电压 u_s 的比值。A_{us} 可以更真实地反映放大器的放大能力。由式（2.1.3）得到源电压放大倍数为

$$A_{us} = \frac{u_o}{u_s} = \frac{r_i}{r_i + R_s} A_u \tag{2.1.18}$$

$$\approx -36$$

可见，由于信号源内阻的影响，使放大电路实际获得的输入电压下降，导致源电压放大倍数远小于电压放大倍数。

（4）输出电阻 r_o。根据输出电阻的定义，将信号源电压短路、负载开路后，得到图 2.1.11 的小信号等效电路。由于 $u_s = 0$，所以 $i_b = 0$，$i_c = 0$，受控源支路相当于开路，从输出端看进去的等效电阻就是集电极电阻 R_C，即

$$r_o = R_C \tag{2.1.19}$$

$$= 4 \ (\text{k}\Omega)$$

从以上分析过程和典型数据，可以得出以下结论：共发射极基本放大电路的电压放大倍数较大，输出电压与输入电压反相，由于电压放大能力很强，所以应用十分广泛；作为一个电压放大器来说，共发射极电路的输入电阻不

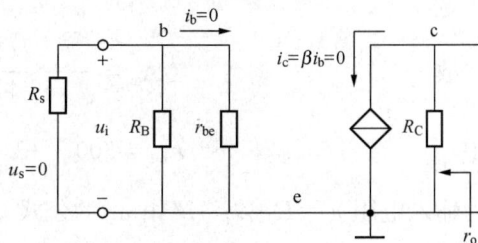

图 2.1.11　共发射极放大电路的小信号等效电路

够大，仅为 r_{be}，使放大器得到的输入电压比信号源电压要衰减很多，导致源电压放大倍数下降；同样，这个电路的输出电阻相对较大，带负载能力不强。

【例 2.1.3】 单级共发射极放大电路如图 2.1.12（a）所示。已知 $V_{CC}=20V$，$R_C=6k\Omega$，$R_B=470k\Omega$，$\beta=45$，$R_L=4k\Omega$，$R_S=1.25k\Omega$，$U_{BE}=0.7V$，$R_E=1k\Omega$。求（1）Q 点的数值；（2）源电压放大倍数 A_{us}；（3）输出电阻 r_o。

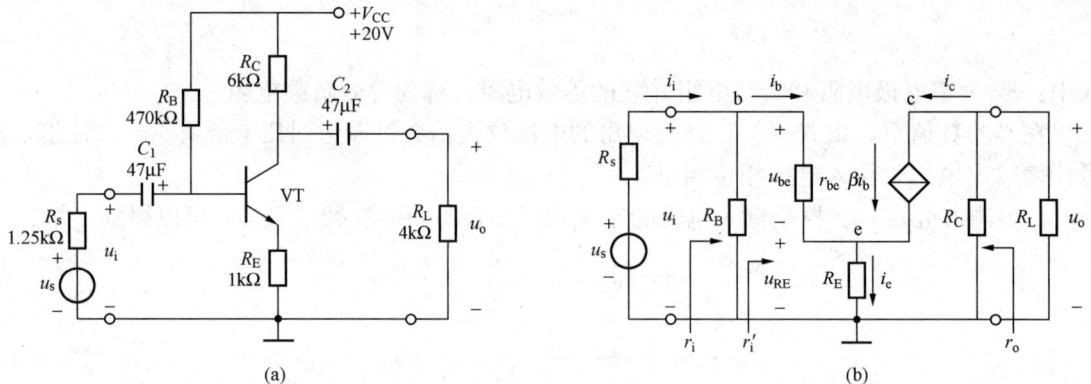

图 2.1.12　【例 2.1.3】的电路图
（a）电路图；（b）小信号等效电路

解：（1）静态分析。由图 2.1.12（a）的直流通路（将电路中的耦合电容开路即可，以后直流通路不再画出）得到输入回路的回路方程为

$$V_{CC}=I_B R_B+U_{BE}+(1+\beta)I_B R_E$$

可得基极电流 I_B

$$I_B\approx\frac{V_{CC}-U_{BE}}{R_B+(1+\beta)R_E}\approx 37\ (\mu A)$$

所以　　　　　　　　　$I_C=\beta I_B=45\times 0.037=1.665\ (mA)$

$$U_{CE}=V_{CC}-I_C(R_C+R_E)=20-1.665\times 7\approx 8.3\ (V)$$

（2）源电压放大倍数 A_{us}。小信号等效电路如图 2.1.12（b）所示。从图中可以看出，由于射极电阻的存在，输入电压 u_i 由 r_{be} 上的压降 u_{be} 和射极电阻上的压降 u_{R_E} 组成，所以 u_i 和 u_o 分别表示为

$$u_i=u_{be}+u_{R_E}=i_b r_{be}+(1+\beta)i_b R_E$$

$$u_o=-\beta i_b(R_C//R_L)$$

故　　　　　　　　　$A_u=-\frac{\beta(R_C//R_L)}{r_{be}+(1+\beta)R_E}\approx -2.3$

其中　　　　　　　　$r_{be}=300+(1+\beta)\frac{26}{1.665}\approx 1\ (k\Omega)$

因为输入电阻 $r_i=R_B//r_i'$，又由 u_i 的公式，可得

$$r_i'=\frac{u_i}{i_b}=\frac{i_b r_{be}+(1+\beta)i_b R_E}{i_b}=r_{be}+(1+\beta)R_E$$

所以输入电阻为

$$r_i = R_B // [r_{be} + (1+\beta)R_E] \approx 43 \ (\text{k}\Omega)$$

即

$$A_{us} = \frac{r_i}{r_i + R_s} A_u = \frac{43}{43 + 1.25}(-2.3) \approx -2.24$$

(3) 输出电阻。类似地，本电路的输出电阻仍为 R_C。

从【例 2.1.3】的数据可以看出，射极偏置电阻不仅可以稳定静态工作点，交流通路中的射极电阻还可以提高放大器的输入电阻，R_E 越大，效果就越明显。在后面的学习中可以知道，射极电阻实际上起到了负反馈的作用，可以改善放大电路多方面的性能，至于因此带来的放大倍数的下降，可以通过多级放大来弥补。

【例 2.1.4】 计算图 2.1.9 所示分压式射极偏置电路的电压放大倍数 A_u、输入电阻 r_i 和输出电阻 r_o。其中，电路参数同【例 2.1.2】。

解：(1) 电压放大倍数。小信号等效电路如图 2.1.13 所示。

以基极电流 i_b 为参量，分别写出输入电压 u_i 和输出电压 u_o 的表达式

$$u_i = i_b r_{be} + i_e R_E = i_b r_{be} + (1+\beta)i_b R_E$$

$$u_o = -i_c(R_C // R_L) = -\beta i_b R'_L$$

所以

$$A_u = \frac{u_o}{u_i} = \frac{-\beta i_b R'_L}{i_b r_{be} + (1+\beta)i_b R_E} = \frac{-\beta R'_L}{r_{be} + (1+\beta)R_E} \tag{2.1.20}$$

由

$$r_{be} = 300 + (1+\beta)\frac{26(\text{mV})}{I_E} = 300 + 61 \times \frac{26}{2.3} \approx 1 \ (\text{k}\Omega)$$

得

$$A_u = -60 \times \frac{2//2}{1 + 61 \times 1} = -0.97$$

(2) 输入电阻 r_i。通过观察图 2.1.13 可知：
$r_i = R_{B1} // R_{B2} // r'_i$，而

$$r'_i = \frac{u_i}{i_b} = \frac{i_b r_{be} + (1+\beta)i_b R_E}{i_b}$$

$$= r_{be} + (1+\beta)R_E$$

所以 $r_i = R_{B1} // R_{B2} // r'_i$

$$= R_{B1} // R_{B2} // [r_{be} + (1+\beta)R_E] \tag{2.1.21}$$

$$= 30//10//(1+61 \times 1) = 6.7 \ (\text{k}\Omega)$$

(3) 输出电阻 r_o。

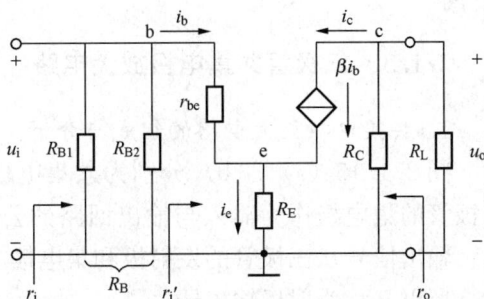

图 2.1.13 【例 2.1.4】的小信号等效电路

$$r_o = R_C \tag{2.1.22}$$

$$= 2\text{k}\Omega$$

需要注意的是，以上动态分析是在输出信号没有明显失真的情况下进行的。如果信号幅度过大或静态工作点的位置不合理，都将会使输出信号产生失真。比如，静态工作点过低，将使动态范围进入截止区而产生截止失真；静态工作点过高，将使三极管进入饱和区引起饱和失真，分别如图 2.1.14 所示❶。由于输出与输入反相，当出现截止失真时，u_o 的顶部被削平；反之，当出现饱和失真时，u_o 的底部被削平。信号过大，还会同时出现

---

❶ 对于图 2.1.8 (a) 的电路来说，图 2.1.14 中的负载线由电路方程 $u_{CE} = V_{CC} - i_C R_C$ 确定，三极管的电流、电压值必受此方程约束。也就是说，随输入信号变化的三极管的工作轨迹只能在负载线上移动。

双向失真。

由图 2.1.14 可知，如果静态工作点处于负载线的中央，将获得最大的动态工作范围，输出端得到最大幅度的不失真输出。但在实际工作中，如果输入信号比较小，在不至于产生失真的情况下，一般把静态工作点选得稍微低一些，可以降低静态工作电流，节省直流电源能量消耗。

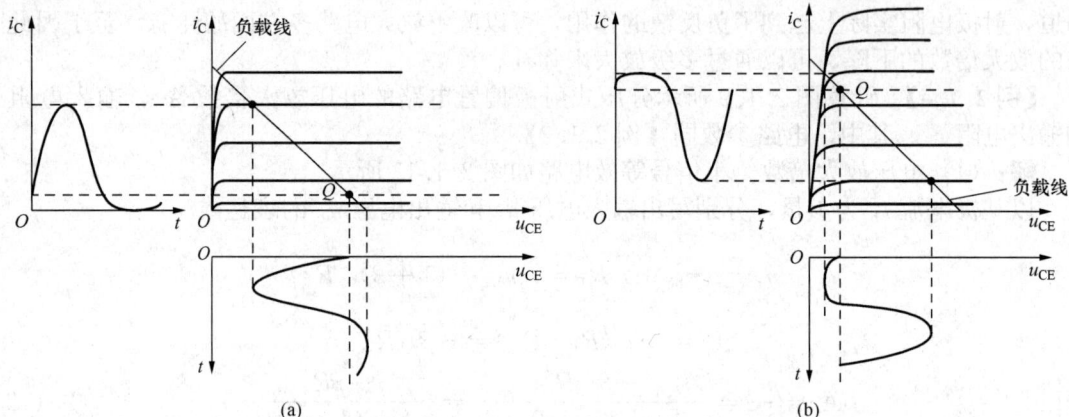

图 2.1.14　截止失真与饱和失真

（a）截止失真；（b）饱和失真

请读者思考：若输出信号已经出现了饱和失真或截止失真，应如何调整电路参数加以消除？

2.1.3　三极管共集电极放大电路

1. 共集电极放大电路的组成与分析

图 2.1.15（a）、（b）分别为共集电极放大电路及其交流通路。从交流通路可以看出，三极管的集电极作为输入与输出回路的公共端，输入信号从三极管的基极和集电极之间加入，输出信号从三极管的发射极和集电极之间取出。因为输出信号是从三极管的发射极输出的，所以又称为射极输出器。

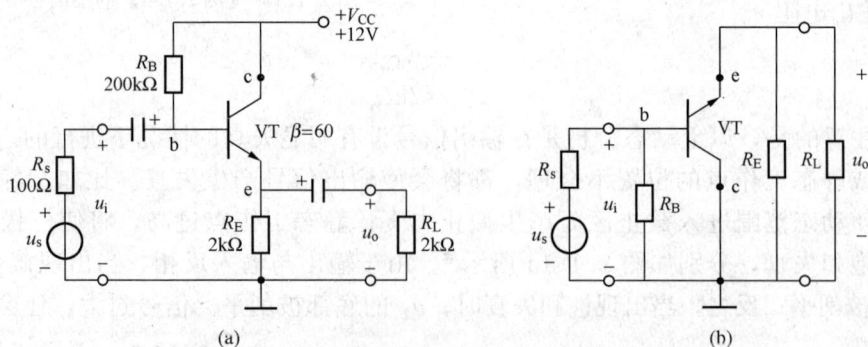

图 2.1.15　共集电极放大电路及其交流通路

（a）共集电极放大电路；（b）交流通路

（1）静态分析。因为

$$V_{CC} = I_B R_B + U_{BE} + I_E R_E = I_B R_B + U_{BE} + (1+\beta) I_B R_E$$

所以
$$I_B = \frac{V_{CC} - U_{BE}}{R_B + (1+\beta) R_E} \tag{2.1.23}$$

$$I_C = \beta I_B$$

$$U_{CE} = V_{CC} - I_E R_E \approx V_{CC} - I_C R_E \tag{2.1.24}$$

（2）交流分析。小信号等效电路如图 2.1.16 所示。

1）电压放大倍数 A_u。因为

$$u_i = i_b r_{be} + i_e (R_E /\!/ R_L) = i_b r_{be} + (1+\beta) i_b R_L'$$

$$u_o = i_e (R_E /\!/ R_L) = (1+\beta) i_b R_L'$$

所以　$A_u = \dfrac{u_o}{u_i} = \dfrac{(1+\beta) R_L'}{r_{be} + (1+\beta) R_L'}$　(2.1.25)

因为 $(1+\beta) R_L' \gg r_{be}$，所以共集电极电路的电压放大倍数小于 1 约等于 1，且输出电压和输入电压同相。既然 u_o 与 u_i 相位相同、大小又近似相等，所以共集电极放大电路又被称为电压跟随器或射极跟随器。

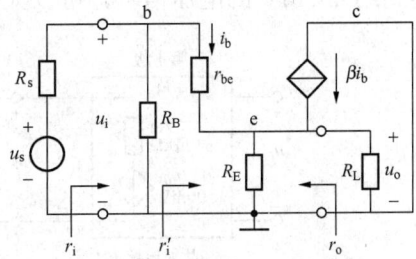

图 2.1.16　共集电极放大电路的小信号等效电路

2）输入电阻 r_i 和输出电阻 r_o。类似地，经分析可得图 2.1.15 所示的共集电极电路的输入电阻和输出电阻分别为

$$r_i = R_B /\!/ [r_{be} + (1+\beta) R_L'] \tag{2.1.26}$$

$$r_o = R_E /\!/ \frac{R_S /\!/ R_B + r_{be}}{1+\beta} \tag{2.1.27}$$

从式（2.1.26）和式（2.1.27）可以看出，共集电极电路的输入电阻比基本共射极电路大得多，输出电阻一般只有几十欧姆，远远小于共发射极电路的输出电阻。

若图 2.1.15（a）中的参数为 $V_{CC} = 12V$，$\beta = 60$，$R_S = 100\Omega$，$R_B = 200k\Omega$，$R_E = 2k\Omega$，$R_L = 2k\Omega$，且已知 $r_{be} = 1k\Omega$，经计算得出 $A_u \approx 0.98$，$r_i \approx 47k\Omega$，$r_o \approx 17.3\Omega$ 的数据。所以，共集电极放大电路具有电压放大倍数小于 1 约等于 1、输出电压与输入电压同相；输入电阻大、从信号源处获得输入电压信号的能力强，输出电阻小、带负载能力强的特点。

2. 共集电极放大电路的应用

一般来说，对于实用的电压放大电路，通常对其有输入电阻大、输出电阻小、电压放大倍数大及其他指标的兼顾等要求，而任何一种单级放大电路都不能同时满足以上要求。因此，实际的放大器常选择多个基本电路合理匹配成多级放大电路，以满足多方面的性能要求。一般，接入信号的第一级放大电路称为输入级，连接负载的称为输出级，其余中间环节称为中间级。多级放大电路中的前级是后级的信号源，后级是前级的负载。如图 2.1.17 所示。

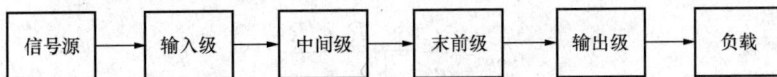

图 2.1.17　多级放大电路的框图

　　共集电极放大电路虽然没有电压放大作用，但由于其输入电阻大、输出电阻小的特点，广泛地应用于多级放大电路的输入级，用来获得较多的信号源电压，或者用做输出级可以有效地提高放大器的带负载能力。

　　除此之外，在多级放大器中，共集电极电路也经常作为隔离前后级电路间影响的缓冲级。在图 2.1.18 中，如果把Ⅰ、Ⅲ级电路直接相连，由于第Ⅰ级的输出电阻与第Ⅲ级的输入电阻均为 1kΩ，在信号的传递过程中，将有 50% 的信号损耗在Ⅰ级的输出电阻上；若在Ⅰ级和Ⅲ级之间接入共集电极电路Ⅱ，按图中给出的数据，第Ⅱ级得到约 490mV、第Ⅲ级得到约 467mV 的电压信号，可以大大减少信号在传递中的损耗。

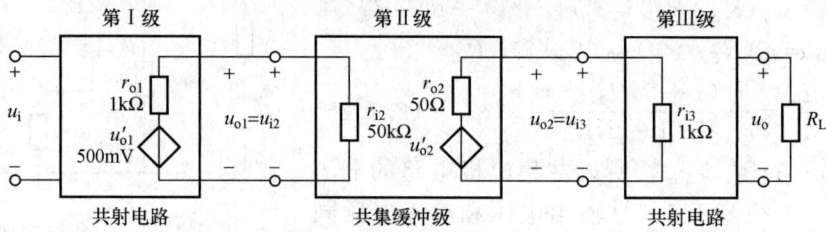

图 2.1.18　共集电极电路作缓冲级

　　共集电极放大电路的输出电阻小，带负载能力强，同时还具有较强的电流放大作用（输入为基极电流，输出为射极电流）和功率放大能力，因此还可以作为一种基本的功率输出电路，将在 2.3 节讨论。

2.1.4　三极管共基极放大电路

1. 共基极放大电路的组成与分析

　　共基极放大电路是以基极为公共端，从发射极输入、集电极输出的放大电路，如图 2.1.19 所示。

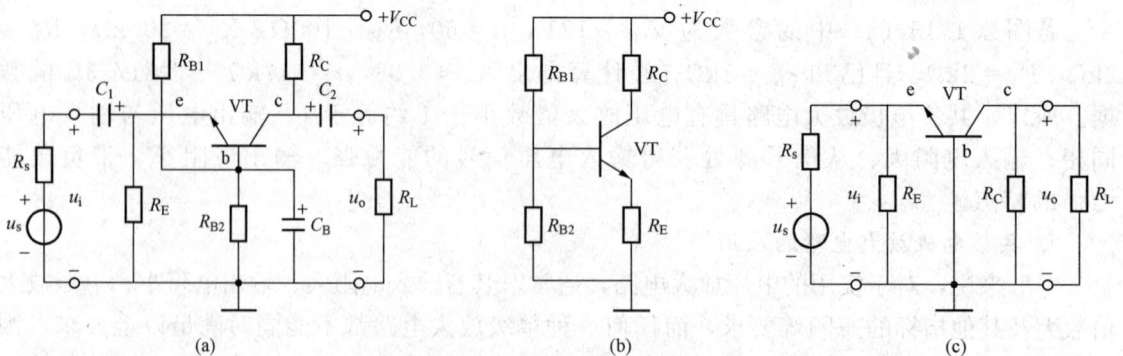

图 2.1.19　共基极放大电路
（a）共基极放大电路电路图；（b）直流通路；（c）交流通路

　　共基极放大电路的分析方法类似，不再赘述，仅给出其动态参数如下

$$A_u = \frac{u_o}{u_i} = \beta \frac{R_L // R_C}{r_{be}}$$

（2.1.28）

$$r_i = R_E /\!/ \frac{r_{be}}{1+\beta} \qquad\qquad (2.1.29)$$

$$r_o = R_C \qquad\qquad (2.1.30)$$

式（2.1.28）～式（2.1.30）说明，共基极放大电路的电压放大倍数较大，输出和输入电压相位相同，输入电阻较小，输出电阻较大。

由于共基极电路的输入电流为发射极电流，输出电流为集电极电流，电流放大倍数小于 1 约等于 1，所以共基极电流又称为电流跟随器，仅有电压放大作用，没有电流放大作用。由于共基极放大电路的高频性能较好，主要应用于高频电子技术中。

2. 三种三极管基本放大电路的比较

（1）三种组态的判别。一般看输入信号从三极管哪个电极输入，输出信号从哪个电极取出，则第三个电极为公共端。

共射极放大电路为基极输入、集电极输出；共集电极电路是基极输入、发射极输出；而共基极电路则是发射极输入、集电极输出。

（2）三种基本放大电路的特点及用途。根据三种放大电路性能指标，共射极电路的电压、电流和功率增益都较大，在低频电子技术中应用较广，多用于多级放大器的中间级，起到提高电压放大倍数的作用；共集电极电路利用其输入电阻大、输出电阻小的特点，多应用于多级放大器的输入级、输出级和缓冲级；而在宽频带或高频情况下、要求稳定性较好时，共基极电路就比较合适。

在实际应用中，还可以根据需要把三种组态适当组合，取长补短。比如共射-共基组合电路具有较好的频率特性，共集-共射组合可以提高电路的输入电阻等。

2.1.5　场效应管放大电路

在实际应用中，有时会遇到信号源十分微弱且内阻较大的情况，信号源只能提供微安级甚至更小的输入电流。因此，为尽可能多地从信号源处获得输入信号、减少衰减，必须要求放大电路的输入电阻达到兆欧数量级以上，而任何形式的三极管电路都无法满足这个要求。由于场效应管的输入电阻极大，可达 $10^7 \sim 10^{12}\,\Omega$，甚至更高，可以近似认为场效应管的栅极几乎不从信号源处取电流，因而场效应管组成的放大电路可以满足上述要求。

场效应管放大电路与三极管放大电路类似，也有共源极、共漏极和共栅极三种组态。

与三极管放大电路一样，场效应管放大电路的分析过程也是先进行静态分析、确定合适的静态工作点，再进行动态分析，这里不再赘述。

例如，图 2.1.20 为分压式偏置的共源极放大电路，其中 R_S 为源极电阻，具有稳定静态工作点的作用。C_1、C_2 为耦合电容，容值为 0.01 微法至几微法之间。

共源极电路和共射极电路类似，具有较大的电压放大倍数，输出电压与输入电压相位相反，输出电阻由漏极电阻决定。由于场效应管本身的输入电阻很大，所以共源极电路的输入电阻比共射极电路大得多。共漏极电路又称为源极输出器，具有与共集电极电路类似的特点，即电压放大倍数小于 1 约等于 1、输入电阻大、输出电阻小。而共栅极电路的输入电阻小，不能发挥场效应管高输入电阻的特点，较少使用。

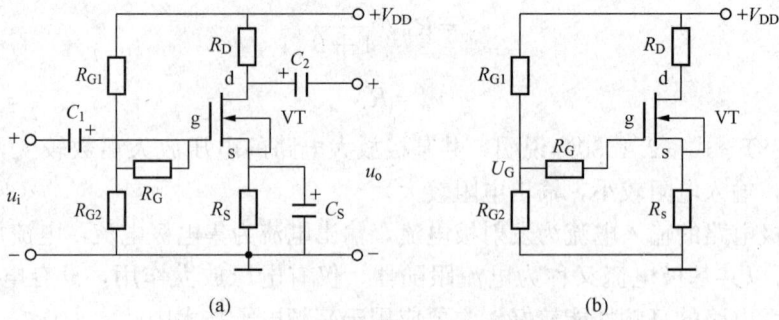

图 2.1.20　分压式偏置的共源极放大电路

（a）分压式偏置电路；（b）直流通路

2.1.6　多级放大电路

1. 多级放大电路的级间耦合方式

多级放大电路级与级之间的连接方式称为耦合。级间采用耦合电容相连的称为阻容耦合，前后级间直接相连的称为直接耦合，分别如图 2.1.21 和图 2.1.22 所示。除此之外，还有变压器耦合和光电耦合等。

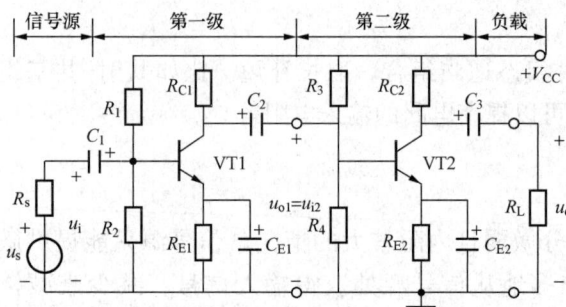

图 2.1.21　两级阻容耦合放大电路

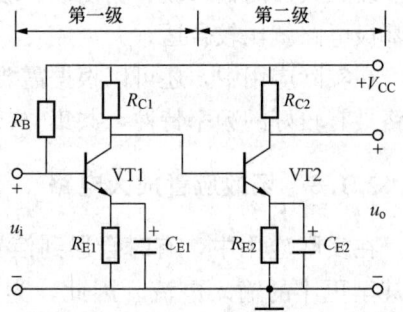

图 2.1.22　两级直接耦合放大电路

阻容耦合结构简单、体积小、成本低，电容的隔直作用使各级静态工作点相互独立，给电路的设计和分析带来极大方便。特别是静态工作点随温度的变化被隔直电容抑制在本级之内，温度稳定性较好，应用十分广泛。但从相反的角度来看，隔直电容的存在也使其对缓慢变化的信号几乎全部阻碍，另外，由于在集成电路中难于制造大容量电容，这种耦合方式几乎无法应用于集成电路。因此，阻容耦合主要用于分立件电路。

直接耦合的特点与阻容耦合恰好相反，频率特性好且便于集成，因此，直接耦合方式在集成运算放大器或直流放大器中应用较多。基于同样的原因，直接耦合电路的静态工作点互相影响，温度稳定性差。

变压器耦合频率特性差、体积和质量大、成本高、频率特性差，随着电子产品集成度的提高，已逐步被无变压器的输出电路所代替。只不过在高频电路，特别是在选频放大器中，还有相当程度的应用，比如收音机接收信号就是利用接收天线和耦合线圈来实现的。

利用光信号来实现电信号传输的耦合方式称为光电耦合。光电耦合具有抗干扰能力强、传输损耗小、工作可靠等优点，并具有电气隔离的作用，是现代电子技术发展的一个方向。主要缺点是光路复杂，光信号的操作与调制需要精心设计。

2. 多级放大电路的指标计算

多级放大电路的计算同样是先进行静态分析、确定合适的静态工作点❶，再进行动态分析、计算放大电路的各项性能指标。

(1) 电压放大倍数。多级放大电路级与级间是串联关系，总电压放大倍数是各级电压放大倍数的乘积，即

$$A_u = A_{u1}A_{u2}\cdots A_{un} \tag{2.1.31}$$

需要注意的是，计算时要考虑级间的相互影响，将后级的输入电阻作为前级的负载。当用分贝来表示电压放大倍数时，总的电压放大倍数为各级电压放大倍数之和。

(2) 输入电阻。多级放大器的输入电阻是从多级放大器的输入端看进去的等效电阻，也就是第一级的输入电阻，计算时要将后级的输入电阻作为第一级的负载。

(3) 输出电阻。多级放大器的输出电阻是从多级放大器的输出端看进去的等效电阻，也就是输出级的输出电阻，计算时要将末前级的输出电阻作为输出级的信号源内阻。

2.1.7　放大电路中的负反馈

分压式射极偏置电路中射极电阻的接入就是在基本放大电路中加入了负反馈。射极电阻对电路的影响是使电路的放大倍数下降，但同时带来了静态工作点的稳定以及输入电阻的提高。

在实际的电子电路中，不仅需要直流负反馈来稳定静态工作点，更需要引入交流负反馈实现动态性能的改善。负反馈虽然降低了放大倍数，却使放大电路多方面性能得到改善。相反，正反馈虽然使放大倍数增大，但却会使放大电路不稳定，甚至无法放大。对于放大电路来说，放大倍数的下降可以通过增加级数来弥补，但不稳定的电路是不能正常工作的。因此，实际的放大电路中必须引入负反馈❷。

1. 基本概念

所谓反馈，就是在电子系统中把输出量（电流量或电压量）的一部分或全部以某种方式送回输入端，并因此影响放大电路性能的过程，反馈放大电路的框图如图 2.1.23 所示。

图 2.1.23 中基本放大电路 A 与反馈网络 F 构成了一个闭合环路，所以通常把没有反馈时的 A 称为开环放大电路，而把反馈放大电路称为闭环放大电路。其中，x_i 为输入信号，x_o 为输出信号（同时被反馈网络采样作为其输入），反馈信号 x_f 是与 x_o 成正比的反馈网络的输出，被送回到输入端与 x_i 叠加比较，净输入信号 x_{di} 表示叠加后真正加入基本放大电路的输入，所以有

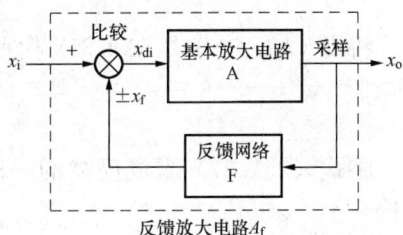

图 2.1.23　反馈放大电路的框图

$$x_{di} = x_i \pm x_f \tag{2.1.32}$$

---

❶ 阻容耦合各级静态工作点相互独立，分别对各级计算即可；直接耦合电路各级的静态工作点不独立，要考虑级间的相互影响。

❷ 正反馈是没有用的"坏"反馈吗？电子电路中的电压比较器、信号产生电路等都需要正反馈来实现，所以正、负反馈都是"有用"的，只不过在需要稳定静态工作点和改善性能的放大电路中需要的是负反馈。

由图 2.1.23，可以得到以下基本概念：

（1）正反馈和负反馈。若 x_f 与 x_i 极性相同，则 $x_{di}=x_i+x_f$，x_{di} 增强，x_o 增大，电路增益也增大，称为正反馈；反之，若 x_f 与 x_i 极性相反，则 $x_{di}=x_i-x_f$，称为负反馈。

反馈的正负又称为反馈极性。由于放大电路中必须引入负反馈，因此以后均采用 $x_{di}=x_i-x_f$ 的叠加形式。

（2）交流反馈和直流反馈。如果反馈网络存在于放大电路的交流通路中，影响放大电路交流性能的称为交流反馈；如果反馈网络存在于放大电路的直流通路中，对放大电路的静态产生影响的称为直流反馈。

（3）电压反馈和电流反馈。若将输出电压 u_o 作为反馈网络的输入，为电压采样，称为电压反馈；若将输出电流 i_o 作为反馈网络的输入，为电流采样，称为电流反馈。

（4）串联反馈和并联反馈。若反馈信号 x_f 以电压形式出现，因为 $u_{di}=u_i-u_f$，所以反馈网络与基本放大电路的输入端口只能是串联连接，故为串联反馈；若反馈信号 x_f 以电流形式出现，输入端口有 $i_{di}=i_i-i_f$，为并联反馈。

（5）级间反馈和本级反馈。若 A 为单级放大电路，则构成本级反馈；若 A 为多级放大电路，则构成级间反馈。当电路中既有本级反馈又有级间反馈时，以级间反馈的影响为主。

2. 负反馈放大电路的一般表达式

对于负反馈，从图 2.1.23 可以得到以下关系

$$x_{di}=x_i-x_f \tag{2.1.33}$$

基本放大电路的增益 A，即开环增益

$$A=\frac{x_o}{x_{di}} \tag{2.1.34}$$

反馈网络的反馈系数 F❶

$$F=\frac{x_f}{x_o} \tag{2.1.35}$$

反馈放大电路的增益 A_f，即闭环增益

$$A_f=\frac{x_o}{x_i} \tag{2.1.36}$$

将式（2.1.33）~式（2.1.35）代入式（2.1.36）中，可以得出闭环增益 A_f 的一般表达式，即

$$A_f=\frac{x_o}{x_i}=\frac{A}{1+AF} \tag{2.1.37}$$

将式（2.1.37）看成反馈的一般表达式，并定义 $|1+AF|$ 为反馈深度，可以得出如下结论：

若 $|1+AF|>1$，说明 $|A_f|<|A|$，为负反馈。$|1+AF|$ 越大，闭环增益下降得越多，负反馈的程度就越深，但对放大电路性能的改善就越多。

若 $|1+AF|<1$，说明 $|A_f|>|A|$，为正反馈。

值得注意的是，正反馈的一种特例发生在 $|1+AF|\rightarrow0$ 的情况下，此时 $|A_f|\rightarrow\infty$。这说明放大电路在没有信号源的情况下会产生输出信号，称为放大器的自激。自激是正反馈引

---

❶　反馈系数 F 实际上就是反馈网络的增益，但一般反馈系数都小于 1，习惯上称为反馈系数。

起的，自激振荡的输出会淹没正常的放大信号，使有用信号无法输出，在放大电路中要采取措施绝对避免这种现象的出现。

3. 反馈放大电路四种基本类型的判别

一般来说，直流负反馈的目的是为了稳定电路的静态工作情况，只需知道它的极性是负反馈就可以了，而交流负反馈对放大电路性能的影响是多方面的，不同类型的交流负反馈对放大电路起的作用不同，为便于分析，可将交流负反馈分为电压串联负反馈、电压并联负反馈、电流串联负反馈和电流并联负反馈四种。

以图 2.1.24 所示的电压串联负反馈为例，电压反馈意味着将 u_o 采样为反馈网络的输入，即 x_f 正比于 u_o；串联反馈意味着在输入端 F 与 A 的端口是串联的，从而有 $u_{di} = u_i - u_f$。

因此，可以得到简单有效的判别方法如下：

（1）正反馈与负反馈的判别——瞬时极性法。所谓瞬时极性法，就是先假定原输入信号 x_i 某瞬间的极性（比如用"$\oplus$"做标记，表示该瞬时信号有增大的趋势），并沿途[1]用$\oplus$、$\ominus$标注，最后通过 x_f 与 x_i 的极性关系判断反馈的正负。图 2.1.25 给出了三极管电路负反馈时的瞬时极性关系。

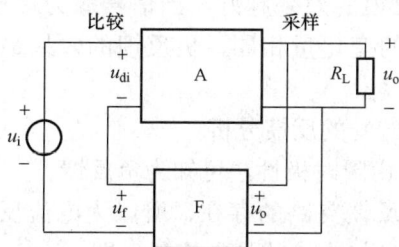

图 2.1.24 电压串联负反馈

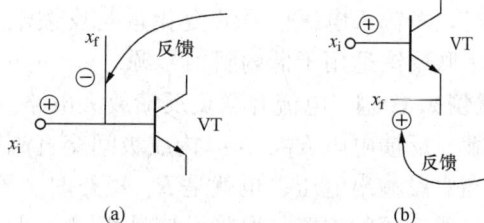

图 2.1.25 三极管电路负反馈时的瞬时极性关系
（a）反馈信号回到原来输入端；（b）反馈信号回到另一输入端

要注意的是，图 2.1.25（b）中的基极输入信号 x_i 为$\oplus$、x_f 在另一输入端（发射极）也为$\oplus$时，将抑制净输入发射结电压的增加，是负反馈。

（2）电压反馈与电流反馈的判别——输出电压短路法。当电压采样时，若将输出电压短路为 0，则反馈网络的输入消失，反馈信号也消失；反之，若反馈不受影响，说明反馈网络是以输出电流为采样对象的，为电流反馈。必须注意：将输出电压短路是理论上的分析方法，实际并不允许将放大电路的输出短路。

（3）串联反馈与并联反馈的判别——反馈信号位置法。端口并联时，反馈信号与输入信号一定加于放大器的同一输入端，进行电流叠加；否则，端口串联时，反馈信号与输入信号一定是分别加入放大器件的两个输入端，进行电压的叠加。

放大电路中反馈的组态是针对交流反馈来说的，所以，反馈组态的判断要在放大电路的交流通路中进行。因为交流通路的概念已经很熟悉了，故本节判断反馈组态时均不再画出电路的交流通路。

【例 2.1.5】 共集电极放大电路——电压串联负反馈（见图 2.1.26）的反馈分析。

---

[1] 反馈放大电路中信号的流向遵循从输入端→A→输出端→F→输入端的过程，称为正向传输，而反向传输相当微弱，可以忽略不计。

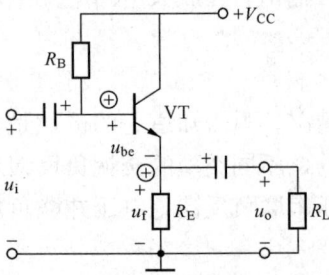

图 2.1.26 【例 2.1.5】的电路图

解： 当基极的瞬时极性记为⊕时，三极管的射极电位与基极同相，也为⊕。三极管的发射极既是信号的输出端，又是另一个输入端，因此反馈信号相当于回到三极管的另一个输入端发射极，极性为⊕，使净输入信号减小，为负反馈。

当假设输出电压短路时，反馈电阻 R_E 同时被短路（对于交流信号来说，耦合电容短路），反馈支路 R_E 消失，因此为电压反馈。反馈信号送回的位置是三极管的另一个输入端发射极，故为串联反馈，参与比较的是电压量，即 $u_{di} = u_{be} = u_i - u_f$。$R_E$ 上的电压就是反馈信号 u_f，抵消了 u_i 的一部分。

综上所述，由 R_E 构成的反馈为交、直流反馈，其反馈类型为电压串联负反馈。

需要指出的是，对于电压反馈，当外界因素变化引起输出电压变化时，由于电压反馈的采样对象是输出电压，负反馈会抑制输出电压的变化，有如下自动调节过程发生：

$$u_o \uparrow \rightarrow x_f \uparrow \rightarrow x_{di} \downarrow = x_i - x_f \uparrow \rightarrow u_o \downarrow$$

也就是说，电压负反馈可以稳定输出电压，而对输出电流没有稳定作用。

对于串联反馈，信号源内阻越小，u_i 越恒定，负反馈的效果越好，当信号源为理想电压源时，净输入电压信号的变化量与反馈电压信号 u_f 的变化量相同，负反馈的效果最好，所以串联反馈适用于低内阻信号源。

【例 2.1.6】 电流并联负反馈放大电路（见图 2.1.27）的反馈分析。

解： 反馈电阻 R_F、R_{E2} 构成级间交直流反馈支路，由瞬时极性法可知为负反馈。

当假设输出电压、也就是 R_L 短路时，不影响上述反馈支路的存在，所以为电流反馈。反馈信号返回的位置与原输入信号相同，是并联反馈，参与比较的是电流量，即 $i_{di} = i_b = i_i - i_f$。反馈电流 i_f 就是 R_F 上的电流，它的流出使净输入电流 i_b 减小。所以，该电路的反馈类型为电流并联负反馈。

类似地，电流负反馈只能稳定输出电流，不能稳定输出电压；并联负反馈适用于高内阻信号源。

以上讨论的电压串联和电流并联两种负反馈电路中，它们采样方式（电压反馈和电流反馈）的特点和比较方式（串联比较和并联比较）的特点具有典型性，也适用于电压并联负反馈或电流串联负反馈电路。

【例 2.1.7】 分析判断图 2.1.28 中两级放大电路的反馈类型和反馈极性。

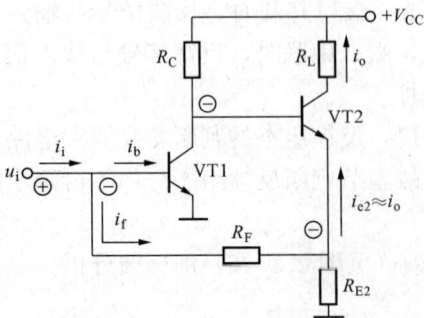

图 2.1.27 【例 2.1.6】的电路图

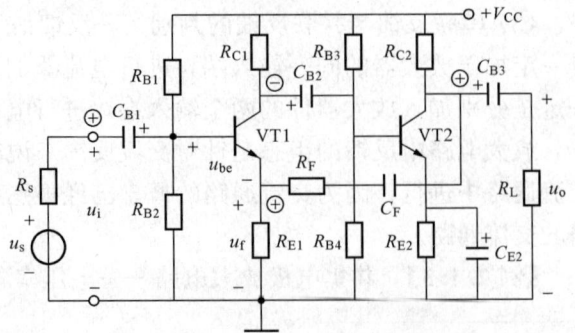

图 2.1.28 【例 2.1.7】的电路图

解： 图 2.1.28 中两级放大电路的反馈网络由 R_F、R_{E1} 和 C_F 构成级间交流反馈。

将瞬时极性标于图 2.1.28 中，由瞬时极性法可以看出，该反馈为负反馈。很明显，反馈信号采样于输出电压，由反馈网络送回输入端三极管 VT1 的发射极，构成串联反馈形式。因此，该电路为电压串联负反馈。

需要说明的是，这个电路中的反馈是将第二级（或更后级）的输出信号反馈回第一级的输入端，属于级间反馈。由于多级放大电路的控制作用相对于单级要强，在同一个电路中如果既有级间反馈，又有本级反馈，将只分析级间反馈对放大电路的影响。级间反馈一般不超过三级，否则容易产生自激振荡，使放大器不能正常工作。

4. 引入负反馈对放大电路性能的影响

引入负反馈后，将对放大电路多方面的性能造成影响。除直流负反馈可以稳定静态工作点外，尤其是交流反馈，对电路的影响是多方面的，并且反馈越深，影响越大。

(1) 降低放大电路的放大倍数。由式（2.1.37）可知，负反馈使放大电路的闭环放大倍数减小到开环时的 $\dfrac{1}{1+AF}$。反馈越深，放大倍数下降得越多，负反馈对放大电路性能的改善是以牺牲放大能力为代价的。

(2) 提高增益的稳定性。增益的稳定性常用其相对变化量 $\dfrac{dA}{A}$ 来评定，闭环增益的相对变化量只有开环时的 $\dfrac{1}{1+AF}$，即

$$\frac{dA_f}{A_f} = \frac{1}{1+AF} \frac{dA}{A} \tag{2.1.38}$$

(3) 减少非线性失真。引入负反馈后，由于三极管的非线性失真而产生的谐波幅度将减小为开环时的 $\dfrac{1}{1+AF}$。必须注意的是，对于输入信号本身就有的失真，用负反馈的方法是改善不了的，负反馈只能改善环内的非线性失真。

(4) 扩展带宽。引入负反馈后，放大器的带宽约展宽为原来的 $(1+AF)$ 倍。

(5) 对反馈放大电路输入电阻和输出电阻的影响。比较方式影响放大电路的输入电阻，串联负反馈使闭环输入电阻增大为开环时的 $(1+AF)$ 倍，便于从内阻较小的电压源获取信号；并联负反馈使闭环输入电阻减小为开环时的 $\dfrac{1}{1+AF}$，便于从内阻较大的电流源获取信号。

采样方式影响放大电路的输出电阻，电压负反馈使闭环输出电阻减小为开环时的 $\dfrac{1}{1+AF}$，有利于输出电压的稳定；电流负反馈使闭环输出电阻增大为开环时的 $(1+AF)$ 倍，有利于稳定输出电流。

此外，负反馈还可以抑制反馈环内的噪声和干扰。

5. 深度负反馈

(1) 深度负反馈的概念。规定 $|1+AF| \gg 1$ 时的负反馈为深度负反馈，深度负反馈条件下的闭环增益 A_f 可近似为

$$A_f = \frac{A}{1+AF} \approx \frac{A}{AF} = \frac{1}{F} \tag{2.1.39}$$

式（2.1.39）表明，负反馈程度较深时，闭环增益几乎仅取决于反馈网络F。由于反馈网络大多是由电阻、电容等稳定的无源器件构成，几乎不随温度等外界因素变化，因此，深度负反馈放大电路非常稳定，这正是人们所需要的。也正因为如此，为了保证放大能力，同时又能尽量改善放大电路的性能，往往将放大电路的开环增益做得极高，再加入极深的深度负反馈，以改善放大电路的性能。

（2）深度负反馈条件下闭环增益的近似估算。因为深度负反馈时有 $A_f \approx \dfrac{1}{F}$，即 $\dfrac{x_o}{x_i} \approx \dfrac{x_o}{x_f}$，因此可得

$$x_i \approx x_f, \quad 即 \quad x_{di} = x_i - x_f \approx 0 \tag{2.1.40}$$

由式（2.1.40）可知，由于深度负反馈时反馈信号极大，使净输入信号几乎为 0。利用这个推论可以很方便地计算出深度负反馈条件下的电压放大倍数。

2.2　集成运算放大电路

集成运算放大器是模拟集成电路中十分重要的一种，其各项性能指标很高，使用十分广泛，简称集成运放或运放。

集成运放不仅可以完成比例、加法、减法、积分和微分等数学运算，在不同的工作条件下，还可以用来构成各种信号处理电路、波形发生器等。集成运放已成为模拟信号处理和测试设备中的基本组件，被广泛用于各种放大、函数发生、有源滤波及模数、数模转换等电路中，几乎所有应用低频放大器的场合均可用集成运放来取代，已成为当前模拟电子技术领域中的核心器件。常见集成运放的外形如图 1.4.1 所示。

2.2.1　概述

1. 集成运算放大器的基本结构与电路符号

（1）集成运放的基本结构。集成运放实际上是一个多级直接耦合的高电压增益的放大电路，具有输入电阻高、输出电阻低等特点。集成运放的类型很多，按导电类型，可分为双极型、单极型运放。各类运放的结构很相似，通常由输入级、中间放大级、输出级和偏置电路组成，如图 2.2.1 所示。

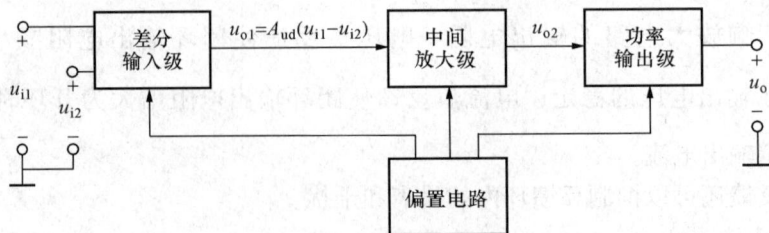

图 2.2.1　集成运放的结构框图

输入级一般采用差分放大电路。差分放大电路是一种具有两个输入端的特殊放大电路，只有当两个输入端的输入信号间有差值时才能获得被放大的输出，意味着其真正输入信号是

两个输入信号之差。图 2.2.1 中差分输入级的输出 u_{o1} 可表示为 $u_{o1} = A_{ud}(u_{i1} - u_{i2})$，$A_{ud}$ 称为差分放大电路的差模电压放大倍数。

中间级的作用是获得较大的电压增益，输出级要求有较强的带负载能力，偏置电路的作用是供给各级电路合理的偏置电流。

（2）集成运放的电路符号。集成运放的电路符号如图 2.2.2 所示。图 2.2.2 中的"▷"均代表信号的传输方向，本书采用图 2.2.2 (b) 的符号。集成运放的两个输入端分别用"＋"和"－"表示，由于采用了差分输入级，输出电压表示为

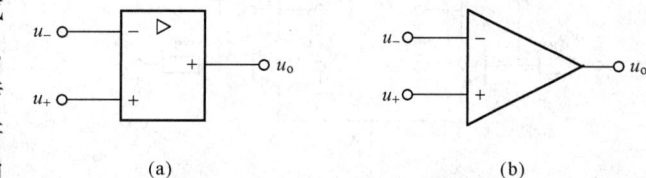

图 2.2.2 集成运放的电路符号

(a) 国家标准规定的符号；(b) 国内外常用符号

$$u_o = A_{ud}(u_+ - u_-) \tag{2.2.1}$$

式 (2.2.1) 表明，从"＋"端输入的电压信号与输出电压同相，从"－"端输入的电压信号与输出电压反相，因此，"＋"端称为同相输入端，"－"端称为反相输入端。一般，集成运放有反相端接地仅从同相端输入信号、同相端接地仅从反相端输入信号和两端同时输入信号的差分输入三种输入方式。

2. 集成运算放大器的主要单元电路——差分输入级

在集成运放的四个部分中，中间级的作用是为了获得较大的电压增益，一般采用熟悉的共射极或共源极电路构成；输出级为了达到带负载能力强的目的，一般采用射极输出器或源极输出器构成互补对称的输出级❶；偏置电路的作用是供给各级电路合理的偏置电流，也就是电流源；差分输入级的作用讲述如下：

（1）"差分"与零点漂移。集成运算放大器的输入级要选用"差分"的电路形式，这与直接耦合电路的零点漂移现象密切相关。

在直接耦合放大电路中，由于温度变化等原因，当输入电压为零时，放大电路工作点的变化被直接耦合电路逐级放大并传送到输出端，导致输出电压无规律地上下漂动的现象，称为零点漂移。放大器的级数越多，放大倍数越大，零点漂移的现象就越严重，使直接耦合放大电路出现"零入不零出"的问题。这时即使放大器的输入端加入有用输入信号，该有用信号所产生的真正输出也将淹没在杂乱的漂移信号之中，因此，零点漂移的出现是不允许的。

由于工艺的原因，在集成电路中不能制作容量较大的耦合电容，因此，集成电路均采用直接耦合方式，放大电路级间的工作点互不独立，必须采用能有效抑制零点漂移的差分放大电路，简称差放。

（2）差分放大电路的构成。将两个完全相同的共发射极放大电路按图 2.2.3 (a) 连接就构成了差分放大电路。

可以看出：①差分放大电路结构对称且 VT1、VT2 两管特性相同；②差分放大电路有两个信号输入端，输出信号 u_o 也取自左右两边两个放大电路的集电极电压之差，这种输入输出信号的方式称为双端输入、双端输出，简称双入双出；③当两个输入端输入信号相同

---

❶ 在 2.3 节的功率放大电路中，互补对称输出级也称互补对称功率放大电路，具体分析计算参见 2.3 节。

时，由于电路的对称性，输出电压 u_o 为 0。

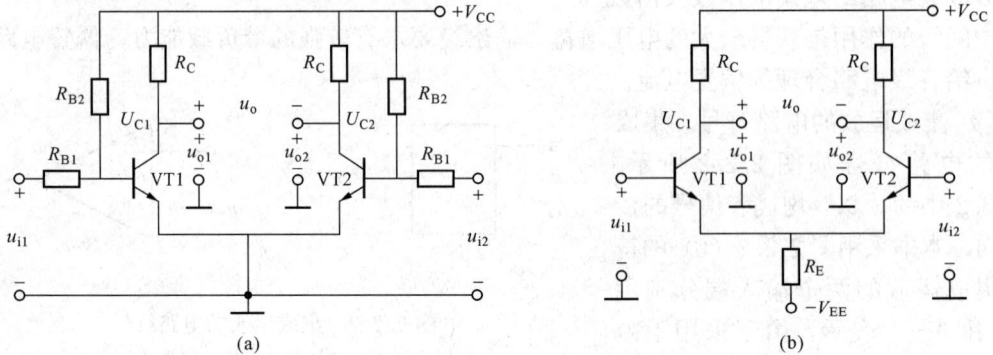

图 2.2.3　基本差分放大电路的构成和典型基本差分放大电路
（a）基本差分放大电路的构成；（b）典型基本差分放大电路

　　由于零点漂移主要由温度变化所引起的，故又称为温度漂移。温度的变化对于双侧放大电路的影响是一致的，相当于给两个放大电路同时加入了大小和极性完全相同的输入信号。因此，在电路特性完全对称的情况下，两管的集电极电位始终相同，差分放大电路的输出为 0，不会出现普通直接耦合放大器那样的漂移电压，这就是为什么差分放大电路能够抑制零点漂移的原因。因此，差分放大电路特别适用于做多级直接耦合放大电路的输入级。

　　当然，如果电路的对称性较差，输出信号中含有的漂移电压分量会加大，所以仅靠提高电路的对称性来抑制零点漂移是有限的。另外，上述电路仅抑制了两管之间电压差值的漂移，对两个单管本身的漂移并未加以抑制，因此，在实际应用中，通常在图 2.2.3（a）中再加入可以稳定静态工作点的发射极电阻 R_E 和负电源 $-V_{EE}$，如图 2.2.3（b）所示。由于 V_{CC}、$-V_{EE}$ 和射极电阻 R_E 已经可以为两管提供合适的静态工作点，所以就去掉了基极偏置电阻。

　　（3）差分放大电路的性能分析。差放的两个输入信号为任意信号 u_{i1} 和 u_{i2} 时，如果定义 $u_{id} = u_{i1} - u_{i2}$、$u_{ic} = \dfrac{u_{i1} + u_{i2}}{2}$，则可以将 u_{i1} 和 u_{i2} 表示为

$$\begin{cases} u_{i1} = +\dfrac{1}{2}u_{id} + u_{ic} \\[2mm] u_{i2} = -\dfrac{1}{2}u_{id} + u_{ic} \end{cases} \tag{2.2.2}$$

　　可以看出，任意一对输入信号都可以分解成一对大小相等、方向相反的 $\frac{1}{2}u_{id}$ 与一对大小相等、方向相同的 u_{ic} 的和。例如 $u_{i1} = 30\text{mV}$，$u_{i2} = 10\text{mV}$，则 u_{i1} 可以表示为 $10\text{mV} + 20\text{mV}$，$u_{i2}$ 可以表示为 $-10\text{mV} + 20\text{mV}$。因此，定义 u_{id} 为差模信号，由一对大小相等、方向相反的信号组成，定义 u_{ic} 为共模信号，是一对大小相等、方向相同的信号。

　　根据差放结构的对称性，可以得出以下结论：对于理想差分放大电路，差模输入时，两管的集电极电位一增一减，变化的方向相反，变化的大小相同，输出电压 $u_o = \Delta U_{C1} - \Delta U_{C2} = 2\Delta U_{C1}$，也就是说，输出电压是两管各自输出电压变化量的两倍。共模输入时两管的

集电极电位相同,因此有 $u_o = \Delta U_{C1} - \Delta U_{C2} = 0$。实际上,差分放大电路对零点漂移的抑制,就是对温度引起的共模信号的抑制。

所以,差放的主要性能指标有差模电压放大倍数 A_{ud}(差模输出 u_{od} 与相应的差模输入 u_{id} 之比)、共模电压放大倍数 A_{uc}(共模输出 u_{oc} 与相应的共模输入 u_{ic} 之比)等。

1)差模电压放大倍数 A_{ud} 为

$$A_{ud} = \frac{u_{od}}{u_{id}} = \frac{u_{od1} - u_{od2}}{u_{i1} - u_{i2}} = \frac{2u_{od1}}{2u_{i1}} = \frac{u_{od1}}{u_{i1}} = -\beta \frac{R_C}{r_{be}} \tag{2.2.3}$$

需要说明的是,在式(2.2.3)中并未体现出射极电阻 R_E 的影响,这是因为差模输入时流过 R_E 的左右两侧交流射极电流的大小相等、方向相反,所以相互抵消,使射极电阻上的压降恒定不变,在交流通路中可以看成短路。

从式(2.2.3)可以看出,差分放大电路双端输出时的差模电压放大倍数与单边电路的电压放大倍数相同,差分放大电路为了实现同样的电压放大倍数,必须使用两倍于单边电路的元器件数,但是换来了对共模信号的抑制能力。

2)共模电压放大倍数 A_{uc}。理想情况下双端输出时的共模电压放大倍数为 0,即

$$A_{uc} = 0 \tag{2.2.4}$$

在任意情况下总的输出电压为

$$u_o = A_{ud} u_{id} + A_{uc} u_{ic} \tag{2.2.5}$$

3)共模抑制比 K_{CMR}。为更好地描述差分放大电路的放大差模、抑制共模的特性,定义放大器 A_{ud} 与 A_{uc} 之比的大小为共模抑制比,即

$$K_{CMR} = \left| \frac{A_{ud}}{A_{uc}} \right| \tag{2.2.6}$$

差模电压放大倍数越大,共模电压放大倍数越小,K_{CMR} 越大,差分放大电路的性能越好。常用分贝(dB)的形式表示共模抑制比为

$$K_{CMR} = 20\lg \left| \frac{A_{ud}}{A_{uc}} \right| \tag{2.2.7}$$

显然,双端输出时理想差分放大电路的共模抑制比为无穷大。

除双入双出形式以外,还有仅在差放的一个输入端加入输入信号、另一端接地的单端输入形式,以及仅取其中一个三极管集电极对地的电压信号作为输出的单端输出方式,读者可自行分析其性能指标。

总之,差分放大电路具有放大差模信号、抑制共模信号的能力,因此,在普遍采用直接耦合的集成运算放大器中,广泛采用差分放大电路作为输入级,以起到抑制零点漂移的作用。差分放大电路结构对称,使用了两倍于单管放大电路的元件,得到的差模电压放大倍数与单管放大电路相同,虽然元件数量增多,但获得了抑制共模信号的能力。

"差分"的概念不仅仅用于集成运算放大器的输入级,因为在实际电子电路中,共模形式的干扰十分常见,所以,在电子电路中经常会遇到"差分"的应用。

3. 集成运放的主要参数

(1)开环差模电压增益 A_{od}。开环差模电压增益是指运放开环时(无反馈)的差模电压放大倍数,即开环时直流输出电压与差模输入电压之比。通常用 $20\lg|A_{od}|$ 表示,其单位为分贝(dB)。有的通用型运放的 A_{od} 可达 10 万倍,即差模增益达 100dB。

（2）差模输入电阻 r_{id}。r_{id} 反映了运放输入端向差模输入信号源索取的电流大小，对于电压放大电路，r_{id} 越大越好。高质量运放的差模输入电阻可达几兆欧。

（3）输出电阻 r_o。

（4）共模抑制比 K_{CMR}。共模抑制比的大小反映了运放对差模信号的放大能力和对共模信号的抑制能力，高质量运放的共模抑制比可达 160dB。

（5）输入失调电压 U_{IO}、输入失调电流 I_{IO} 及其温度漂移。U_{IO} 和 I_{IO} 反映了运放的不对称程度，失调越小表明电路输入级的对称性越好，可以通过调零措施来补偿。输入失调电压和输入失调电流的温度漂移是指输入失调量随温度的变化情况，不能用外接调零装置补偿。

随着电子技术的飞速发展，不仅通用型集成运放的性能指标越来越理想，还造出了某方面性能特别优良和具有特殊功能的专用集成运放，比如低功耗型、高输入电阻型、高精度型、高速型和高电压型等专用集成运放以及为完成特定功能的仪表用放大器、缓冲放大器、对数/指数放大器等。随着新技术、新工艺的发展，还会有更多产品出现。

2.2.2　集成运放的等效模型

1. 理想运算放大器

为简化运放电路分析，可将运放的特性理想化为：

（1）开环差模电压放大倍数 $A_{od} \to \infty$，即 $A_{od} = \dfrac{u_o}{u_+ - u_-} \to \infty$；

（2）差模输入电阻 $r_{id} \to \infty$；

（3）输出电阻 $r_o \to 0$；

（4）共模抑制比 $K_{CMR} \to \infty$；

（5）输入失调电压、输入失调电流及其温漂均为零；

（6）通频带 $BW \to \infty$。

2. 虚短和虚断

集成运放的应用可以归结为线性应用和非线性应用两个方面。集成运放的线性应用主要是构成各种信号运算与放大电路，其非线性应用主要用来构成电压比较器、信号产生电路等❶。这里仅介绍线性条件下集成运放的近似分析。

由于集成运放的电压放大倍数极大，只有当输入信号极小、输出电压为小于电源电压的有限值时，输出与输入之间是线性的放大关系。将集成运放的特性理想化后，根据 $u_o = A_{od}(u_+ - u_-)$，可得 $u_+ - u_- = \dfrac{u_o}{A_{od}} \to 0$，即

$$u_+ \approx u_- \tag{2.2.8}$$

称为"虚短路"，简称虚短。

必须注意的是，由于 $A_{od} \to \infty$，输入信号的极小变化就可能使输出达到电源电压的饱和值，这时输入再变化，输出也只能是接近电源电压的饱和值，不再随输入而变化了，从而失去了线性放大作用。所以，在实际应用中，必须给集成运放加入负反馈，才能保证虚短的成立。这实际上与式（2.1.40）表达的深度负反馈时反馈信号极大，使净输入信号几乎为 0 的

❶　该部分内容参见第 7 章。

结论是一致的。可以这样认为，虚短成立的条件是"负反馈条件下的线性电路"，若不加区分一律将集成运放处理为虚短，将使电路分析出现严重错误。

由于理想运放的差模输入电阻趋于无穷大，所以运放两个输入端的输入电流也趋于零，即

$$i_+ = i_- \approx 0 \qquad\qquad (2.2.9)$$

称为"虚断路"，简称虚断。

式（2.2.8）和式（2.2.9）是分析工作在线性区的理想运放电路输出与输入关系的基本出发点。式（2.2.8）和式（2.2.9）是将集成运放完全理想化的结果，但对实际工程来讲，由此得出的结论已足够精确，以后如不特殊说明，均将集成运放作理想化处理。

2.2.3　集成运放组成的基本运算电路

1. 比例运算电路

（1）反相比例运算电路。图 2.2.4 所示为反相比例运算电路。u_i 通过电阻 R_1 作用于集成运放的反相输入端，同相输入端通过平衡电阻 R_2 接地，目的是使输入电路具有良好的对称性，以减少零漂，从而提高运算精度。R_2 的阻值与反相输入端所接的电阻有关，通常取 $R_2 = R_1 /\!/ R_F$。

利用理想运放虚短的条件可知

$$u_+ \approx u_- = 0$$

由虚断可得

$$i_1 = i_F$$

所以

$$\frac{u_i - u_-}{R_1} = \frac{u_- - u_o}{R_F}$$

即

$$u_o = -\frac{R_F}{R_1} u_i \qquad\qquad (2.2.10)$$

式（2.2.10）表明，输出电压与输入电压反相，比例系数和 R_1、R_F 的值有关。

（2）同相比例运算电路。图 2.2.5 所示为同相比例运算电路。

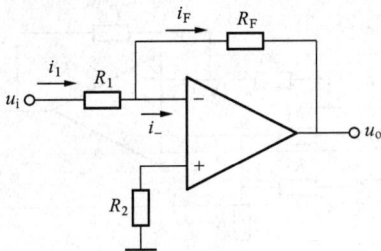

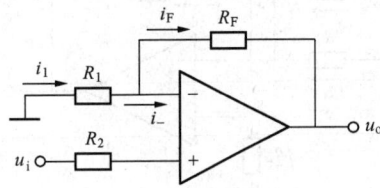

图 2.2.4　反相比例运算电路　　　　　图 2.2.5　同相比例运算电路

由"虚短"可得

$$u_+ \approx u_- = u_i$$

由"虚断"可得

$$i_1 = i_F$$

$$\frac{0 - u_-}{R_1} = \frac{u_- - u_o}{R_F}$$

将式 $u_+ \approx u_- = u_i$ 代入，整理可得

$$u_o = \left(1 + \frac{R_F}{R_1}\right) u_i \qquad (2.2.11)$$

式（2.2.11）表明，输出电压与输入电压同相，比例系数由电路参数决定。

图 2.2.6　电压跟随器

（3）电压跟随器。图 2.2.6 所示电路为电压跟随器，它是同相比例运算电路的一个特例。由于 $u_o = u_-$，$u_- \approx u_+ = u_i$，所以

$$u_o = u_i \qquad (2.2.12)$$

式（2.2.12）表明输出电压跟随输入电压变化，因而被称为电压跟随器，具有与三极管 BJT 构成的射极跟随器类似的电路特点，常用作缓冲器。

2. 加法运算电路

若多个输入电压同时作用于集成运放的反相输入端或同相输入端，则可实现加法运算。图 2.2.7 所示为加法运算电路。利用"虚短"与"虚断"概念，可列出反相端的电流方程为 $i_1 + i_2 + i_3 = i_F$，即

$$\frac{u_{i1} - u_-}{R_1} + \frac{u_{i2} - u_-}{R_2} + \frac{u_{i3} - u_-}{R_3} = \frac{u_- - u_o}{R_F}$$

因为 $u_+ \approx u_- = 0$，所以整理得

$$u_o = -\left(\frac{R_F}{R_1} u_{i1} + \frac{R_F}{R_2} u_{i2} + \frac{R_F}{R_3} u_{i3}\right) \qquad (2.2.13)$$

若 $R_1 = R_2 = R_3 = R_F$，则

$$u_o = -(u_{i1} + u_{i2} + u_{i3}) \qquad (2.2.14)$$

图 2.2.7 中 R_4 是平衡电阻，$R_4 = R_1 // R_2 // R_3 // R_F$。

【例 2.2.1】 同相加法电路如图 2.2.8 所示，试求输出电压与输入电压的关系式。

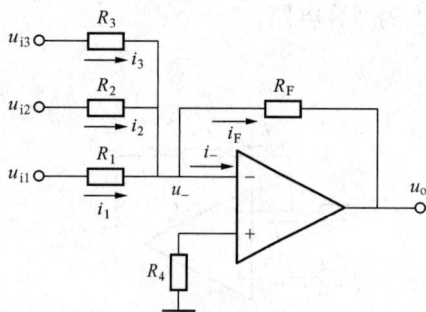

图 2.2.7　加法运算电路

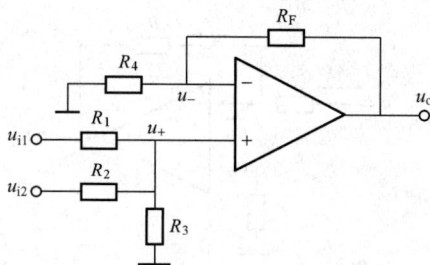

图 2.2.8　【例 2.2.1】的电路图

解： 根据虚短和虚断可以得到同相和反相输入端的电路方程为

$$\begin{cases} \dfrac{0 - u_-}{R_4} = \dfrac{u_- - u_o}{R_F} \\[2mm] \dfrac{u_{i1} - u_+}{R_1} + \dfrac{u_{i2} - u_+}{R_2} = \dfrac{u_+ - 0}{R_3} \\[2mm] u_- = u_+ \end{cases}$$

解方程组并整理可得

$$u_o = \left(1 + \frac{R_F}{R_4}\right)(R_1 /\!/ R_2 /\!/ R_3)\left(\frac{u_{i1}}{R_1} + \frac{u_{i2}}{R_2}\right) \tag{2.2.15}$$

3. 减法运算电路

若多个输入电压有的作用于集成运放的反相输入端,有的作用于同相输入端,则可实现减法运算。图 2.2.9 所示为减法运算电路。根据虚短与虚断概念,利用叠加原理可以求出该电路的运算关系。

令 $u_{i2} = 0$,只考虑输入电压 u_{i1} 作用时,此电路成为反相比例运算电路,输出电压为

$$u_{o1} = -\frac{R_F}{R_1} u_{i1}$$

令 $u_{i1} = 0$,只考虑输入电压 u_{i2} 作用时,此电路成为同相比例运算电路,则

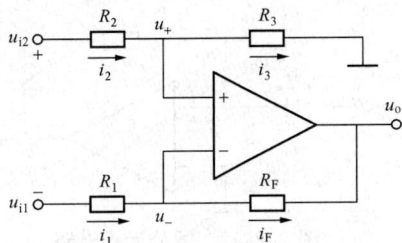

图 2.2.9　减法运算电路

$$u_+ = \left(\frac{R_3}{R_2 + R_3}\right) u_{i2}$$

$$u_{o2} = \left(1 + \frac{R_F}{R_1}\right) u_+ = \left(1 + \frac{R_F}{R_1}\right)\left(\frac{R_3}{R_2 + R_3}\right) u_{i2}$$

当 u_{i1} 和 u_{i2} 同时作用时

$$u_o = u_{o1} + u_{o2} = \left(1 + \frac{R_F}{R_1}\right)\left(\frac{R_3}{R_2 + R_3}\right) u_{i2} - \frac{R_F}{R_1} u_{i1} \tag{2.2.16}$$

若 $R_1 = R_2 = R_3 = R_F$,则

$$u_o = u_{i2} - u_{i1} \tag{2.2.17}$$

【例 2.2.2】　已知运算放大电路如图 2.2.10 所示,试求 u_o 的表达式。

解:由图知 A1 是同相比例运算电路,所以得

$$u_{o1} = \left(1 + \frac{R_{21}}{R_1}\right) u_{i1}$$

由图知 A2 运放所构成电路同图 2.2.9,所以得

$$u_o = \left(1 + \frac{R_{22}}{R_2}\right)\left(\frac{R_{22}}{R_2 + R_{22}}\right) u_{i2} - \frac{R_{22}}{R_2} u_{o1} = \frac{R_{22}}{R_2} u_{i2} - \frac{R_{22}}{R_2}\left(1 + \frac{R_{21}}{R_1}\right) u_{i1}$$

4. 积分和微分运算电路

(1) 积分运算电路。图 2.2.11 所示为积分运算电路,根据虚短与虚断概念可得

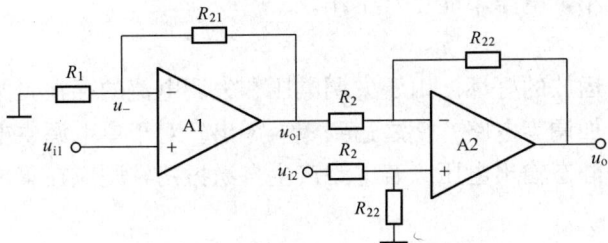

图 2.2.10　【例 2.2.2】的电路图

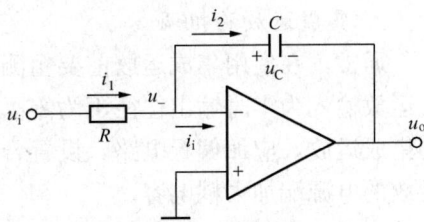

图 2.2.11　积分运算电路

$$i_1 = i_2 = \frac{u_i - u_-}{R} = \frac{u_i}{R}$$

$$u_o = -u_C = -\frac{1}{RC}\int u_i \mathrm{d}t \tag{2.2.18}$$

式（2.2.18）表明输出电压是输入电压对时间的积分。

利用积分运算电路能够将输入的正弦波电压变换为余弦波电压，实现了波形的移相或波形的变换。若输入方波电压，则输出变换为三角波电压，可以实现波形变换。另外，积分电路还可以实现滤波功能。

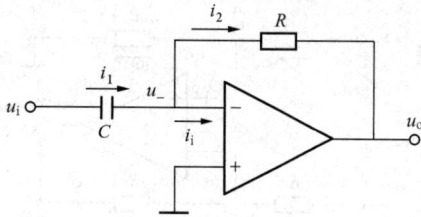

图 2.2.12　微分运算电路

（2）微分运算电路。微分是积分的逆运算，将积分电路的电阻与电容互换就是微分电路，图 2.2.12 所示为微分运算电路，根据"虚短"与"虚断"概念可得

$$i_1 = i_2 = C\frac{\mathrm{d}u_i}{\mathrm{d}t}$$

$$u_o = -i_2 R = -RC\frac{\mathrm{d}u_i}{\mathrm{d}t} \tag{2.2.19}$$

式（2.2.19）表明输出电压是输入电压对时间的微分。

在微分运算电路的输入端，如果加矩形波，则输出为双向尖脉冲；当输入为阶跃电压时，输出电压为很快衰减为零的单峰尖脉冲。

2.2.4　集成运放应用中的实际问题

使用集成运放构成应用电路时，应首选通用型运放，以获得满意的性价比。对于某些特殊要求的场合，可选专用型运放。但需要注意的是，专用运放虽然某项技术参数很突出，但其他参数则可能难以兼顾。除此之外，一般在使用时还需要注意以下几个通用问题：

1. 集成运放的电源

集成运算放大器所加的电源有单电源和双电源之分，使用时应注意。有些要求用双电源的运算放大器，也可以用单电源，但必须在输入端加偏置电阻进行配置。另外所加的电源通常用 $0.01\mu F$ 的电容滤除纹波。

2. 集成运放电路中的电阻

对不同的运算放大器，外接电阻值的大小有不同的要求，但一般输入端外加电阻及反馈电阻以十几千欧以上的阻值为宜，电阻太小，电路不能正常工作。

3. 集成运放的粗调

通常，在使用集成运放前要粗测集成运放的好坏。由于失调电压和失调电流的存在，集成运放输入为零时输出往往不为零。需外加调零电路，使之达到零入零出。对于单电源供电的集成运放，应加偏置电路，设置合适的静态输出电压。若电路产生自激振荡，则应在集成运放的电源端加去耦电容。

4. 集成运放的保护问题

在应用时应注意对集成运放的保护，如利用在两输入端并联两个正负极性并接的二极管，以防止输入电压过电压，在输出端加限流电阻，以防止过电流。

正确地选择和使用集成运算放大器对电子工作者来说是一个十分重要的问题。在具体的使用中，应根据实际的具体要求，合理地选择集成运算放大器，在尽量降低成本的同时获得高性能的输出，并注意查阅手册和说明，正确地使用集成运算放大器，避免损坏器件。

2.3　功 率 放 大 电 路

多级放大电路的输出级要有足够的输出功率以驱动负载，因此，能为负载提供足够大功率的放大电路被称为功率放大电路，简称功放。从这个意义上讲，任何多级放大电路的最后一级均可称为功放，集成运放的输出级也不例外。虽然，集成运放芯片的功耗很小，一般只有几十毫瓦，输出功率也不大，但其输出级的电路结构、工作原理与同类功率放大电路完全相同。所以本节将结合集成运放中常用的互补输出级就功放的一般问题加以介绍。

2.3.1　概述

功率放大电路处于多级放大电路的末级，其输入电压信号已经中间级进行了足够的放大，人们通常不关心其电压放大倍数或电流放大倍数，而主要要求获得一定的不失真输出功率。所以，与电压放大电路有本质区别的是，功率放大电路的电流、电压值均较大，工作在大信号状态，因此，功率放大电路具备一些与电压放大电路不同的特点。

1. 功率放大电路的主要研究对象

(1) 输出功率尽可能大。为了得到大的输出功率，要求功放管的输出电压和输出电流都必须足够大，因此功放管须尽限使用。

(2) 效率要高。效率是输出功率与直流源提供功率的比值。由于输出功率大，所以损耗的功率也大，因此效率的问题就变得极为重要。

(3) 非线性失真要小。功放在大信号下工作，所以很容易出现非线性失真，对于同一个功放管来说，输出功率越大，非线性失真越严重，这就使输出功率和非线性失真成为一对主要矛盾。

(4) 功放管的散热问题。在功放电路中，除了输出功率，其余大部分的功率都消耗在管子的集电结上，使管壳和结温升高。为了减少损耗，使管子输出足够大的功率，必须考虑功放管的散热问题，一般以加装散热片为主。否则，当管子结温超过允许值时，功放管将损坏。

由于功放管处于大信号工作状态，所以小信号等效电路分析法不再适用，通常采用图解法分析。

2. 功率放大电路提高效率的主要途径

功放的效率与静态工作点的位置密切相关。在放大电路中，当静态工作点 Q 处于负载线的中央时，在输入信号的整个周期内都有电流流过三极管，即三极管在输入信号的整个周期都处于放大状态，这类工作状态称为甲类放大，如图 2.3.1（a）所示。在甲类放大电路中，不论有无输入信号，电源供给的功率总是不变的。当输入信号为 0 时，电源功率全部消耗在管子和电阻上，以管子的集电极损耗为主。当输入信号不为 0 时，其中一部分转换为有用的输出功率，另一部分转换为管耗。信号越大，输送给负载的功率越多，在理想情况下，甲类

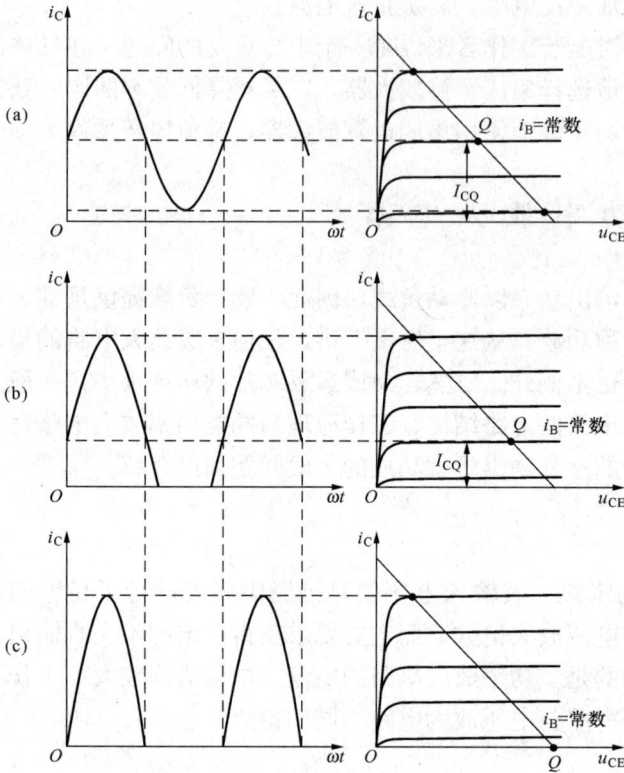

图 2.3.1　功率放大电路的三种工作状态

（a）甲类放大；（b）甲乙类放大；（c）乙类放大

放大的效率最高仅能达到 50%。

从甲类放大电路可以看出，静态电流是造成管耗的主要因素，要提高效率必须从降低管耗入手，这也就需要减小集电极静态电流，将静态工作点 Q 沿负载线下移，如图 2.3.1（b）和（c）所示。在图 2.3.1（b）中，在输入信号的整个周期内有半个周期以上有电流流过三极管，这类工作状态称为甲乙类放大；在图 2.3.1（c）中，在输入信号的整个周期内只有半个周期有电流流过三极管，另半个周期三极管处于截止状态，这类工作状态称为乙类放大，理想情况下，乙类放大的效率最高可以达到 78.5%。

甲乙类和乙类放大虽然提高了效率，但都出现了严重的波形失真，为了解决转换效率和非线性失真之间的矛盾，引入了互补对称功率放大电路。

2.3.2　互补对称功率放大电路

1. 乙类双电源互补对称功率放大电路

乙类双电源互补对称功率放大电路如图 2.3.2（a）所示，VT1 和 VT2 分别为 NPN 管和 PNP 管，两只三极管特性参数对称。所以该电路相当于是由两个互补对称的射极跟随器合成的。

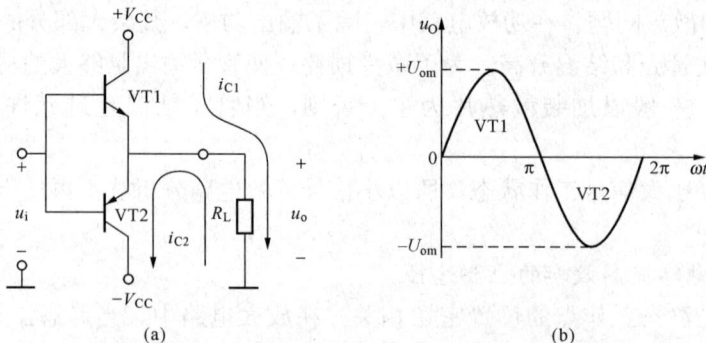

图 2.3.2　乙类双电源互补对称功率放大电路及输出电压波形

（a）电路；（b）输出电压波形

（1）工作原理。静态时，两管由于没有基极偏置，均处于截止状态，由于两管对称，所示输出电压 u_o 为 0。由于双电源电路输出端的静态值为 0，不需要隔直电容，所以也称为 OCL（Output Capacitorless，无输出电容器）电路。

当输入正弦波信号 u_i 为正半周时，VT1 管导通，VT2 管截止，$+V_{CC}$ 供电，电流 i_{C1} 从 $+V_{CC}$ 经 VT1、R_L 至地，u_o 跟随 u_i 变化，在负载上获得正弦信号的正半周波形。当 u_i 为负半周时，VT1 管截止，VT2 管导通，$-V_{CC}$ 供电，电流 i_{C2} 从地经 R_L、VT2 至 $-V_{CC}$，u_o 跟随 u_i 变化，在负载上获得正弦信号的负半周，输出波形如图 2.3.2（b）所示。因为每个管子均在输入正弦信号的半个周期内导通，另半个周期时截止，所以是乙类工作状态。

（2）分析计算。VT1 管在输入信号的正半周工作，负半周截止，负责输出正半周信号，VT2 的工作情况和 VT1 正好相反。因此，只要分析 VT1 或 VT2 中的一个就可得到整个电路的工作情况。以 VT1 为例，因为 $u_o = +V_{CC} - u_{ce1}$，所以在忽略功放管的饱和压降的情况下，正半周的最大不失真输出电压 $U_{omax+} \approx +V_{CC}$，同样可知，负半周的最大不失真输出电压 $U_{omax-} \approx -V_{CC}$。

根据以上分析，可以很方便地计算出乙类双电源互补对称功率放大电路的输出功率、效率、直流源供给的功率和管耗。

1）输出功率 P_o 和最大不失真输出功率 P_{om}。设输出电压峰值为 U_{om}，当输入为正弦信号时，有

$$P_o = U_o I_o = \frac{U_{om}}{\sqrt{2}} \frac{I_{om}}{\sqrt{2}} = \frac{1}{2} \frac{U_{om}^2}{R_L} \tag{2.3.1}$$

忽略管子的饱和压降，则电路的最大不失真输出功率为

$$P_{om} = \frac{1}{2} \frac{U_{omax}^2}{R_L} = \frac{1}{2} \frac{V_{CC}^2}{R_L} \tag{2.3.2}$$

式中：U_{omax} 为最大不失真输出电压幅值。

2）直流源供给的功率 P_V 和电源提供的最大功率 P_{Vm}。P_V 的计算式为

$$P_V = \frac{1}{\pi} \int_0^\pi V_{CC} I_{cm} \sin\omega t \, \mathrm{d}\omega t = \frac{2I_{cm}}{\pi} V_{CC} = \frac{2V_{CC} U_{om}}{\pi R_L} \tag{2.3.3}$$

当获得最大不失真输出时，电源提供的最大功率为

$$P_{Vm} = \frac{2V_{CC}^2}{\pi R_L} \tag{2.3.4}$$

3）效率 η 和最大效率 η_m。

$$\eta = \frac{P_o}{P_V} = \frac{\pi}{4} \frac{U_{om}}{V_{CC}} \tag{2.3.5}$$

当获得最大不失真输出时，乙类双电源互补对称功率放大电路的最大效率为

$$\eta_m = \frac{\pi}{4} \times 100\% \approx 78.5\% \tag{2.3.6}$$

4）管耗 P_T 和最大单管管耗 P_{T1m}。

$$P_T = P_V - P_o = \frac{2V_{CC} U_{om}}{\pi R_L} - \frac{U_{om}^2}{2R_L} \tag{2.3.7}$$

单管的管耗为

$$P_{T1} = P_{T2} = \frac{1}{2}(P_V - P_o) = \frac{V_{CC} U_{om}}{\pi R_L} - \frac{U_{om}^2}{4R_L} \tag{2.3.8}$$

从式（2.3.1）可以看出，对于乙类双电源互补对称电路来说，输入信号越大，输出功率越大，但并不是管耗也越大。通过对式（2.3.8）求极值的方法可以得出，当 $U_{om} = \dfrac{2V_{CC}}{\pi} \approx$ $0.6V_{CC}$ 时，单管的管耗最大，即

$$P_{T1m}=\frac{1}{\pi^2}\frac{V_{CC}^2}{R_L}\approx0.2P_{om}\tag{2.3.9}$$

式（2.3.9）表明，一个管子的最大管耗是最大输出功率的 0.2 倍，这是选择功率管的一个重要依据。上面的计算是在理想的情况下进行的，在实际选取管子的额定功耗时还要留有一定的余地。

【例 2.3.1】 功放电路如图 2.3.2（a）所示，设 $V_{CC}=12V$，$R_L=8\Omega$，功放管的极限参数为 $I_{CM}=2A$，$|U_{(BR)CEO}|=30V$，$P_{CM}=5W$。试求：（1）最大不失真输出功率 P_{om} 和最大单管管耗 P_{T1m}；（2）检验所给功放管是否能安全工作？

解： 要使电路安全地工作，功放管必须满足下列条件：

（1）每个晶体管的最大允许管耗 P_{CM} 必须大于 $0.2P_{om}$；

（2）考虑到当一个晶体管导通时，其 $u_{CE}\approx0$，此时另外一个晶体管的 u_{CE} 具有最大值，且等于 $2V_{CC}$，所以，应选用 $|U_{(BR)CEO}|>2V_{CC}$ 的功率管；

（3）通过功放晶体管的最大集电极电流为 $\dfrac{V_{CC}}{R_L}$，所选功放管的 I_{CM} 要大于此值。

所以，根据电路参数可求得：

最大单管管耗 P_{T1m} 为

$$P_{T1m}\approx0.2P_{om}=0.2\times\frac{V_{CC}^2}{2R_L}=1.8W<P_{CM}=5W$$

流过集电极的最大集电极电流 i_{CM} 为

$$i_{CM}=\frac{V_{CC}}{R_L}=\frac{12V}{8\Omega}=1.5A<I_{CM}=2A$$

功率管 c-e 间的最大压降 $|u_{CEM}|$ 为

$$|u_{CEM}|=2V_{CC}=2\times12V=24V<|U_{(BR)CEO}|=30V$$

所求的三个值分别小于极限参数，故功放管可以安全工作。

2. 甲乙类双电源互补对称功率放大电路

乙类互补对称电路的主要优点是效率高，但是这种电路没有考虑到晶体管的死区电压，当输入信号低于晶体管的死区电压时，两个晶体管都截止，负载上无电流通过，出现一段死区，如图 2.3.3 所示，这种现象称为交越失真。交越失真是一种非线性失真。

图 2.3.4 所示的甲乙类双电源互补对称功率放大电路是克服交越失真的一种方法。VT3

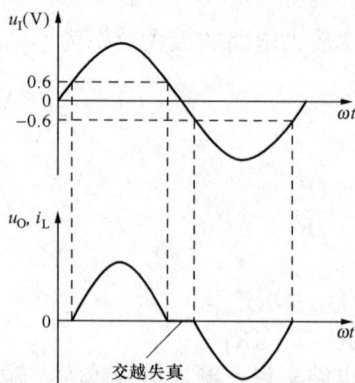

图 2.3.3 乙类双电源互补对称
功率放大电路的交越失真

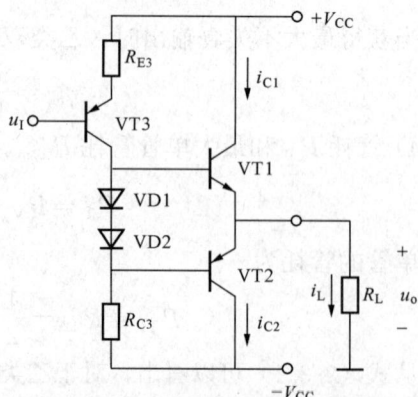

图 2.3.4 甲乙类双电源互补
对称功率放大电路

管为功率输出级的前置级，其偏置电路未画出。由图 2.3.4 可知二极管 VD1、VD2 用于给两个晶体管提供合适的静态偏置电压，当输入信号为零时功放管已经处于微导通的甲乙类状态，可以克服交越失真。

因为甲乙类电路的静态工作点仅比乙类稍高，该电路的参数计算可直接使用乙类双电源互补对称功率放大电路的公式，这里不再分析。

3. 单电源互补对称功率放大电路

除双电源功率放大电路外，在一些场合往往只能提供单电源，这就必须要采用单电源互补对称电路的形式，如图 2.3.5 所示。必须注意的是，单电源供电使电路静态时的输出端电压为 $\dfrac{V_{CC}}{2}$，所以电路的输出端与负载间必须有隔直电容，而其容量较大。该电路又称为 OTL（Output Transformerless，无输出变压器，用电容耦合而不用变压器）电路。

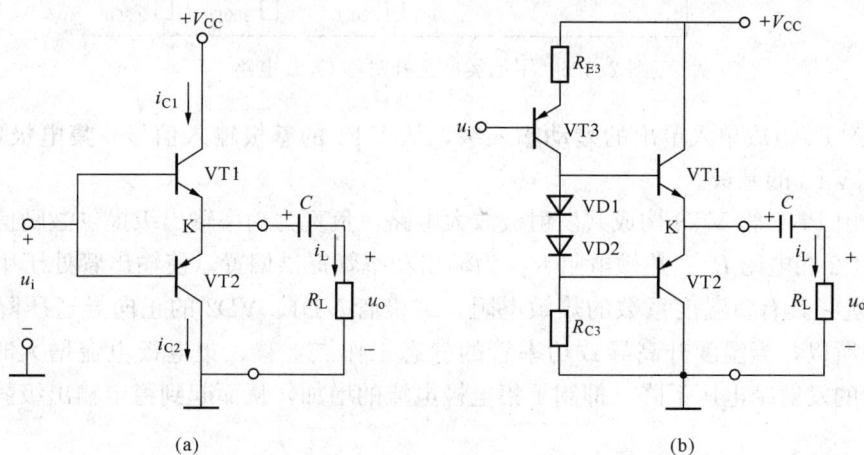

图 2.3.5　单电源互补对称功率放大电路
（a）乙类单电源互补对称功率放大电路；（b）甲乙类单电源互补对称功率放大电路

以 2.3.5（a）图为例，当输入信号为零时，由于电路对称，所以 K 点电位为 $\dfrac{V_{CC}}{2}$，C 上的直流电压将被充到 $\dfrac{V_{CC}}{2}$。当有输入信号时，在输入信号的正半周 VT1 管导通，有电流流过负载，同时向电容 C 充电；在输入信号的负半周 VT2 管导通，此时电容 C 对负载放电。只要选择的电容足够大，电容 C 上的直流电位基本不变，那么用一个电容 C 和一个电源 V_{CC} 就可以代替原来的双电源的作用。

采用单电源的互补对称电路，由于每个管子的工作电压不再是原来的 V_{cc}，而是 $\dfrac{V_{CC}}{2}$，所以输出电压最大也只能达到双电源时的一半，即 $\dfrac{V_{CC}}{2}$，只要以 $\dfrac{V_{CC}}{2}$ 代替式（2.3.2）～式（2.3.5）和式（2.3.7）～式（2.3.9）中的 V_{CC}，即可将这些公式用于 OTL 电路。

2.3.3　实用功率放大电路举例

1. 甲乙类准互补对称 OCL 功率放大电路

图 2.3.6 为一个甲乙类准互补对称 OCL 功率放大电路。由输入级、前置级、准互补对

称输出级和其他辅助电路构成。

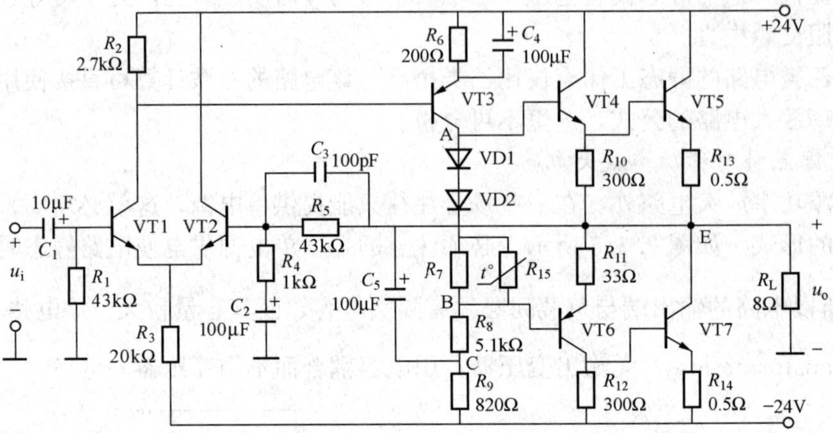

图 2.3.6　甲乙类准互补对称 OCL 电路

VT1、VT2 组成单入单出的差动输入级，从 VT1 的基极输入信号，集电极取出信号，送至前置级 VT3 的基极。

前置级由 PNP 管 VT3 构成共发射极放大电路，负责为功率输出级提供激励信号。二极管 VD1、VD2 和电阻 R_7、热敏电阻 R_{15} 为输出功率管提供偏置，使输出管处于甲乙类工作状态。R_{15} 选择具有负温度系数的热敏电阻，二极管 VD1、VD2 的正向导通压降也具有负温度系数。所以，当温度升高导致功率管的静态工作点上移、集电极电流增大时，U_{AB} 下降，功率管的发射结电压下降，抑制了集电极电流的增加，从而起到稳定输出级静态工作点的作用。

本电路的输出级由 VT4、VT5 两个同型管复合成 NPN 型输出管，VT6、VT7 两个异型管复合成 PNP 管，组成准互补对称功率电路。

为保证电路的性能，此电路中还有一些辅助电路。R_4、R_5 和 C_2 组成功率放大电路的交、直流负反馈支路，一端接于功率放大电路的输出端，另一端接于差动输入级 VT2 管的基极。直流负反馈保证整个电路静态工作点的稳定，并使输出 E 点的直流零电位稳定。交流负反馈类型为电压串联负反馈，用来减小非线性失真和改善电路的其他性能。

相位补偿电容 C_3 的作用是为了防止自激振荡。C_5、R_9 构成自举电路，以使输出电压峰值能达到接近电源电压的理想状态。

2. 集成功率放大电路简介

功率放大器的作用是给音响放大器的负载 R_L（比如扬声器）提供一定的输出功率，是用来驱动扬声器工作的。当负载一定时，希望输出的功率尽可能大，输出的非线性失真尽可能小，效率尽可能高。

常见的集成功率放大器的外形图如图 2.3.7 所示。集成芯片的管脚从缺口方向的左下角 "1" 脚开始，其他依序按逆时针方向排列。下面以小功率通用型集成功放 LM386 为例，做简单介绍。

小功率通用型集成功率放大器 LM386 电路简单、通用型强，是目前应用较广的一种小功率集成功放。具有电源电压范围宽（4～16V）、功耗低（常温下为 660mW）、频带宽

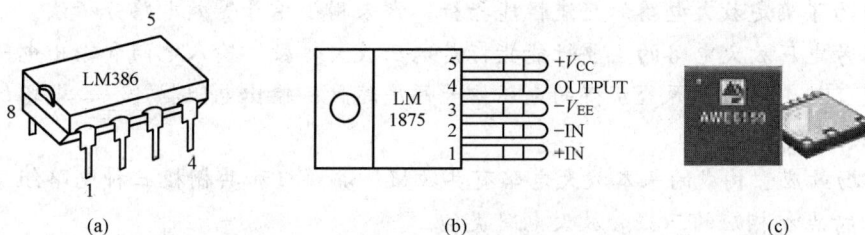

图 2.3.7 常见的集成功率放大器的外形图

(a) 双列直插式；(b) 单列直插式；(c) 贴片式

（300kHz）的优点，输出功率为 0.3～0.7W，最大可达 2W。另外，电路的外接元件少，不必外加散热片，使用方便。

LM386 的内部电路图如图 2.3.8 所示，输入级由 VT2、VT4 组成双入单出差动放大器，VT8、VT10 复合成 PNP 管，与 VT9 组成准互补对称输出级。VD1 和 VD2 为输出管提供偏置电压，使输出级工作于甲乙类状态。

图 2.3.9 是 LM386 的典型应用电路。接于 1、8 两端的 C_2、R_1 用于调节电路的电压放大倍数。因为该电路形式为 OTL 电路，所以需要在 LM386 的输出端接一个 220μF 的耦合电容 C_4。C_5、R_2 组成容性负载，以抵消扬声器音圈电感的部分感性，防止信号突变时，音圈的反电势击穿输出管，在小功率输出时 C_5、R_2 也可不接。C_3 与电路内部的 R_2 组成电源的去耦滤波电路。当电路的输出功率不大、电源的稳定性能好的情况下，只需一个输出端的耦合电容和放大倍数调节电路就可以使用，所以 LM386 广泛应用于收音机、对讲机、双电源转换、方波和正弦波发生器等电子电路中。

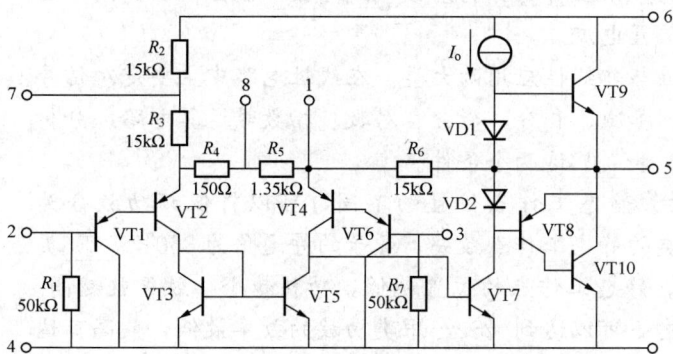

图 2.3.8 LM386 原理图

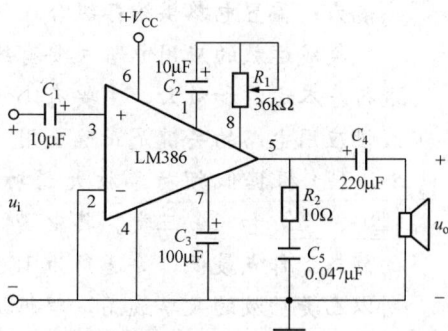

图 2.3.9 LM386 的典型应用电路

自己做小结

【小结】

（1）三极管基本放大电路有三种组态：共发射极、共集电极和共基极电路。三极管工作在放大状态的条件是 ① 。共发射极电路的特点是 ② ，常用于中间放大级；共集电极电路的特点是 ③ ，常用于输入级、缓冲级和输出级。

（2）放大电路的分析步骤是先进行静态分析，再进行动态分析。静态分析的主要目的是为了确定三极管的静态工作点，以保证管子工作在合适的放大状态；动态分析的主要目的是为了确定放大电路的交流性能指标，常采用小信号等效电路分析法。

小信号电压放大电路的主要性能指标是电压放大倍数、输入电阻和输出电阻等，输入电阻越 ④ ，从信号源处获得的电压信号幅度越大；输出电阻越 ⑤ ，电路的带负载能力越强。

（3）场效应管构成的基本放大电路有共源极、共漏极和共栅极三种电路组态；这三种电路的特点和相应的三极管放大电路类似。

（4）多级放大电路的级间耦合方式有 ⑥ 耦合、 ⑦ 耦合、变压器耦合、光电耦合等；分析多级放大电路时要注意级间的相互影响。

（5）按照反馈的极性，有正反馈和负反馈之分。

直流负反馈能稳定放大电路的静态工作点，交流负反馈使电压放大倍数下降，但可以改善放大器的性能，所以实用的放大电路中几乎都引入 ⑧ 反馈。

交流负反馈可以分为电压串联负反馈、电流串联负反馈、电压并联负反馈和电流并联负反馈四种类型。其中，电压负反馈可以稳定 ⑨ ，电流负反馈能稳定 ⑩ ；串联比较方式适用于 ⑪ ，并联比较方式适用于 ⑫ 。

用反馈深度 $|1+AF|$ 来衡量放大电路中负反馈的强弱。$|1+AF|$ 越大，负反馈越深，当 $|1+AF|\gg1$ 时，为 ⑬ 负反馈。

（6）集成运算放大器是一种多级 ⑭ 耦合的高电压放大倍数的集成放大电路，具有输入电阻大、输出电阻小的特点，同时还有可靠性高、性能优良、质量小、造价低廉、使用方便等集成电路的优点。内部结构主要由 ⑮ 、 ⑯ 、 ⑰ 以及偏置电路组成：输入级一般采用可以抑制零点漂移的 ⑱ 放大电路；中间级采用共射极（或共源极）电路以获得较高的电压放大倍数；输出级采用互补对称的射极（或源极）输出器以提高带负载能力；偏置电路供给各级合理的偏置电流。

集成运放的应用电路主要有线性与非线性应用两大类。在线性电路中主要是对信号进行基本运算和放大，主要有比例、加减、积分、微分、对数、指数等运算电路。分析线性应用电路的关键是正确应用 ⑲ 和 ⑳ 这两个条件。

（7）根据低频功率放大器功放管静态工作点位置的不同，可以将低频功放分为 ㉑ 、 ㉒ 和 ㉓ 三类。其中 ㉔ 类的静态工作点最高，管子的导通角为360°， ㉕ 类的静态工作点最低，导通角为180°。静态工作点的位置越低，功耗越小，效率就越高。所以乙类功放的效率最高，理想状态下可以达到 ㉖ ，甲类功放的效率最低，最高可达50%，甲乙类功放既可以提高效率又可以避免乙类功放的 ㉗ 失真。

常用功率放大电路有OCL互补对称电路和OTL互补对称电路。 ㉘ 互补对称电路采用正、负两路直流电源， ㉙ 互补对称电路采用单电源，但输出端需接一个大电容。

【答案】

①发射结正偏、集电结反偏；②电压放大倍数大，输入输出电压信号反相，输入电阻不够大，输出电阻不够小；③电压放大倍数小于1约等于1，输入输出电压信号同相，输入电阻大，输出电阻小；④大；⑤小；⑥阻容；⑦直接；⑧负；⑨输出电压；⑩输出电流；⑪低内阻的电压源；⑫高内阻的电流源；⑬深度；⑭直接；⑮输入级；⑯中间级；⑰输出级；⑱差分；⑲虚短；⑳虚断；㉑甲类；㉒乙类；㉓甲乙类；㉔甲类；㉕乙类；㉖78.5%；㉗交越；㉘OCL；㉙OTL。

习　题

2.1.1　测得某放大电路的输入正弦电压和电流的峰值分别为 10mV 和 $10\mu A$，在负载电阻为 $2k\Omega$ 时，测得输出正弦电压信号的峰值为 2V。试计算该放大电路的电压放大倍数、电流放大倍数和功率放大倍数的大小，并分别用分贝（dB）表示。

2.1.2　当接入 $1k\Omega$ 的负载电阻 R_L 时，电压放大电路的输出电压比负载开路时的输出电压下降 20%，求该放大电路的输出电阻。

2.1.3　说明图 2.1 所示各电路对正弦交流信号有无放大作用，为什么？

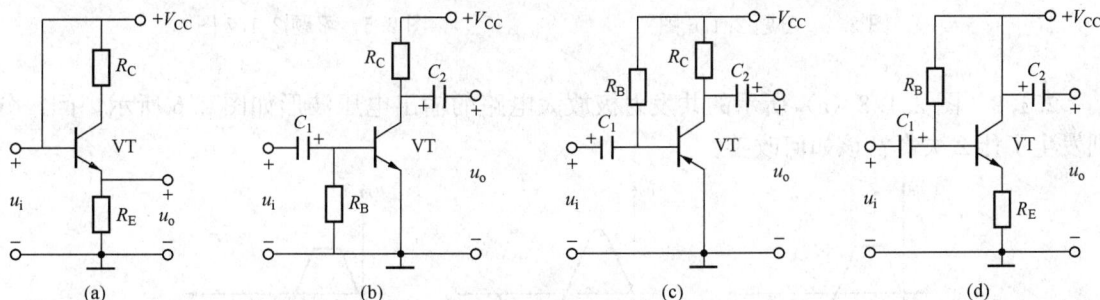

图 2.1　习题 2.1.3 图

2.1.4　标明图 2.2 电路中静态工作电流 I_B、I_C、I_E 的实际方向；静态压降 U_{BE}、U_{CE} 和电源电压的极性；耦合电容和旁路电容的极性。

2.1.5　分压式射极偏置电路如图 2.3 所示。已知：$V_{CC}=12V$，$R_{B1}=51k\Omega$，$R_{B2}=10k\Omega$，$R_C=3k\Omega$，$R_E=1k\Omega$，$\beta=80$，三极管的发射结压降为 0.7V，试计算：

（1）放大电路的静态工作点 I_C 和 U_{CE} 的数值；

（2）将三极管 VT 替换为 $\beta=100$ 的三极管后，静态 I_C 和 U_{CE} 有何变化？

（3）若要求 $I_C=1.8mA$，应如何调整 R_{B1}。

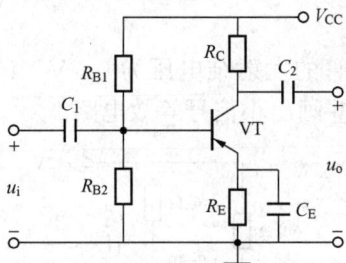

图 2.2　习题 2.1.4 图　　　　　图 2.3　习题 2.1.5 图

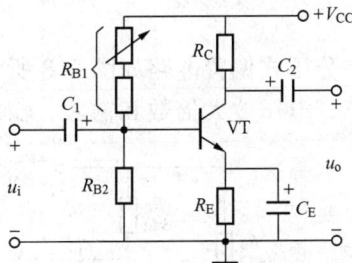

2.1.6　共发射极放大电路如图 2.4 所示。已知 $-V_{CC}=-16V$，$R_B=120k\Omega$，$R_C=1.5k\Omega$，$\beta=40$，三极管的发射结压降为 0.7V，试计算：

（1）静态工作点；

（2）若将电路中三极管 VT 替换为 $\beta=100$ 的管子，能否提高电路的放大能力，为什么？

2.1.7　某三极管共发射极放大电路的 u_{CE} 波形如图 2.5 所示，判断该三极管是 NPN 管还是 PNP 管？波形中的直流成分是多少？正弦交流信号的峰值是多少？

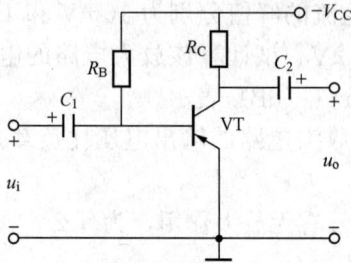

图 2.4　习题 2.1.6 图

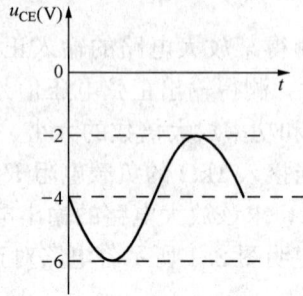

图 2.5　习题 2.1.7 图

2.1.8　图 2.1.8（a）所示的共发射极放大电路的输出电压波形如图 2.6 所示。问：分别发生了什么失真？该如何改善？

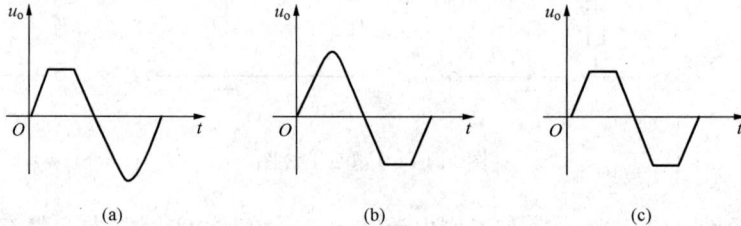

(a)　　　　　　　　　　(b)　　　　　　　　　　(c)

图 2.6　习题 2.1.8 图

2.1.9　三极管单级共发射极放大电路如图 2.7 所示。已知信号源内阻 $R_s = 1\text{k}\Omega$，三极管 $\beta = 50$ 并忽略三极管的发射结压降，其余参数如图 2.7 中所示，试计算：

（1）放大电路的静态工作点；

（2）电压放大倍数和源电压放大倍数，并画出小信号等效电路；

（3）放大电路的输入电阻和输出电阻；

（4）当放大电路的输出端接入 $6\text{k}\Omega$ 的负载电阻 R_L 时，电压放大倍数和源电压放大倍数有何变化？

2.1.10　分压式偏置电路如图 2.8 所示，三极管的发射结电压为 0.7V。试求放大电路的静态工作点、电压放大倍数和输入、输出电阻，并画出小信号等效电路。

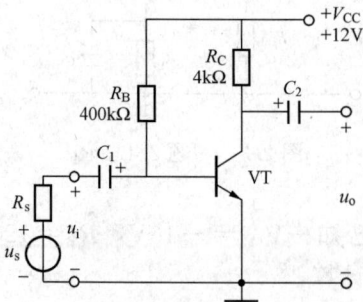

图 2.7　习题 2.1.9 图

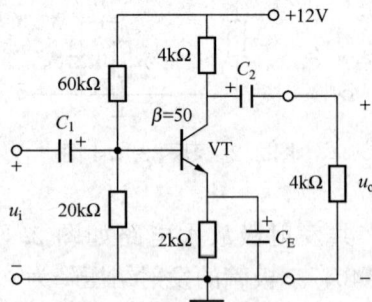

图 2.8　习题 2.1.10 图

2.1.11　计算图 2.9 所示分压式射极偏置电路的电压放大倍数、源电压放大倍数和输入、输出电阻。已知信号源内阻 $R_s = 500\Omega$，三极管的电流放大系数 $\beta = 50$，发射结压降为 0.7V。

2.1.12　三极管放大电路如图 2.10 所示，已知三极管的发射结压降为 0.7V，$\beta = 100$，试求：

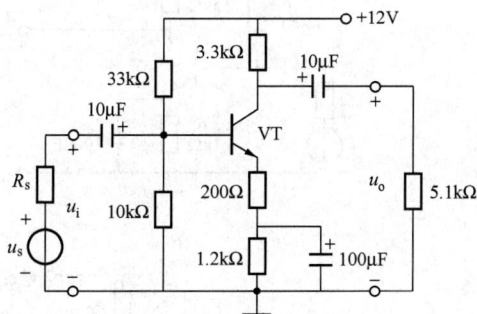

图 2.9　习题 2.1.11 图

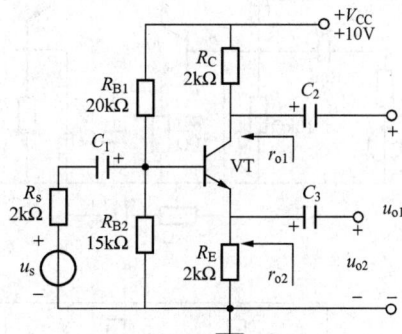

图 2.10　习题 2.1.12 图

（1）静态工作点；

（2）源电压放大倍数 $A_{us1} = \dfrac{u_{o1}}{u_s}$ 和 $A_{us2} = \dfrac{u_{o2}}{u_s}$；

（3）输入电阻；

（4）输出电阻 r_{o1} 和 r_{o2}。

2.1.13　共集电极放大电路如图 2.11 所示。图中 $\beta = 50$，$R_B = 100\text{k}\Omega$，$R_E = 2\text{k}\Omega$，$R_L = 2\text{k}\Omega$，$R_s = 1\text{k}\Omega$，$V_{CC} = 12\text{V}$，$U_{BE} = 0.7\text{V}$，试求：

（1）画出小信号等效电路；

（2）电压放大倍数和源电压放大倍数；

（3）输入电阻和输出电阻。

2.1.14　共发射极放大电路如图 2.12 所示，图中 $\beta = 100$，$U_{BE} = 0.7\text{V}$，$R_s = 1\text{k}\Omega$，$R_L = 6\text{k}\Omega$，C_1 和 C_2 为耦合电容，对交流输入信号短路。

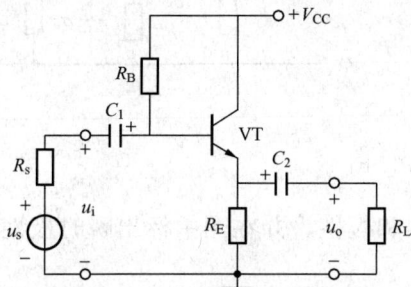

图 2.11　习题 2.1.13 图

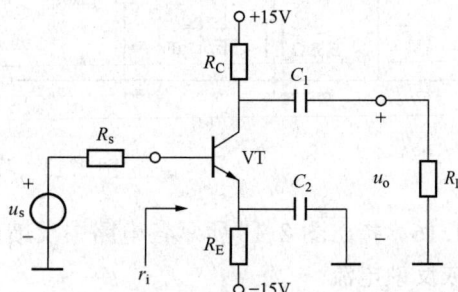

图 2.12　习题 2.1.14 图

（1）为使发射极电流 $I_E = 1\text{mA}$，R_E 的值应取多少？

（2）当 $I_E = 1\text{mA}$ 时，若使 $U_C = 6\text{V}$，R_C 的值是多少？

（3）计算电路的源电压放大倍数。

2.1.15 判断图 2.13 所示各电路中有无反馈？是直流反馈还是交流反馈？哪些构成了级间反馈？哪些构成了本级反馈？

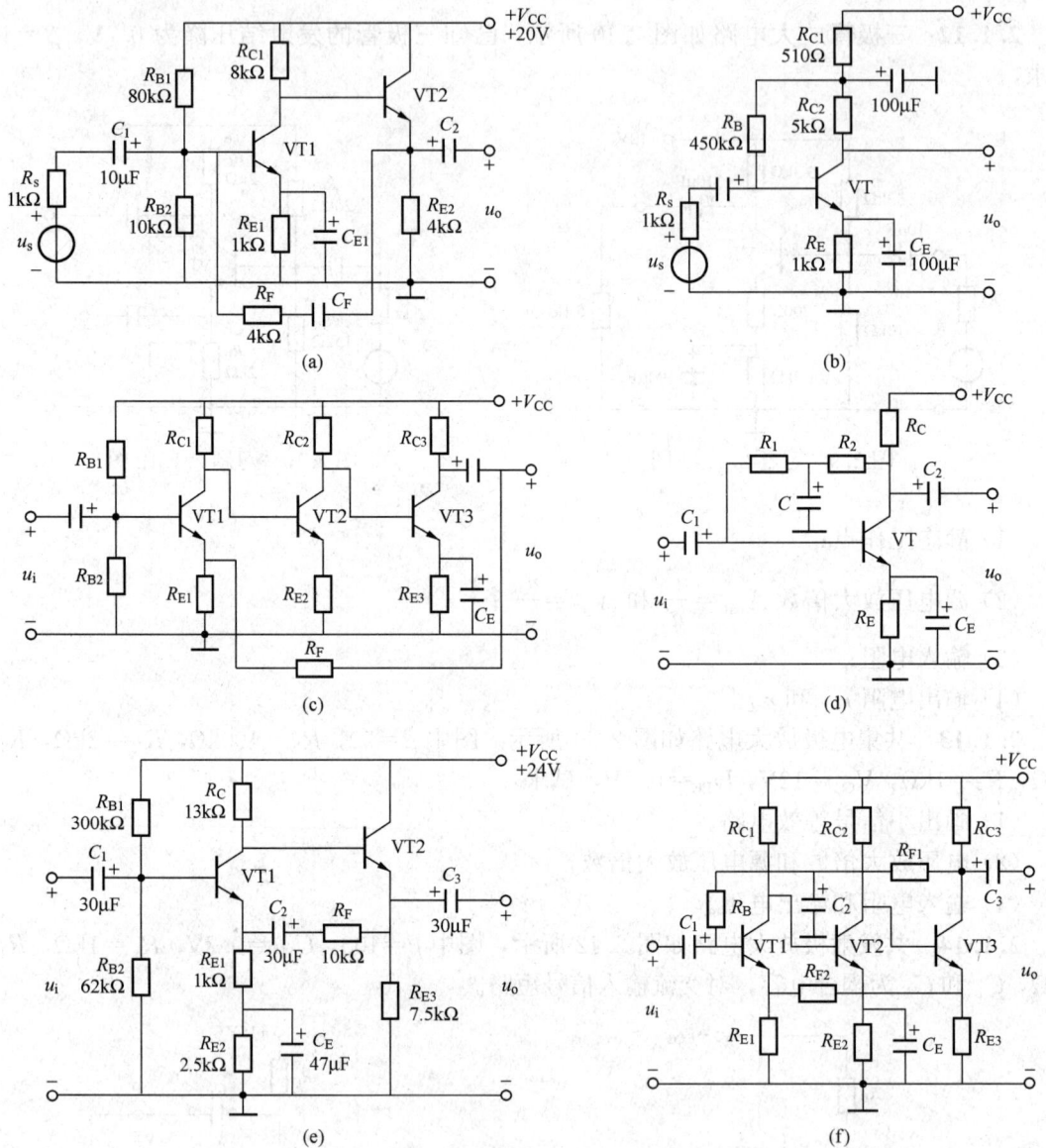

图 2.13 习题 2.1.15 图

2.1.16 指出图 2.13 所示各电路中反馈的类型和极性，并在图中标出瞬时极性以及反馈电压或反馈电流。

2.1.17 某放大电路输入电压信号为 20mV 时，输出电压为 2V。引入负反馈后输出电压降低为 400mV。问该电路的闭环电压放大倍数 A_f 和反馈系数 F 分别是多少？

2.1.18 某反馈放大电路的闭环电压放大倍数为 40dB，当开环电压放大倍数变化 10% 时，闭环放大倍数变化 1%，问开环电压放大倍数是多少分贝？

2.1.19 某放大电路的输入电压信号为 10mV，开环时的输出电压为 14V，引入反馈系

数 $F=0.02$ 的电压串联负反馈后，输出电压变为多少？

2.1.20 某放大电路的开环电压放大倍数为 10^4，引入负反馈后，闭环电压放大倍数为 100。问当开环电压放大倍数变化 10% 时，闭环电压放大倍数的相对变化量是多少？

2.1.21 如果要求稳定输出电压，并提高输入电阻，应该对放大器施加什么类型的负反馈？如果对于输入为高内阻信号源的电流放大器，应引入什么类型的负反馈？

2.1.22 在图 2.13 存在交流负反馈的电路中，哪些电路适用于高内阻信号源？哪些适用于低内阻信号源？哪些可以稳定输出电压？哪些可以稳定输出电流？

2.1.23 负反馈放大电路如图 2.14 所示，判断电路的负反馈类型。若要求引入电流并联负反馈，应如何修改此电路？

2.2.1 当差分放大电路的两个输入端分别输入以下正弦交流电压有效值时，试分别求出其差模信号和共模信号。对于同一差分放大电路来说，哪一组输入信号对应的输出电压最大？哪一组输出电压最小？

(1) $u_{i1}=-30\text{mV}$，$u_{i2}=30\text{mV}$；

(2) $u_{i1}=-500\text{mV}$，$u_{i2}=490\text{mV}$；

(3) $u_{i1}=-30\text{mV}$，$u_{i2}=0\text{mV}$。

2.2.2 某差分放大电路如图 2.2.3 (b) 所示，其输出电压为 1V，试求在题 2.2.1 中所示的各种输入条件下的差模电压放大倍数。

2.2.3 在图 2.15 中，已知 $R_F=3R_1$，$u_i=1.5\text{V}$，求 u_o。

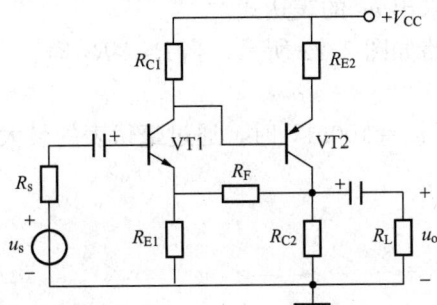

图 2.14 习题 2.1.23 图

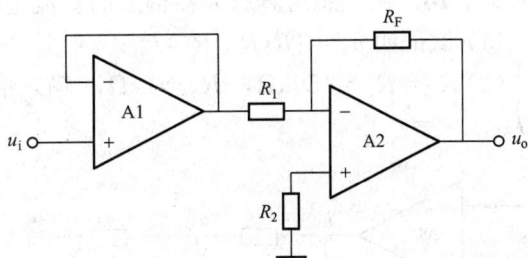

图 2.15 习题 2.2.3 图

2.2.4 在图 2.16 中 $R_1=R_{21}=R_2=R_{22}$，试求 u_o 与 u_{i1}、u_{i2} 的关系式。

2.2.5 求出图 2.17 中 u_o 与 u_{i1}、u_{i2}、u_{i3} 的关系式。

2.2.6 求出图 2.18 中输出电压的可调范围，$R_1=R_2=R_P=100\text{k}\Omega$。

2.2.7 在图 2.19 所示电路中，试求输出电压与输入电压的关系式。

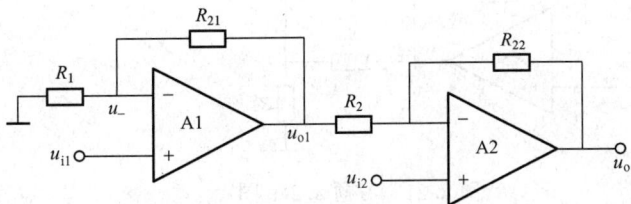

图 2.16 习题 2.2.4 图

2.2.8　在图 2.20 中，A 为理想运算放大器，$R_1 = R_2$，求出 I_O 与 U 的关系式，I_O 有何特点？

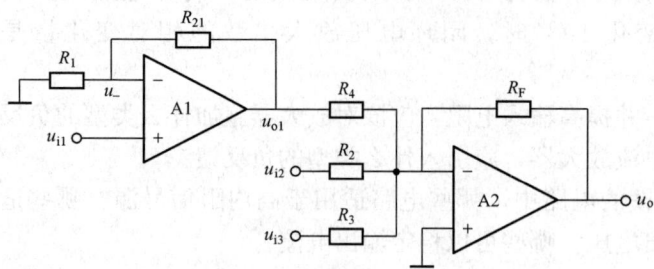

图 2.17　习题 2.2.5 图

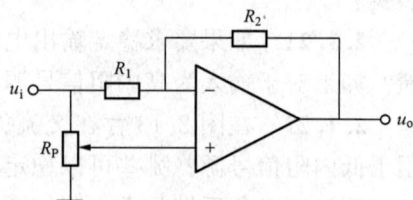

图 2.18　习题 2.2.6 图

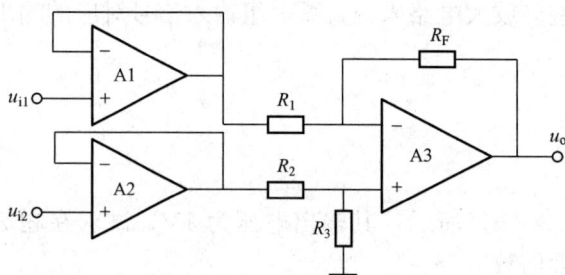

图 2.19　习题 2.2.7 图

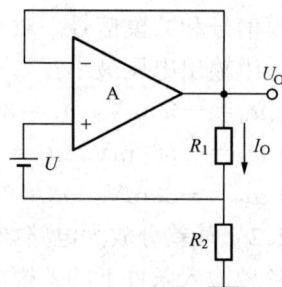

图 2.20　习题 2.2.8 图

2.2.9　在图 2.21 中，A 为理想运算放大器，试求出 u_o 的表达式。

2.2.10　由理想运算放大器构成的直流毫伏表电路如图 2.22 所示，当 $R_2 \gg R_3$ 时：

（1）试证明 $u_s = (R_3 R_1 / R_2) I_M$；

（2）$R_1 = R_2 = 150\text{k}\Omega$，$R_3 = 1\text{k}\Omega$，输入信号电压 $u_s = 100\text{mV}$ 时，通过毫伏表的最大电流 $I_{M(max)} = ?$

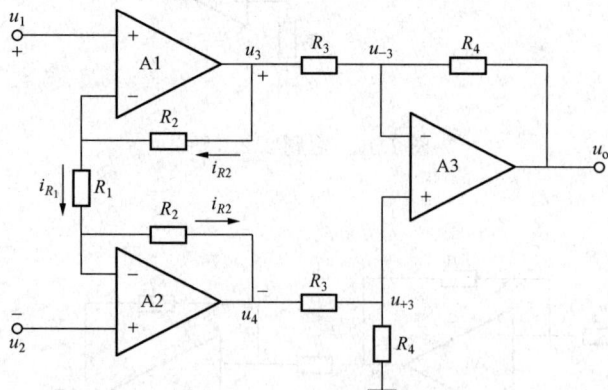

图 2.21　习题 2.2.9 图

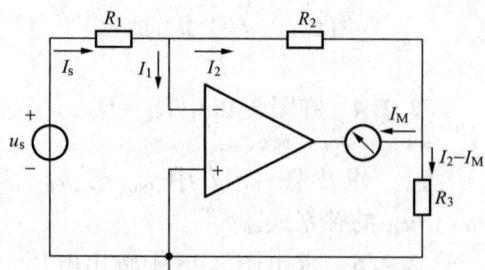

图 2.22　习题 2.2.10 图

2.3.1　图 2.23 是几种功率放大电路中的三极管集电极电流波形，判断各属于甲类、乙类、甲乙类中的哪类功率放大电路？哪一类放大电路的效率最高？为什么？

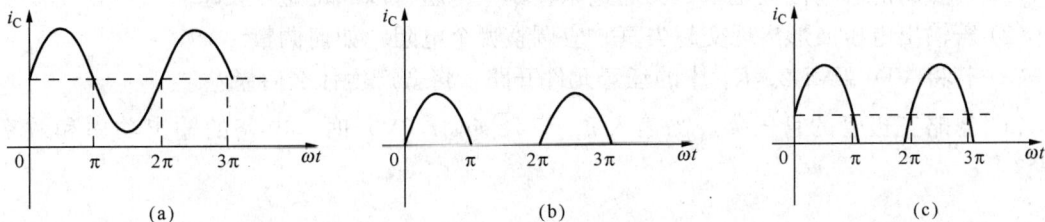

图 2.23 习题 2.3.1 图

2.3.2 已知电路如图 2.3.2（a）所示，VT1 和 VT2 管的饱和管压降 $|U_{CES}|=2V$，$U_{BE}=0V$，$V_{CC}=15V$，$R_L=8\Omega$，u_i 为正弦输入信号。选择正确答案填入空内。

（1）静态时，晶体管发射极电位 U_{EQ}（ ）。

A. $>0V$；B. $=0V$；C. $<0V$。

（2）最大输出功率 P_{om}（ ）。

A. $\approx11W$；B. $\approx14W$；C. $\approx20W$。

（3）电路的转换效率 η（ ）。

A. $<78.5\%$；B. $\approx78.5\%$；C. $>78.5\%$。

（4）为使电路能输出最大功率，输入电压峰值应为（ ）。

A. 15V；B. 13V；C. 2V。

（5）正常工作时，三极管可能承受的最大管压降 $|U_{CEmax}|$ 为（ ）。

A. 30V；B. 28V；C. 4V。

（6）若输入电压为 0.5V，则输出电压将出现（ ）。

A. 饱和失真；B. 截止失真；C. 交越失真。

2.3.3 图 2.3.2（a）所示的乙类双电源互补对称功率放大电路中，已知 $V_{CC}=20V$，$R_L=8\Omega$，u_i 为正弦输入信号，三极管的饱和压降可忽略。试计算：

（1）负载上得到的最大不失真输出功率和此时每个功率管上的功率损耗；

（2）当功率管的饱和压降为 1V 时，重新计算上述指标。

2.3.4 图 2.3.2（a）所示的乙类 OCL 电路中，已知 $V_{CC}=20V$，$R_L=16\Omega$，三极管的饱和压降可忽略，若输入电压信号 $u_i=10\sqrt{2}\sin\omega t$（V），求电路的输出功率、每个功率管的管耗、电源电压提供的功率和电路的效率。

2.3.5 若图 2.3.2（a）所示的乙类 OCL 电路中的 $R_L=8\Omega$，输入为正弦信号，三极管的饱和压降可忽略，试计算：

（1）要求最大不失真输出功率为 9W 时的正、负电源电压 V_{CC} 的最小值；

（2）输出最大功率 9W 时电源电压提供的功率和每个管子的功率损耗；

（3）输出最大功率 9W 时的输入电压峰值。

2.3.6 OTL 电路如图 2.3.5（a）所示，电源电压为 16V，功率管的饱和压降可忽略，$R_L=8\Omega$，试计算电路的最大不失真输出功率；若要求最大不失真输出功率为 9W 时，电源电压 V_{CC} 至少为多少伏？

2.3.7 图 2.3.5（b）所示的 OTL 电路中，输入电压为正弦波，$V_{CC}=16V$，$R_L=8\Omega$，试回答以下问题：

（1）K 点的静态电位应是多少？通过调整哪个电阻可以满足这一要求？

（2）若输出电压波形出现交越失真，应调整哪个电阻？如何调整？

（3）若将 VD1、VD2、R_L 中的任意元件开路，将会产生什么后果？

（4）忽略三极管的管压降，当输入 $u_i = 5\sqrt{2}\sin\omega t$（V）时，电路的输出功率和效率是多少？

第3章 正弦信号产生电路

？你的位置

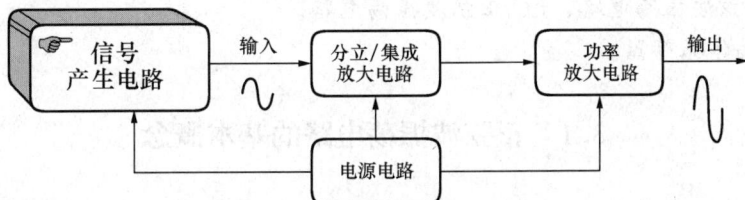

第2章介绍了用来放大电信号的电路单元，电信号的来源可以由生产、生活中的非电量转换而来，也可以是信号产生电路产生的电信号，本章讨论的信号指信号产生电路产生的周期性信号。信号产生电路不用交流输入，只需外加直流电源，就可以产生一定频率和幅度的周期信号输出，因此，也称为振荡电路。

信号产生电路分为正弦信号产生电路和产生方波、三角波等信号的非正弦信号产生电路。正弦信号除用于电子测量和科学研究外，广泛应用于通信系统中的高频载波，工业生产中高频加热、超声焊接诊断以及测量和控制等方面。

本章介绍正弦信号产生电路的基本概念与工作原理。

本章热身

在进行本章的学习之前，先来了解下面的几个问题。

（1）为什么以正弦和非正弦为标准将信号产生电路分类？

解答：各种周期信号都可分解为直流分量、基波分量以及无穷多项各次谐波分量❶的组合，即分解为直流分量与无穷多有一定规律的不同幅度和频率的正弦信号的组合，就像光的光谱一样，称为频谱。唯独正弦信号仅包含与自身频率一致的单一频率，不再含有任何其他频率分量。正弦信号是最简单的信号，或者说其他任何信号都可看成是不同频率、幅度正弦信号的组合，所以经常将正弦信号作为对模拟电子电路进行测试的标准信号。

正因为两类信号的本质截然不同，所以正弦和非正弦信号产生电路的原理也完全不同。

（2）"信号产生电路不用交流输入，只需外加直流电源，就可以产生出一定频率和

---

❶ 基波和各次谐波都是指分解后的组成分量。与被分解的周期信号频率相同的正弦频率分量称为基波，往往是该信号的主要组成部分；是基波频率 N 倍的正弦分量称为其 N 次谐波。对于客观世界的大多数信号来说，它们往往都是任意的非周期信号，其频谱可能包含从 0 到 ∞ 的所有频率成分，且不存在规律性。

幅度的周期信号输出。"这意味着没有输入还有输出？难道能量不守恒了吗？这是为什么呢？

　　解答：信号产生电路实质是一种可以将直流电源能量转换为交流输出能量的电路，所以能量仍然守恒，输出能量源于直流电源的提供。

本章关键词

◆ 正反馈；平衡条件、起振条件。

◆ RC 正弦波振荡电路、LC 正弦波振荡电路。

◆ 石英晶体振荡器。

3.1　正弦波振荡电路的基本概念

3.1.1　正弦波振荡电路与正反馈

1. 正弦波振荡电路与正反馈

由式（2.1.37）可知，当 $|1+AF| \to 0$ 时，$A_f = \dfrac{A}{1+AF} \to \infty$，这是正反馈的特例——自激振荡，表示放大电路在没有输入的情况下，也会产生一定的输出。自激在放大电路中要绝对避免，但可以用来构造信号产生电路。因此，对于没有输入的正弦信号产生电路来说，电路中必须有正反馈，才能产生振荡输出。

　　未经处理的自激输出是不可控的，并且含有各种频率分量。而正弦信号产生电路的输出是没有其他频率分量的单一频率正弦波，因此，将需要的单一频率挑选出来的过程就是正弦波振荡电路中必不可少的选频环节。选频网络一般由 R、C 或 L、C 元件组成，分别称为 RC 正弦波振荡器和 LC 正弦波振荡器，前者一般用来产生 1～1MHz 的低频信号，后者一般用来产生 1MHz 以上的高频信号。

2. 正弦波振荡电路的组成

　　正弦波振荡电路中必须包含放大电路 A、正反馈网络 F 和选频网络，同时，为了正弦输出信号稳定，还要加入稳幅环节。放大电路和正反馈网络保证自激振荡的产生，选频网络保证振荡器的输出为单一频率的正弦波，稳幅环节使振荡器的输出等幅、稳定。

3.1.2　平衡条件与起振条件

　　维持幅度稳定的正弦信号输出，称为平衡；从无到有地建立正弦输出，称为起振。

1. 平衡条件

　　正弦波振荡电路的正反馈框图如图 3.1.1 所示，图中输入信号 x_i 为 0，没有画出。

　　从图 3.1.1 可以看出，若要在 x_i 为 0 的情况下维持输出端已有的等幅正弦振荡，那么 x_f 必须取代 x_i 成为基本放大电路 A 的输入，也就是 $x_{di} = x_f$，即

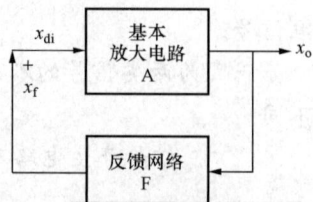

图 3.1.1　正弦波振荡电路的正反馈框图

$$\frac{x_{\mathrm{f}}}{x_{\mathrm{di}}}=\frac{x_{\mathrm{o}}}{x_{\mathrm{di}}}\cdot\frac{x_{\mathrm{f}}}{x_{\mathrm{o}}}=AF=1 \tag{3.1.1}$$

式（3.1.1）即为正弦波振荡器的平衡条件，式（3.1.1）也可以写成

$$AF=|AF|\angle(\varphi_{\mathrm{a}}+\varphi_{\mathrm{f}})=1$$

即
$$\begin{cases}|AF|=1\\\varphi_{\mathrm{a}}+\varphi_{\mathrm{f}}=\pm2n\pi,\ n=0,\ 1,\ 2\cdots\end{cases} \tag{3.1.2}$$

式（3.1.2）分别称为幅度平衡条件和相位平衡条件，是正弦波振荡器维持等幅振荡的基本条件。其中，满足相位条件就是满足正反馈条件。

2. 起振条件

因为平衡条件只能维持已有的信号不变，不能使之增大，所以在尚没有输出信号时，仅依靠平衡条件是不能使输出从无到有、从小到大建立的。所以，正弦波振荡电路维持等幅振荡的前提是首先建立振荡，也就是起振，然后才是维持，也就是平衡。所以，从平衡条件容易地推导出，正弦波振荡电路的起振条件为

$$\begin{cases}|AF|>1\\\varphi_{\mathrm{a}}+\varphi_{\mathrm{f}}=\pm2n\pi,\ n=0,\ 1,\ 2\cdots\end{cases} \tag{3.1.3}$$

接通电源后，电路内部噪声和直流电位的扰动虽然微弱但必然存在，而且包含丰富的频率分量及其谐波，相当于给基本放大电路 A 加入了交流输入。如果电路中的选频网络可以仅使其中某一频率 f_0 既满足正反馈的相位条件又满足 $|AF|>1$ 的幅度条件，沿闭环环行的 f_0 频率的扰动信号将被不断放大（其他频率信号要么不满足幅度条件，要么不满足相位条件，均被衰减），最终建立起一定幅度的振荡输出。因为输出的信号中只有单一频率 f_0，所以一定表现为正弦信号。当然，必须利用稳幅环节在适当的幅度时令 $|AF|$ 由大于 1 减小到等于 1，维持合适的等幅振荡输出，也不至于使输出因过分增大而失真。

通常，通过调节开环放大倍数 A 和反馈系数 F 的数值，振荡电路的幅度条件比较容易满足，而相位条件可以利用瞬时极性法通过判断电路是否为正反馈来判别。

3.2　RC 正弦波振荡电路

根据 R、C 选频网络的结构，RC 正弦波振荡器有 RC 桥式、RC 移相式正弦波振荡电路等形式。其中，RC 桥式正弦波振荡电路输出频率容易调节，使用方便，本节主要介绍 RC 桥式正弦波振荡电路。

3.2.1　RC 桥式正弦波振荡电路的选频网络

1. RC 串并联选频网络

图 3.2.1（a）示出了基本放大电路 A 与 RC 串并联选频网络的连接方式。可以看出，RC 串并联选频网络同时还担当着反馈的作用，所以，u_{o} 为反馈网络的输入，反馈输出 u_{f} 作为基本放大电路 A 的输入信号，如图 3.2.1（b）所示。

2. 选频特性

将 RC 串联阻抗记为 Z_1，RC 并联阻抗记为 Z_2，则 $Z_1=R+\dfrac{1}{\mathrm{j}\omega C}$、$Z_2=R//\dfrac{1}{\mathrm{j}\omega C}$，所以

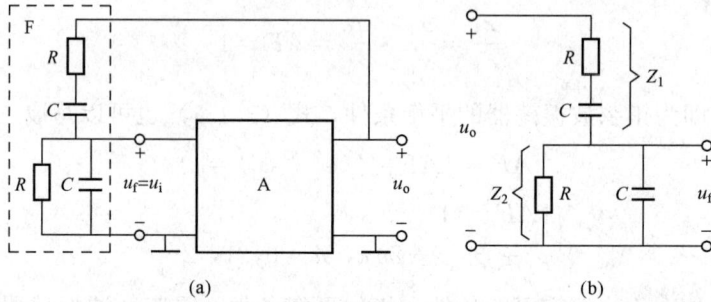

图 3.2.1　RC 桥式正弦波振荡电路组成框图及 RC 串并联选频网络
（a）RC 桥式正弦波振荡电路组成框图；（b）RC 串并联选频网络

反馈系数 F 的表达式为

$$F = \frac{u_f}{u_o} = \frac{Z_2}{Z_1 + Z_2} \tag{3.2.1}$$

式中：Z_1 和 Z_2 均为 ω 的函数，所以反馈系数 F 也是 ω 的函数。

　　根据式（3.2.1）可以做出 RC 串并联网络的幅频特性和相频特性曲线，分别如图 3.2.2（a）、（b）所示。

　　从图 3.2.2 中可看出，当输入信号频率 $\omega = \omega_0 = \dfrac{1}{RC}$ 时，$|F|$ 最大为 $\dfrac{1}{3}$，且相移 $\varphi_f = 0°$。ω 越远离 ω_0，反馈系数 $|F|$ 越迅速下降；相移也越偏离 $0°$，直至 $\pm 90°$。

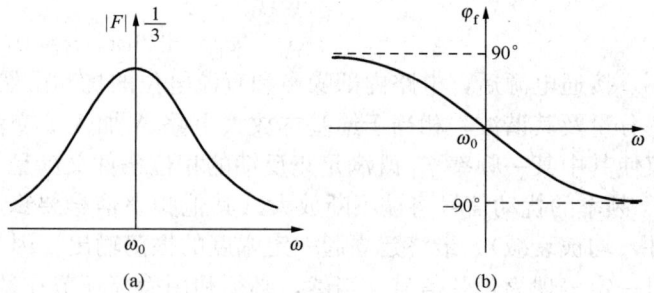

图 3.2.2　RC 串并联网络的频率特性
（a）幅频特性；（b）相频特性

　　所以，输入信号频率不同，RC 串并联网络就反映出不同的反馈系数和相移。也就是说，能对不同频率输入信号产生各不相同频率响应的网络就可以用作选频。

3.2.2　RC 桥式正弦波振荡电路

1. 电路组成

以同相比例电路为基本放大电路的 RC 桥式正弦波振荡电路如图 3.2.3 所示。RC 串并联网络的输出端接在集成运放的同相输入端，R_F 和 R_1 是同相比例电路本身的电压串联负反馈，用来使集成运放工作在线性状态并稳定输出电压和减小非线性失真。

　　图 3.2.3 中串并联网络的 Z_1、Z_2 与同相比例电路中的电阻 R_1、R_F 正好构成一个四臂电桥。电桥的两个对角点分别接在放大电路的同相端和反相端；另两个对角点接在放大电路的输出端和接地端，所以该电路被称为 RC 桥式正弦波振荡电路。

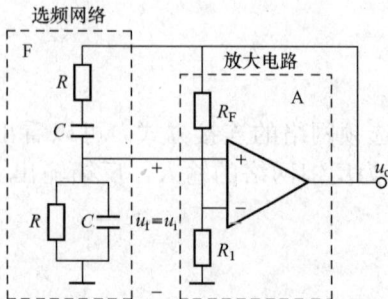

图 3.2.3　RC 桥式正弦波振荡电路

2. 振荡的建立与稳定

电路接通电源后，电路中的噪声等扰动信号沿放大电路和反馈网络的闭环环行，不同的频率分量获得不同的环路增益和相移。由于集成运放构成了 $\varphi_a = 0°$ 的同相放大器，所以只有使 $\varphi_f = 0°$ 的扰动频率能恰好获得符合相位条件的正反馈，即 $\omega = \omega_0 = \dfrac{1}{RC}$。由于频率 ω_0 对应的反馈系数为 $\dfrac{1}{3}$，因此只要同相比例电路的放大倍数略大于 3，就可以满足环路增益 $|AF| > 1$ 的起振条件。总之，其他的扰动频率不满足相位条件，相应的反馈系数也较低，很快被衰减为 0，只有频率为 ω_0 的信号满足起振条件，并经环路不断放大，很快就在输出端建立了频率为 ω_0 的正弦输出信号。所以 RC 正弦波振荡电路的振荡频率为

$$f_0 = \frac{1}{2\pi RC} \tag{3.2.2}$$

【例 3.2.1】 根据相位条件判断图 3.2.4 所示电路能否起振，如能起振，计算该电路的振荡频率。

解： 信号产生电路没有输入信号端，可以从电路的任意一点开始标注瞬时极性，但通常还是从放大器件的输入端开始，比如三极管的基极或集成运放的输入端。将【例 3.2.1】的瞬时极性标于图 3.2.4 中，可以看出，该电路仅对频率 ω_0 满足正反馈条件，所以，该电路能够起振且振荡频率为 $f_0 = \dfrac{1}{2\pi RC} \approx 1592.3\text{Hz}$。至于 $|AF| > 1$ 的幅度条件，对于两级放大电路应该不是问题，只要参数合适就能满足，不再判断。

需要注意的是，本例中的 $C_1 \sim C_4$ 分别为容值较大的级间耦合电容和旁路电容，一般为电解电容，对于交流振荡频率来说可以看成短路，而 RC 串并联网络中的电容值较小，常用零点几微法以下的无极性电容，对于交流信号有选频作用，不能看成短路。

3. 稳幅措施

利用放大器件本身的非线性可以进行稳幅。当输出幅度增大，放大器即将进入非线性区时，放大倍数会有所下降，使 $|AF|$ 从 $|AF| > 1$ 自动减小到 $|AF| = 1$，从而维持等幅输出。

为使振荡电路的工作更加稳定，也可以另外加入负反馈性质的稳幅环节，也就是当输出幅度增大到一定程度时利用负反馈使之减小，从而达到稳幅和改善输出波形失真的目的。常用的稳幅方法有热敏电阻稳幅、二极管稳幅和场效应管稳幅等。图 3.2.5 是将 R_F 用负温度系数的热敏电阻替代的热敏电阻稳幅方法。

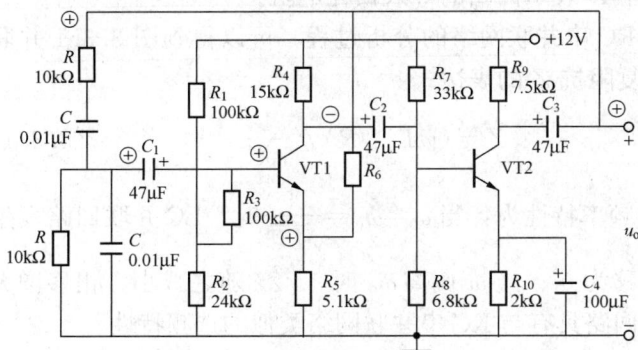

图 3.2.4 【例 3.2.1】的电路图　　图 3.2.5 热敏电阻稳幅电路

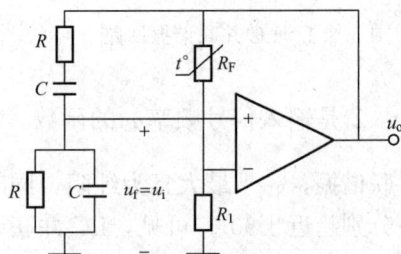

RC 桥式正弦波振荡器电路简单，容易起振，常用于产生 1MHz 以下的低频振荡。

【例 3.2.2】 相位超前的 RC 移相式正弦波振荡电路如图 3.2.6 所示，用相位条件分析其电路能否起振？

解： 图 3.2.6 为采用三节 RC 移相电路作为选频和正反馈网络的移相式振荡器电路。一节移相电路的移相范围为（0°，+90°）间的一个相位角 φ_f 但不包含 0°，所以称为相位超前的 RC 移相电路。因为共射极放大电路的 $\varphi_a=180°$，三节移相电路的总移相范围为（0°，+270°），其间必有一个频率使 $\varphi_f=180°$，从而满足正反馈相位条件，所以可以起振。

如将 RC 移相电路中的电阻和电容互换位置，就成为相位滞后的 RC 移相电路，该电路的移相范围为（0°，−90°），工作原理类似，不再赘述。

RC 移相式正弦波振荡器电路简单，成本低，但失真较大又不便调节频率，因此只适用于固定频率且对输出波形要求不高的场合。

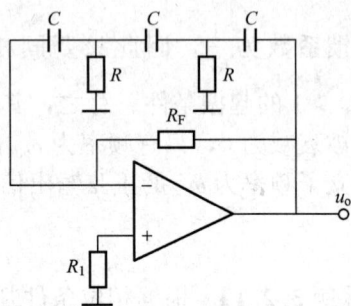

图 3.2.6 【例 3.2.2】的电路图

3.3 LC 正弦波振荡电路

根据选频网络结构的不同，LC 正弦波振荡电路可分为变压器反馈式、电感三点式和电容三点式正弦波振荡器，常用于 1MHz 以上的正弦波产生电路中，例如收音机和电视机中所需的本机振荡、高频淬火炉中的加热源等工业设备中。石英晶体振荡器有类似 LC 振荡器的应用，振荡频率准确、稳定性好，在要求较高的场合，一般使用石英晶体振荡器。

3.3.1 LC 并联谐振回路的选频特性

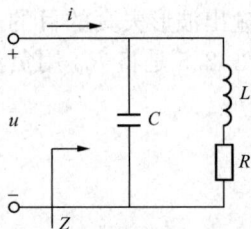

图 3.3.1 LC 并联谐振回路

LC 正弦波振荡电路的工作原理与 RC 电路相似，只是选频网络不同。常用的 LC 选频网络是如图 3.3.1 所示的 LC 并联谐振回路，实际上，谐振回路只由 L 和 C 两个元件构成，图中的电阻 R 表示回路的等效损耗电阻。

仿照 RC 串并联网络的分析过程，可以得到图 3.3.1 并联谐振回路复阻抗 Z 的表达式

$$Z = (j\omega L + R) \mathbin{/\mkern-5mu/} \frac{1}{j\omega C} \tag{3.3.1}$$

Z 是输入信号频率 ω 的函数。Z 的频率特性为：当 $\omega=\omega_0=\dfrac{1}{\sqrt{LC}}$ 时，LC 并联回路发生并联谐振，$|Z|$ 最大且为纯阻，同时相移为 0°；当 ω 偏离 ω_0 时，$|Z|$ 随之减小，相移增大并分别趋近 ±90°。可见，LC 并联谐振回路具有与 RC 串并联网络类似的选频特性。

3.3.2 LC正弦波振荡电路

1. 变压器反馈式LC正弦波振荡电路

图3.3.2所示为变压器反馈式LC正弦波振荡器的基本电路，由共发射极放大电路、LC选频网络和变压器反馈电路三部分组成。变压器的一次绕组N_1与电容C构成LC选频网络，反馈信号靠变压器二次绕组N_2耦合完成，所以称为变压器反馈式LC正弦波振荡电路。输出正弦波由变压器的另一个二次绕组N_3送给负载R_L。图中的"·"表示两个线圈的同名端，凡标注"·"处的瞬时极性相同。

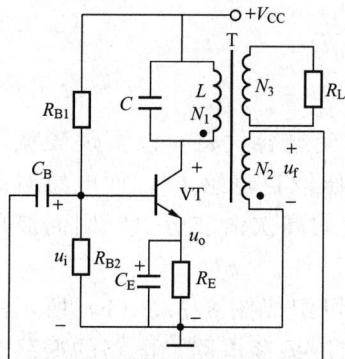

图3.3.2 变压器反馈式
LC正弦波振荡电路

电源接通后，电路中的噪声作为放大器的原始输入被选频放大器放大，其中只有对频率为ω_0的信号集电极LC并联谐振回路呈现纯阻，并且阻值最大。由式（2.1.16）可知，集电极电阻值越大，放大倍数就越大，所以ω_0信号得到最大的放大。并且除放大器本身的反相相移以外，由选频回路带来的附加相移为0。经N_2输出的反馈电压与三极管集电极电压极性相反，送回三极管的基极。所以，在$|AF|>1$的前提下，仅有ω_0频率的信号沿环路环行后获得的相移满足$\pm 2n\pi$相位条件，其他频率信号因不满足相位条件而衰减，所以负载上得到的将是频率为ω_0的正弦振荡信号输出，即输出正弦信号频率f_0为

$$f_0 = \frac{1}{2\pi\sqrt{LC}} \tag{3.3.2}$$

也可以用瞬时极性法判断电路是否满足相位条件。若基极电压瞬时极性为正，谐振时集电极电压极性为负，根据变压器同名端的定义，从绕组N_2输出的反馈电压与集电极极性相反，送回输入端，所以该电路在ω_0时为正反馈。

变压器反馈式振荡电路容易起振，频率调节也较为方便（可用可变电容器代替谐振回路中的固定电容），但振荡频率相对较低，一般为几兆赫兹到几十兆赫兹。

2. 三点式LC正弦波振荡电路

电感三点式LC正弦波振荡电路如图3.3.3（a）所示。其LC并联谐振回路由两个电感

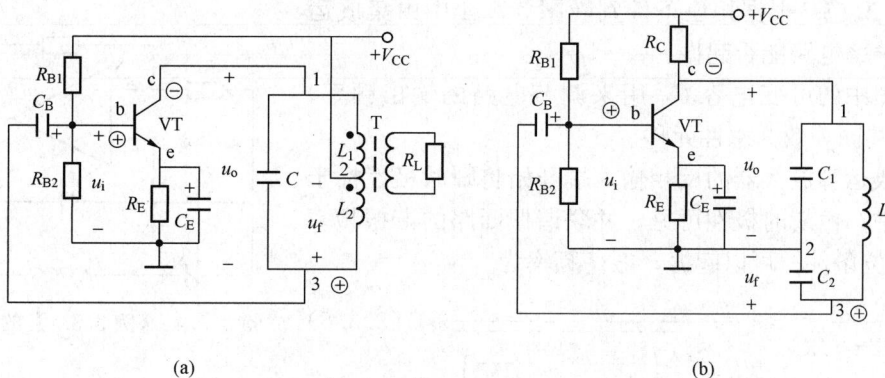

(a)

(b)

图3.3.3 三点式LC正弦波振荡电路
（a）电感三点式正弦波振荡电路；（b）电容三点式正弦波振荡电路

L_1、L_2 和一个电容 C 组成，因为交流时谐振回路三个元件间的三个节点与三极管的三个电极分别相连，故而得名。

由于谐振回路中的电感线圈是同方向绕制的，所以 L_1 与 L_2 的同名端位置顺序相同。假设三极管基极极性为正，对于谐振时的 ω_0，集电极输出电压反相，由同名端的位置可知线圈 L_1 的 1 端极性为负，L_2 的 3 端为正，并反馈回基极构成正反馈。因为反馈信号取自电感 L_2 上的电压，所以该电路又称为电感反馈式 LC 正弦波振荡电路。总之，电路输出频率为

$$f_0 = \frac{1}{2\pi\sqrt{LC}} \approx \frac{1}{2\pi\sqrt{(L_1+L_2+2M)C}} \tag{3.3.3}$$

式中：M 为 L_1 与 L_2 的互感。

在调节频率时，也可以将谐振回路中的固定电容 C 用可变电容代替，以实现较宽范围内频率的连续调节。电感三点式振荡电路的缺点是反馈电压取自电感 L_2，而电感对高次谐波的阻抗较大，导致反馈信号和输出信号中都含有较大的高次谐波分量，因而波形较差。

类似地，将电感三点式电路中的电感与电容性质互换，可组成图 3.3.3（b）所示的电容三点式 LC 正弦波振荡电路，又称为电容反馈式 LC 正弦波振荡电路。电路的振荡频率为

$$f_0 = \frac{1}{2\pi\sqrt{LC}} \approx \frac{1}{2\pi\sqrt{L\dfrac{C_1C_2}{C_1+C_2}}} \tag{3.3.4}$$

式中：C 为谐振回路的总电容，因为 C_1 和 C_2 串联，所以 $C = \dfrac{C_1C_2}{C_1+C_2}$。

电容三点式 LC 正弦波振荡电路的反馈电压取自电容 C_2，所以反馈波形和输出波形中谐波分量小，输出波形好。并且 C_1、C_2 的值可以选得很小，因此振荡频率很高，可达 100MHz 以上。但在调节振荡频率时，要同时调节 C_1、C_2 的值，否则会使振荡条件遭到破坏而停振。所以这种电路常用于输出频率固定、对波形要求较高的场合。通常可用在调幅和调频接收机中，并利用同轴电位器来调节振荡频率。

【例 3.3.1】 根据相位条件判断图 3.3.4 中由集成运放组成的振荡电路能否起振。

解： 图中的可变电容 C_3 用来调节电路的输出频率，与电感 L 共同等效为感性元件。

从集成运算放大器的反相输入端开始将瞬时极性标于图 3.3.4 中，由瞬时极性可见，并联谐振回路的谐振频率 f_0 满足相位条件，可以起振，振荡频率为

$$f_0 = \frac{1}{2\pi\sqrt{LC}} \approx \frac{1}{2\pi\sqrt{L\left(\dfrac{1}{\dfrac{1}{C_1}+\dfrac{1}{C_2}+\dfrac{1}{C_3}}\right)}} \tag{3.3.5}$$

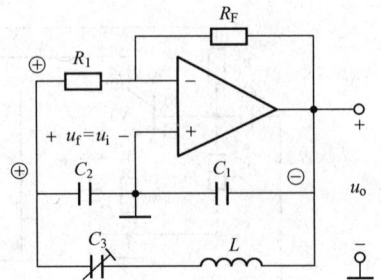

图 3.3.4　【例 3.3.1】的电路图

3. 石英晶体振荡电路

由于电源电压波动等因素，以上各正弦波振荡电路的振荡频率都不够稳定，即使采取了稳频措施，频率的相对变化量 $\dfrac{\Delta f}{f_0}$ 一般也达不到 10^{-5}。可以证明，LC 并联回路的等效损耗电阻 R 越小，品质因数 Q❶ 就越大，选频效果就越好，一般的 LC 并联回路的 Q 值在几十到几百之间，并不够大。而石英晶体等效成的谐振回路的 Q 值极高，可以达到 $10^4 \sim 10^6$，用石英晶体选频的石英晶体振荡器选频特性好，频率稳定度极高，在不加稳频措施的情况下，频率稳定度就可达 10^{-9} 以上，可以用于数字电路和计算机中的时钟脉冲发生器、标准频率发生器、脉冲计数器、DVD 机等对频率稳定度要求较高的场合。

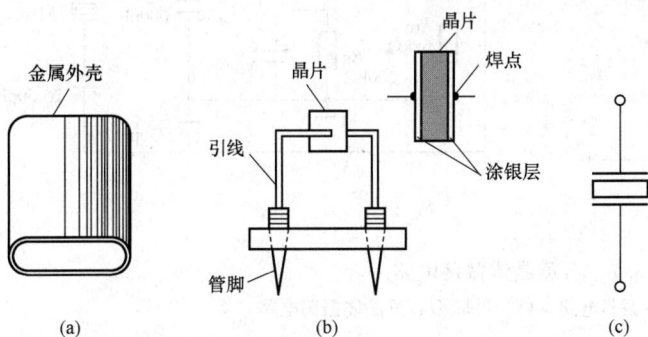

图 3.3.5　石英晶体的外形、结构和电路符号
(a) 外形；(b) 结构；(c) 电路符号

（1）石英晶体的等效电路。石英晶体的主要成分是 SiO_2，是一种各向异性的结晶体，它是矿物质硅石的一种，也可以人工制造，其化学、物理性质都相当稳定。从一块晶体上按一定的方位角切下晶体片，再在晶体片的两个对应表面上镀银引出两个金属电极，最后用金属外壳封装即成。石英晶体的外形、结构和电路符号如图 3.3.5 所示。

石英晶体又称为石英晶体谐振器，简称晶振，可以等效为图 3.3.6（a）所示电路。

石英晶振的谐振频率决定于晶片的外形、尺寸和切割方向等，从其等效电路和频率特性可知，石英晶体有两个谐振频率：RLC 串联支路发生谐振时的串联谐振频率 f_s 和 RLC 串联支路等效的电感与 C_0 组成的并联回路发生谐振时的并联谐振频率 f_p，近似有

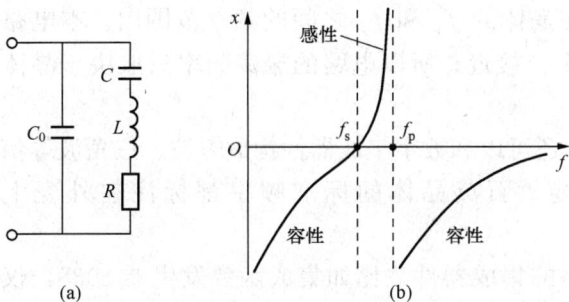

图 3.3.6　石英晶体的等效电路和电抗频率特性
（a）石英晶体的等效电路；（b）电抗频率特性

$$f_s \approx f_p \approx \frac{1}{2\pi\sqrt{LC}} \tag{3.3.6}$$

其中，f_s 与 f_p 很接近，在 f_s 和 f_p 之间，石英晶体呈感性；此范围之外，呈容性；在串联谐振点处，石英晶体的等效阻抗最小且为纯阻，如图 3.3.6（b）所示。

根据石英晶体的串联谐振和并联谐振特性，采用石英晶体选频的正弦波振荡器有串联型石英晶体振荡器和并联型石英晶体振荡器两种基本形式。

---

❶ Q 值定义为 $Q = \dfrac{1}{R}\sqrt{\dfrac{L}{C}} = \dfrac{\omega_0 L}{R} = \dfrac{1}{\omega_0 RC}$。

（2）石英晶体振荡电路。图 3.3.7（a）为串联型石英晶体振荡原理电路，电路中 $C_1 /\!/ C_3$、C_2 和 L 构成并联谐振回路，石英晶体作为反馈支路。只有石英晶体串联谐振时，仅对等于串联谐振频率的信号正反馈最强且没有附加相移，满足起振的相位条件，所以振荡器可以产生频率为 f_s 的正弦振荡输出。

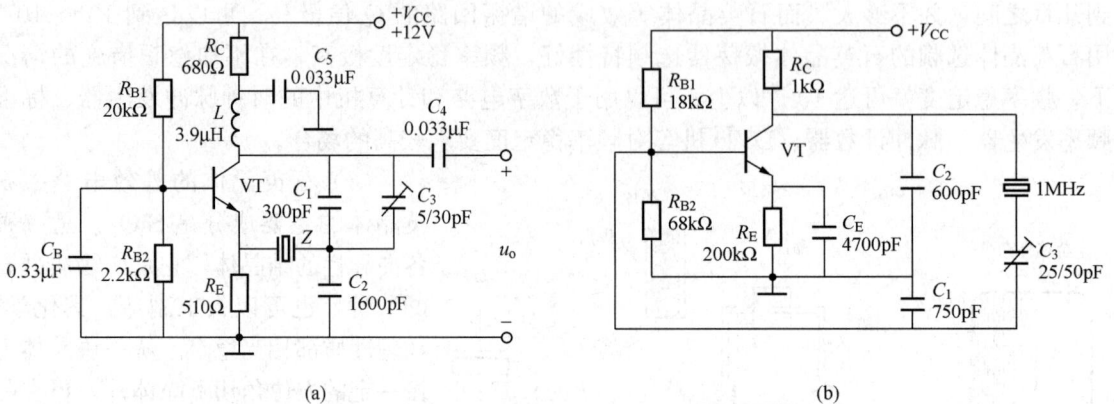

图 3.3.7　石英晶体振荡电路
（a）串联型石英晶体振荡电路；（b）并联型石英晶体振荡电路

当石英晶体工作于 f_s 和 f_p 之间时，具有电感性质。可以利用石英晶体的感性和两个外接电容构成电容三点式正弦波振荡器，如图 3.3.7（b）所示。晶体在电路中起电感作用，以构成一个电容三点式振荡电路，只有在晶体的 f_s 和 f_p 之间的频率范围内，本电路才满足起振的相位平衡条件。由于 f_s 与 f_p 十分接近，所以电路的振荡频率只取决于晶体本身的固有频率，且十分稳定。

石英晶体可以构成正弦波振荡电路，还可以和数字集成器件构成方波、三角波等信号产生电路，但振荡频率都由晶体本身决定。石英晶体的标准频率都标注在外壳上，如 6.5MHz、4.43MHz、465kHz 等。

现在还有专门用来作为信号产生电路的集成器件，比如集成函数发生器 8038，仅需要外接少量元件，就可以工作，可以产生正弦波、方波、矩形波、三角波等多种输出波形，最高工作频率达 100kHz 以上，使用灵活方便。

自己做小结

【小结】

（1）信号产生电路可以分为 ① 产生电路和 ② 产生电路两类。

（2）正弦波振荡器由 ③ 、 ④ 、 ⑤ 和 ⑥ 四个部分组成，正弦波振荡器的起振条件是 ⑦ ，平衡条件是 ⑧ 。

（3）根据选频网络不同，正弦波振荡器分为 ⑨ 正弦波振荡器和 ⑩ 正弦波振荡器。前者用来产生 1MHz 以下的振荡输出，后者用来产生 1MHz 以上的较高频率振荡输出。

（4）石英晶体振荡器的频率稳定度和准确度均较高。采用石英晶体选频的正弦波振荡器有串联型石英晶体振荡器和并联型石英晶体振荡器两种基本形式。石英晶体还可以和数字集成器件配合，构成方波、三角波等信号产生电路。

【答案】

①正弦波；②非正弦波；③基本放大电路；④正反馈网络；⑤选频网络；⑥稳幅环节；⑦$AF>1$；⑧$AF=1$；⑨RC；⑩LC。

习　题

3.2.1　当需要频率分别在 $100Hz\sim1kHz$ 或 $10MHz\sim20MHz$ 范围内可调的正弦振荡输出时，应分别采用 RC 还是 LC 正弦波振荡电路？

3.2.2　用相位条件判断图 3.1 所示各 RC 正弦波振荡电路能否起振，并说明原因。

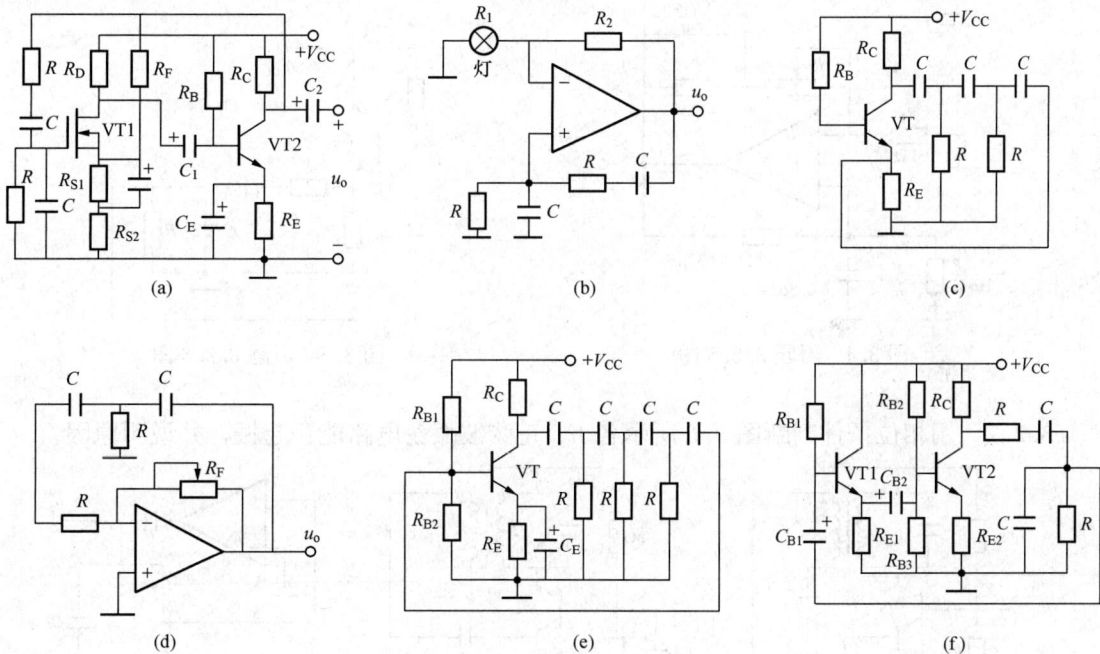

图 3.1　习题 3.2.2 图

3.2.3　用相位条件判断图 3.2 中的振荡电路能否起振。并回答问题：

(1) 若电路能起振，为满足幅度条件，图中 R_F 的数值应为多少？

(2) 若用热敏电阻稳幅，将电路中哪个电阻用热敏电阻替代？温度系数为正还是负？

(3) 电路的振荡频率是多少？

3.2.4　欲将图 3.3 所示的元器件连接成 RC 正弦波振荡电路，如何连线？若要产生振荡频率为 1kHz 的正弦振荡输出，当电容 $C=0.016\mu F$ 时，电阻 R 应选多大？

3.2.5　集成运放构成的 RC 桥式正弦波振荡电路如图 3.4 所示，其中 R_P 在 $0\sim10k\Omega$ 范围内连续可调，说明振荡电路的起振和稳幅过程，计算电路的振荡频率。若振幅稳定后二极管的动态电阻近似为 500Ω，R_P 的阻值约为多少？

3.2.6 判断图 3.5 所示电路能否起振，并说明原因。

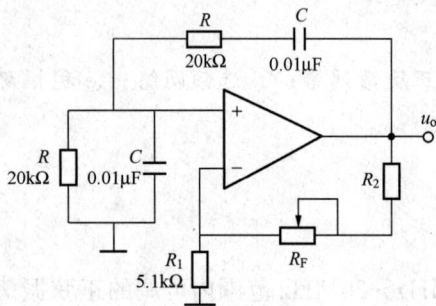

图 3.2　习题 3.2.3 图

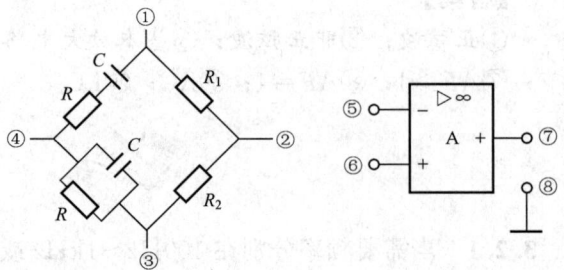

图 3.3　习题 3.2.4 图

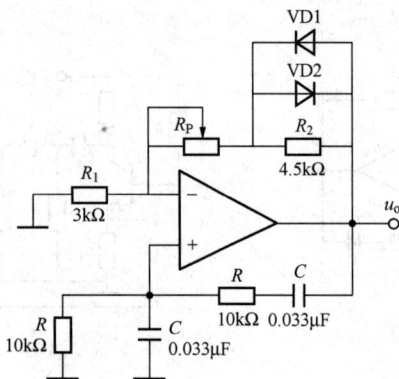

图 3.4　习题 3.2.5 图

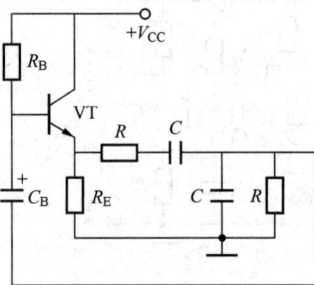

图 3.5　习题 3.2.6 图

3.2.7 用相位条件判断图 3.6 所示各 LC 正弦波振荡电路能否起振，并说明原因。

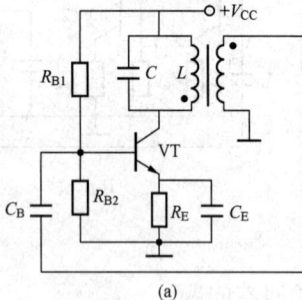

(a)

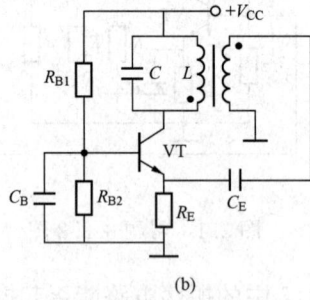

(b)

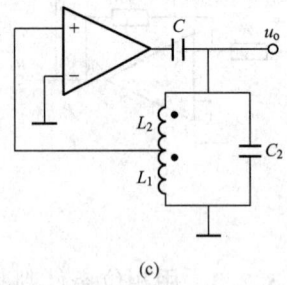

(c)

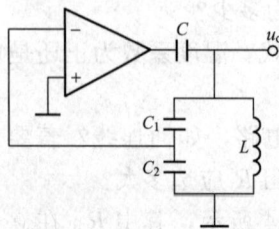

(d)

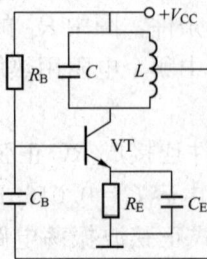

(e)

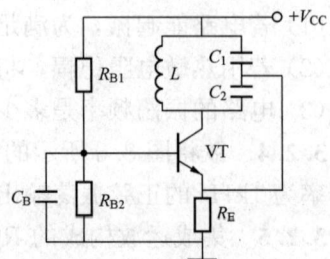

(f)

图 3.6　习题 3.2.7 图

3.2.8 石英晶体振荡器电路如图 3.7 所示，指出振荡器的类型和石英晶体在电路中所起的作用。

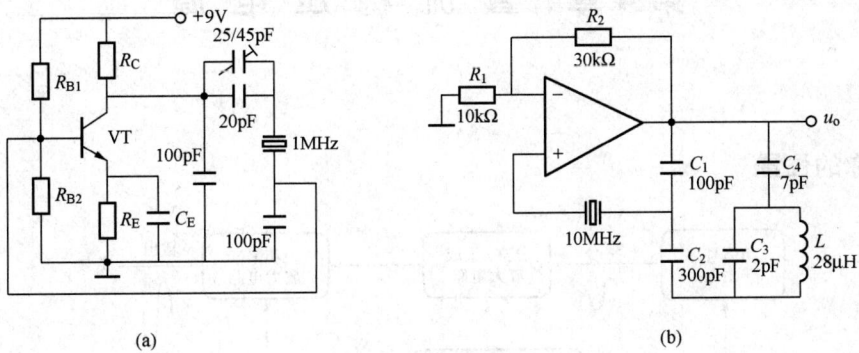

图 3.7 习题 3.2.8 图

第 4 章　直 流 稳 压 电 源

? 你的位置

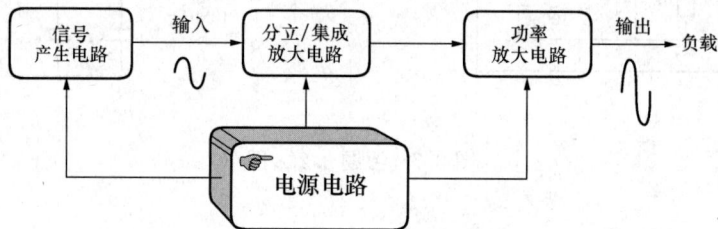

前几章已经介绍了模拟电子技术的基本器件及其构成的基本单元电路，而电子电路要想正常工作，必不可少的就是与之相配的电源。一般电子设备所需的直流稳压电源都是由电网中的 220V/50Hz 交流电转化而来，本章主要讨论小功率直流稳压电源的构成与工作原理，也就是如何将交流电源变换为合适的直流稳压电源的过程。

本章热身

在进行直流稳压电源的学习之前，先来了解一下交流电与直流电的区别。

（1）交流电与直流电的本质区别在哪里？

解答：所谓交流，就是电流交替流动，交流电的方向和大小均随时间周期性变化，用 AC（Alternating Current）表示。最常见的交流电是 220V/50Hz 的民用电，电流方向每秒变化 100 次并在每个周期中按正弦（或余弦）规律变化，如此反复。交流电有很多优点，除可用于一些使用交流电的用电器外，对于电的传输，特别是远距离传输有着重要的意义。

直流电的大小可能变化，但直流电的电流方向是不随时间改变的，有固定的正负极，用 DC（Direct Current）表示，如蓄电池、干电池、直流发电机及各种直流稳压电源。最特殊的直流电是大小和方向都不变的稳恒电流，但这只是在理想情况下。

所以，交流电与直流电最本质的区别是方向是否变化。

（2）要想将交流电变成大小合适又稳定的直流电，需要经过哪些过程？

解答：直流稳压电源可以看成是将交流电转换成直流电的能量转换电路，通常由图 4.0.1 所示的四个部分组成，各部分电路的输出波形如图 4.0.1 所示。

其中，变压器不改变交流电的本质，只将交流电的大小根据电路的需要做变压处理；变压后，利用二极管的单向导电性组成整流电路，将交流电变成脉动直流；由于脉动直流中还含有较多的交流成分，再经滤波网络平滑成有一定纹波的直流电压，对于性能要求不高的电子电路，滤波后的直流电压就可以应用了。对于稳压性能要求较高的电

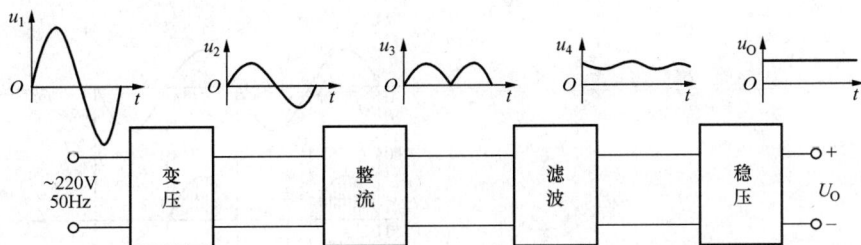

图 4.0.1　直流稳压电源组成框图

子电路，滤波后再加一级稳压环节，这样加到负载上的直流电压的纹波就非常低了，并且可以在电网电压波动或负载变化时，使直流输出电压稳定。

本章关键词

◆ 变压、整流、滤波、稳压；

◆ 单相半波整流、单相全波整流、单相桥式整流；

◆ 电容滤波、电感滤波；

◆ 稳压二极管、串联反馈式稳压电路、三端集成稳压器。

4.1　整　流　电　路

利用二极管的单向导电性，将大小和方向都变化的交流电变成单向脉动直流电的过程称为整流[1]。

4.1.1　单相半波整流电路

（1）电路组成与工作原理。单相半波整流电路如图 4.1.1（a）所示，T 为电源变压器，VD 为整流二极管，R_L 为等效负载电阻。

设变压器二次侧绕组交流电压为 $u_2 = U_{2m}\sin\omega t = \sqrt{2}U_2\sin\omega t$（V），式中 U_{2m}、U_2 分别为变压器二次侧电压的峰值和有效值。

在 u_2 的正半周，二极管 VD 导通，电流经二极管流向负载 R_L。若忽略二极管的正向导通压降，则 $u_O = u_2$，负载上得到变压器二次侧电压的正半周。在 u_2 的负半周，二极管 VD 截止，负载上的电压为 0。

所以，负载上得到电压仅为变压器二次侧电压的正半周，是单向的，达到了将交流变成直流的目的，工作波形如图 4.1.1（b）所示。只不过这个直流电压的大小周期性波动，因此称为脉动直流。

（2）输出指标计算。输出电压 u_O 在一个周期内的平均值记为 $U_{O(AV)}$，这是指输出波形中含有的直流成分，经推导可得

$$U_{O(AV)} = \frac{\sqrt{2}}{\pi}U_2 \approx 0.45U_2 \tag{4.1.1}$$

---

[1]　当负载要求功率较大，且要求电压可调时，常采用晶闸管整流电路，有兴趣的读者可参阅相关参考资料。

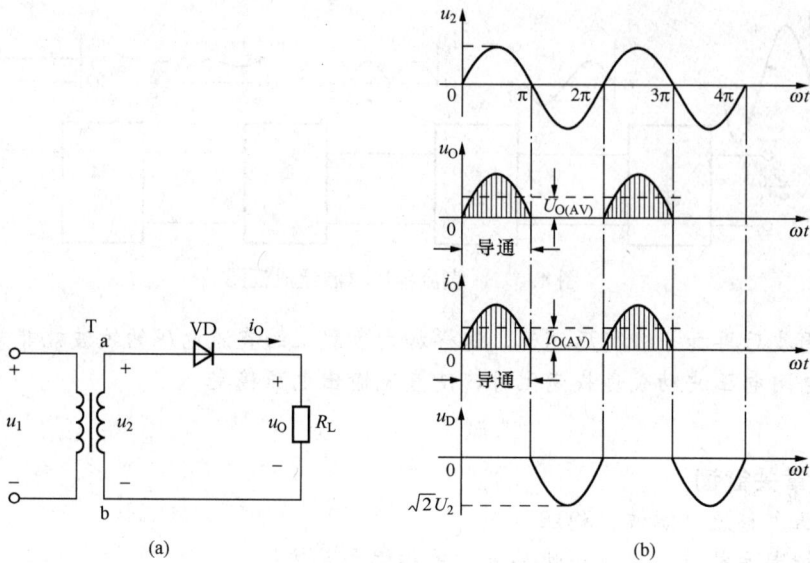

图 4.1.1　单相半波整流电路和工作波形

(a) 电路；(b) 工作波形

所以，输出电流平均值 $I_{O(AV)}$ 为

$$I_{O(AV)} = \frac{U_{O(AV)}}{R_L} \approx 0.45 \frac{U_2}{R_L} \tag{4.1.2}$$

（3）整流元件参数计算。整流二极管中流过的电流平均值 $I_{D(AV)}$ 等于负载上的电流平均值，所以有

$$I_{D(AV)} = I_{O(AV)} = \frac{U_{O(AV)}}{R_L} \approx 0.45 \frac{U_2}{R_L} \tag{4.1.3}$$

从图 4.1.1 (b) 中可以看出，二极管截止时管子两端承受的反向电压就是 u_2 的负半周，所以最高反向电压 U_{RM} 就是 u_2 负半周的峰值，即

$$U_{RM} = \sqrt{2} U_2 \tag{4.1.4}$$

单相半波整流电路结构简单，但输出电压脉动大，且变压器有半个周期电流为零，利用率低，所以使用的局限性较大。

4.1.2　单相全波整流电路

（1）电路组成与工作原理。单相全波整流电路如图 4.1.2 (a) 所示，电路中的 T 为带中间抽头的电源变压器且 $u_{21} = u_{22} = \sqrt{2} U_2 \sin\omega t$（V），即 u_{21} 和 u_{22} 大小和方向均相同。VD1、VD2 为整流二极管，R_L 为等效负载电阻。

当变压器二次绕组 u_{21}、u_{22} 均为上正下负时，二极管 VD1 导通、VD2 截止；u_{21}、u_{22} 上负下正时，二极管 VD1 截止，VD2 导通。由此可知无论在输入波形正半周还是负半周，在负载上都有大小相同、方向相同的电压输出。工作波形如图 4.1.2 (b) 所示。可以看出，单相全波整流电路的输出波形不再是一个周期中只有一半，所以称为全波整流。

（2）输出指标计算。输出电压平均值 $U_{O(AV)}$ 和输出电流平均值 $I_{O(AV)}$ 分别为

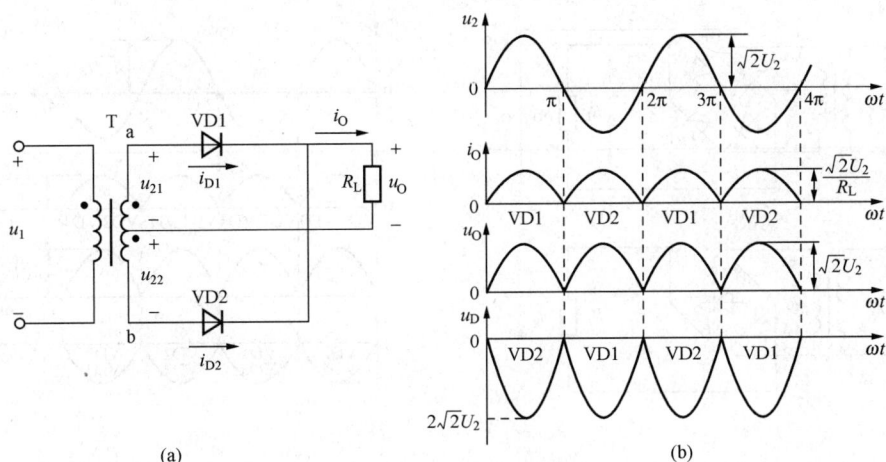

图 4.1.2　单相全波整流电路和工作波形
(a) 电路；(b) 工作波形

$$U_{O(AV)} = \frac{2\sqrt{2}}{\pi}U_2 \approx 0.9U_2 \tag{4.1.5}$$

$$I_{O(AV)} = \frac{U_{O(AV)}}{R_L} \approx \frac{0.9U_2}{R_L} \tag{4.1.6}$$

(3) 整流元件参数计算。由于全波整流电路的每只二极管只在半个周期导通，所以流过的平均电流仅为输出平均电流的一半，即

$$I_{D(AV)} = \frac{I_{O(AV)}}{2} = \frac{U_{O(AV)}}{2R_L} \approx \frac{0.45U_2}{R_L} \tag{4.1.7}$$

需要注意的是，截止的整流二极管承受的最高反向电压 U_{RM} 是 u_{21} 和 u_{22} 的叠加，所以有

$$U_{RM} = 2\sqrt{2}U_2 \tag{4.1.8}$$

单相全波整流电路输出电压脉动减少，但是变压器二次侧需要中间抽头，每个二次绕组只在半个周期内有电流，利用率低，对整流二极管反向偏置电压的要求也较高。

4.1.3　单相桥式整流电路

(1) 电路组成与工作原理。为获得满意的整流效果，实际应用中大多采用单相桥式整流电路，如图 4.1.3 (a) 所示。图 4.1.3 (b) 所示为其简化画法。

设 $u_2 = \sqrt{2}U_2\sin\omega t$ (V)，当变压器二次侧绕组 u_2 为正半周，也就是 a 为 "＋"、b 为 "－" 时，电流由 a 经 VD1、R_L、VD3 至 b 形成电流通路，VD1、VD3 导通，VD2、VD4 截止，如图 4.1.3 (a) 中实线所示，在负载上形成的电流方向为上正下负，输出电压 u_O 与变压器二次侧电压 u_2 的正半周相同；当 u_2 为负半周时，a 为 "－"、b 为 "＋"，VD1、VD3 截止，VD2、VD4 导通，电流由 b 经 VD2、R_L、VD4 至 a 形成电流通路，如图 4.1.3 (a) 中虚线所示，在负载上形成的电流方向也为上正下负，输出电压 u_O 与变压器二次侧电压 u_2 的负半周极性相反。因而无论在输入波形正半周还是负半周，在负载上都有大小相同、方向相同的电压输出。

(2) 输出指标计算。输出电压平均值 $U_{O(AV)}$ 和输出电流平均值 $I_{O(AV)}$ 为

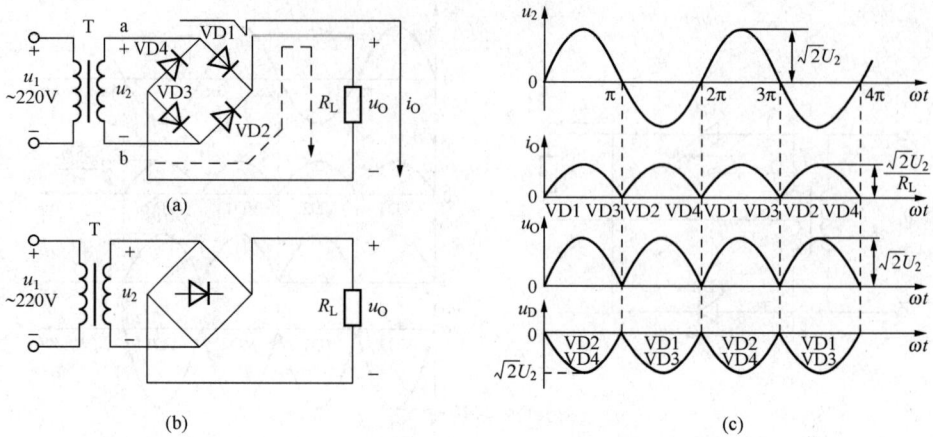

图 4.1.3　单相桥式整流电路和工作波形

（a）电路；（b）简化画法；（c）工作波形

$$U_{O(AV)} = \frac{2\sqrt{2}}{\pi} U_2 \approx 0.9 U_2 \tag{4.1.9}$$

$$I_{O(AV)} = \frac{U_{O(AV)}}{R_L} \approx \frac{0.9 U_2}{R_L} \tag{4.1.10}$$

（3）整流元件参数计算。由于桥式整流电路的每组二极管只在半个周期导通，所以流过每只二极管的平均电流仅为输出平均电流的一半，即

$$I_{D1,\,3(AV)} = I_{D2,\,4(AV)} = \frac{I_{O(AV)}}{2} = \frac{1}{2}\frac{U_{O(AV)}}{R_L} \approx 0.45\frac{U_2}{R_L} \tag{4.1.11}$$

二极管承受的最高反向电压 U_{RM} 为

$$U_{RM} = \sqrt{2} U_2 \tag{4.1.12}$$

单相桥式整流电路只比全波整流电路多用了两个二极管，但每个二极管承受的反向耐压值要求较低，电路的效率也高，是目前常用的整流电路。目前市场上有集成在一起的桥式整流电路，称为整流堆。

4.2　滤　波　电　路

整流电路虽然将交流电压转换为直流电压，但输出直流电压脉动较大，一般不能直接用做电子电路的直流电源。利用电容、电感等电路元件的储能特性，可以将脉动直流电压中的多数交流成分滤除，变成相对含较少纹波的直流电压，这就是滤波电路的任务。

4.2.1　电容滤波电路

电容滤波是最简单的滤波电路，即在负载电阻两端并联一个容量较大的电容 C，如图 4.2.1（a）所示为单相桥式整流电容滤波电路，图 4.2.1（b）所示为工作波形。

由图 4.2.1（a）可知，只有当电容两端电压 u_C（即输出电压 u_O）小于变压器二次侧电压 u_2 时，才有一对二极管导通且对电容 C 充电；否则四个二极管均截止，电容 C 对负载

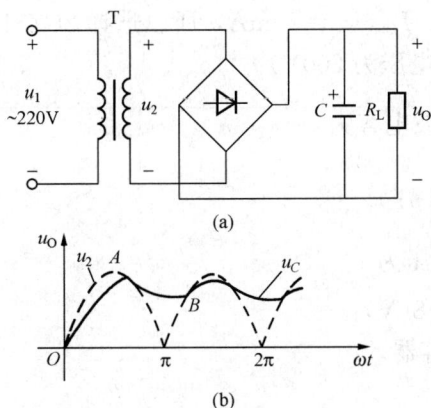

图 4.2.1 单相桥式整流电容
滤波电路和工作波形
(a) 电路；(b) 工作波形

R_L 放电。

电路的具体工作过程为：当变压器二次侧电压 u_2 为正半周时，首先通过二极管 VD1、VD3 对电容 C 充电，电容 C 上的电压 u_C（即 u_O）从 0 升高到最高的 A 点之前，均有 $u_2 > u_C$，所以二极管 VD1、VD3 导通，u_2 一方面对电容 C 充电，另一方面对负载提供电流；A 点过后的 AB 段，则有 $u_2 < u_C$，此时四个二极管均截止，电容 C 对负载放电，时间常数为 $R_L C$。过了 B 点后，对二极管 VD2、VD4 又重复类似的工作过程。电容 C 在每个半周均如此反复充电放电，即可得到图 4.2.1 (b) 所示的输出电压波形。

从图 4.2.1 (b) 的输出电压 u_O 的波形可以看出，由于在二极管截止期间电容 C 向负载缓慢放电，使得输出电压脉动减小，变得平滑，并且使输出电压平均值增大。显然，滤波电容越大，$R_L C$ 值越大，放电过程越慢，滤波效果就越好，输出平均值也越高。但实际上，电容的容量越大，体积越大，流过整流二极管的冲击电流就更大。所以一般取

$$R_L C \geqslant (3 \sim 5) \frac{T}{2} \qquad (4.2.1)$$

式中：T 为交流电源的周期。此时的输出电压平均值为

$$U_{O(AV)} \approx 1.2 U_2 \qquad (4.2.2)$$

由图 4.2.1 (b) 可知，整流二极管的导通角总是小于 π，即二极管的导通时间小于半个周期。$R_L C$ 值越大，二极管导通时间越小，电容 C 充电的瞬时电流也越大，因此，在选择二极管时，最大整流电流 I_F 需留有充分的余地，一般按 $I_F = (2 \sim 3) I_{D(AV)}$ 来选择二极管。

【例 4.2.1】 在图 4.2.1 (a) 所示的单相桥式整流电容滤波电路中，已知交流 220V 电源的频率 $f = 50$Hz，要求电路的输出直流电压为 40V 且负载电阻为 1kΩ。试问：

(1) 电源变压器二次侧电压的有效值 U_2 应为多少？

(2) 整流二极管正向平均电流 $I_{D(AV)}$ 和最大反向电压 U_{RM} 各为多少？

(3) 试选择整流二极管及滤波电容。

解：(1) 由式 (4.2.2) 可得

$$U_2 = \frac{U_{O(AV)}}{1.2} = \frac{40}{1.2} \approx 33.3 \text{ (V)}$$

输出平均电流为

$$I_{O(AV)} = \frac{U_{O(AV)}}{R_L} = \frac{40\text{V}}{1\text{k}\Omega} = 40 \text{(mA)}$$

(2) 由式 (4.1.11) 和式 (4.1.12) 可得

$$I_{D(AV)} = \frac{I_{O(AV)}}{2} = \frac{40\text{mA}}{2} = 20 \text{(mA)}$$

$$U_{RM} = \sqrt{2} U_2 = 33.3\sqrt{2} \text{ V} \approx 47 \text{(V)}$$

（3）选择整流二极管及滤波电容。因为 $U_{RM} \approx 47V$、$I_{D(AV)} = 20mA$，所以选择 2CZ51D 整流二极管（其最大整流电流为 $50mA$，最高反向工作电压为 $200V$）。

又因为 $R_L C = 4 \times \dfrac{T}{2} = 4 \times \dfrac{1/50}{2} = 0.04(s)$，所以滤波电容为

$$C \geqslant \frac{0.04}{R_L} = \frac{0.04}{10^3} = 40 \ (\mu F)$$

若电网电压波动 $\pm 10\%$，则滤波电容承受的最高电压为

$$U_{CM} = \sqrt{2} U_2 \times 1.1 \approx 51.8(V)$$

考虑一定裕量，选标称值为 $47\mu F/100V$ 的电解电容器。

4.2.2 其他形式的滤波电路

1. 电感滤波电路

将电感串联在整流电路与负载电阻之间，就可以构成图 4.2.2 所示的电感滤波电路。

电感滤波器的特点是：整流管导通角大，有利于整流二极管的选择，没有冲击电流，外特性好。但滤波电感因有铁芯，其体积、质量、成本较大，且易引起电磁干扰，所以一般只适用于低电压、大电流的场合。

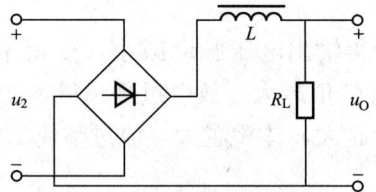

图 4.2.2 单相桥式整流电感滤波电路

2. Ⅱ型滤波电路

如果电容、电感滤波不能满足要求，还可采用多个元件组成的复式滤波电路，如图 4.2.3 所示。LCⅡ型滤波电路和 RCⅡ型滤波电路的工作原理可以用上述类似的方法来分析。

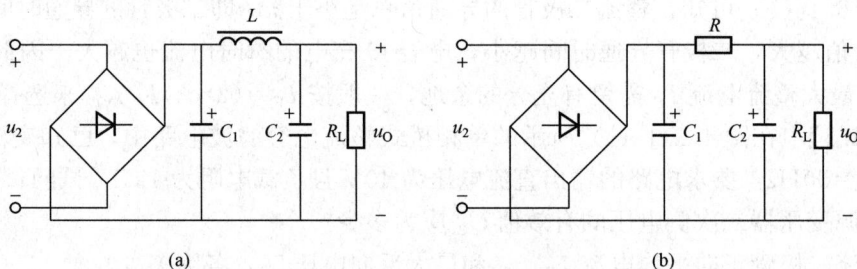

(a)　　　　　　　　　　　　　(b)

图 4.2.3 Ⅱ型滤波电路

(a) LCⅡ型滤波电路；(b) RCⅡ型滤波电路

4.3 稳 压 电 路

滤波电路输出的电压依然有较大的纹波，不能满足一些精密电子仪器的要求，所以滤波后还需加稳压电路。通常，选择直流稳压电源时首先考虑稳压电源的输出电压值、输出功率和输出电流是否满足要求。在满足输出参数要求后，衡量稳压电源质量好坏的主要指标是电网电压波动、负载变化、温度变化时输出电压的稳定程度。

4.3.1 稳压管稳压电路

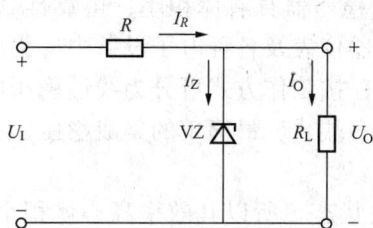

图 4.3.1 稳压二极管稳压电路

稳压二极管的主要参数除了稳定电压 U_Z 外，还有最大工作电流 $I_{Z(max)}$ 和最小工作电流 $I_{Z(min)}$。稳压二极管使用时一般需串接限流电阻，以确保工作电流处于 $I_{Z(min)}$ 和 $I_{Z(max)}$ 之间。

由图 4.3.1 可以看出

$$I_R = I_Z + I_O = I_Z + \frac{U_O}{R_L} \qquad (4.3.1)$$

$$U_I = I_R R + U_O \qquad (4.3.2)$$

若输入电压变化（负载电流不变），比如输入电压的增加会导致输出电压也随之增大，则有如下稳压过程发生

$$U_I \uparrow \rightarrow U_O \uparrow \rightarrow I_R \uparrow (I_R = I_O \uparrow + I_Z \uparrow) \rightarrow U_R \uparrow$$
$$U_O \downarrow \longleftarrow$$

类似地，若负载 R_L 发生变化（输入电压不变），比如负载电阻减小会导致输出电压下降，则有如下稳压过程发生

$$R_L \downarrow \rightarrow U_O \downarrow \rightarrow I_R \downarrow \rightarrow U_R \downarrow$$
$$U_O \uparrow \longleftarrow$$

从以上分析可见，稳压二极管稳压电路是靠电路中限流电阻 R 的电流变化来稳定输出电压的，所以限流电阻的阻值必须合适。R 值过大可能会使稳压二极管电流小于 $I_{Z(min)}$，不能起到稳压作用；R 值过小会使稳压管工作电流大于 $I_{Z(max)}$，甚至损坏稳压二极管。只有合理地选择限流电阻的阻值范围，稳压管稳压电路才能正常工作。

4.3.2 串联反馈式稳压电路

1. 串联反馈式稳压电路的工作原理

图 4.3.2 为晶体管串联反馈式稳压电源。图中 VT1 为调整元件，电阻 R_1 和 R_2 构成采样电路，R_4 和 VZ 组成标准参考电压，VT2 为比较放大元件。其稳压过程如下：

当某种因素导致输出电压 U_O 增加时，采样电压 U_{B2} 也随之增加，出现以下负反馈过程：

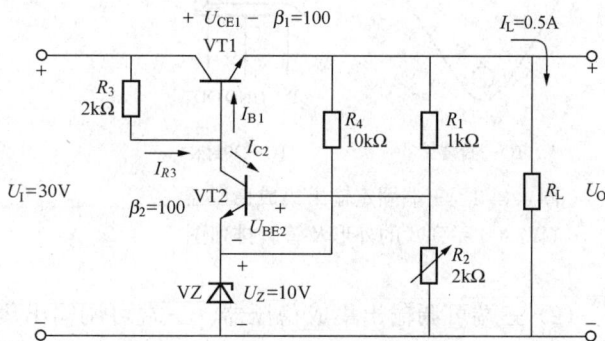

图 4.3.2 晶体管串联反馈式稳压电路

$$U_O \uparrow \rightarrow U_{B2} \uparrow \rightarrow U_{C2}(U_{B1}) \downarrow \rightarrow U_{CE1} \uparrow$$
$$U_O \downarrow (U_O = U_I - U_{CE1}) \longleftarrow$$

同理，当某种因素引起输出电压的减小时，电路将产生与上述相反的稳压过程。实际上，从负反馈的观点来看，这就是一个电压串联负反馈稳定输出电压的过程。

总之，当输出电压向上波动时，调整管的管压降将增大；输出电压向下波动时，调整管的管压降将减小。无论什么原因引起的输出电压的变化，最终的变化量都落到了调整管上，

从而保证了输出电压的基本恒定。

2. 三端集成稳压器

由于集成技术的发展，集成稳压器件也随之出现。集成稳压器具有体积小、可靠性高、使用灵活、价格低廉以及温度特性好等优点，广泛应用于仪器仪表及各种电子设备中。集成稳压器按输出电压情况可以分为固定输出和可调输出两大类；按工作方式可分为线性稳压电源和非线性的开关稳压电源两大类；按结构可分为三端式和多端式。最简单的集成稳压器只有三个端，故简称为三端稳压器。

其中，非线性的开关稳压电路，由于调整管工作在开关状态，所以其效率高、体积小，主要用于大功率稳压电源中。本节仅简单介绍线性的三端稳压器。

(1) 三端固定输出集成稳压器。三端固定输出集成稳压器有 W7800 系列（输出正电压）和 W7900 系列（输出负电压）。它们的输出电压值可分为 ± 5、± 6、± 9、± 12、± 15、± 18、± 24V 等几个等级的集成电路。输出电流以型号后面的尾缀字母区分，其中 L 表示 100mA，M 表示 500 mA，无尾缀字母表示 1.5A。如 W7812 表示输出电压为 $+12$V，输出电流为 1.5A。图 4.3.3 所示为三端固定输出集成稳压器的外形及管脚排列图。

三端固定输出集成稳压器的基本应用电路如图 4.3.4 所示。经过整流滤波后的直流输出电压 U_I 接在输入端，在输出端即可得到稳定输出的电压 U_O。图中电容 C_I 用于抵消因长线传输引起的电感效应，以防止自激振荡，其容量可选 $1\mu F$ 以下；C_O 用于改善负载的瞬态响应和消除电路的高频噪声，其容量可选 $1\mu F$ 至几微法。

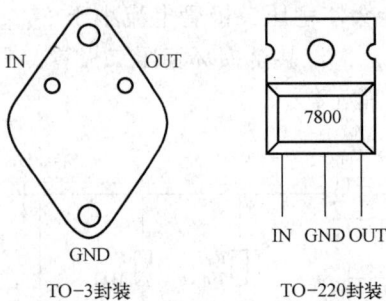

图 4.3.3 三端固定输出集成稳压器
（W7800 系列）的外形及管脚排列图

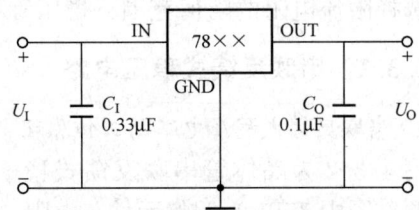

图 4.3.4 三端固定输出集成
稳压器的基本应用电路

(2) 三端可调输出集成稳压器。三端可调输出集成稳压器除了具备三端固定输出集成稳压器的优点外，在性能方面也有进一步提高，特别是由于仅需外接少量元件就可以达到输出电压可调的目的，应用更为灵活。目前，国产三端可调正输出集成稳压器系列有 W117（军用）、W217（工业用）、W317（民用）；负输出集成稳压器系列有 W137（军用）、W237（工业用）、W337（民用）等。它们的温度工作范围依次为 $-55\sim150\,^\circ\mathrm{C}$、$-25\sim150\,^\circ\mathrm{C}$、$0\sim125\,^\circ\mathrm{C}$。图 4.3.5 所示为三端可调输出集成稳压器的外形及管脚排列图。

三端可调输出集成稳压器的典型应用电路如图 4.3.6 所示，主要用于实现输出电压可调的稳压电路。W317 系列三端稳压器的输出端与调整端之间的电压为 1.25V，称为基准电压。由于可调端的电流非常小，可以忽略不计，所以输出电压为

$$U_O = \left(1 + \frac{R_2}{R_1}\right) \times 1.25\mathrm{V} \tag{4.3.3}$$

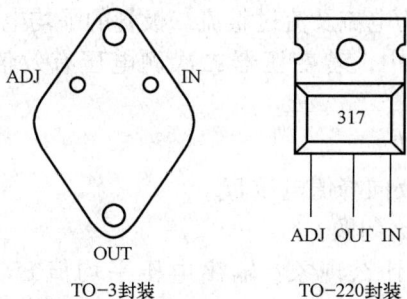

图 4.3.5 三端可调输出集成稳压器
（W317）的外形及管脚排列图

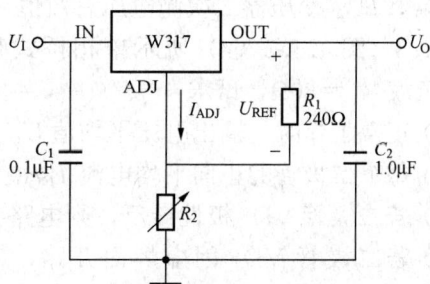

图 4.3.6 三端可调输出集线稳压器
（W317）的典型应用电路

自己做小结

【小结】

（1）直流稳压电源包括变压器、 ① 、 ② 和 ③ 四个部分。整流是利用二极管的 ④ ，将交流电变成单方向的脉动直流，然后利用电容、电感和电阻等元件组成滤波器，将其滤波成相对平滑的直流电压。

（2）整流滤波后的输出电压是不稳定的，它会因电网电压波动和负载电流变化而受到影响，因此还需要进行 ⑤ 。

（3）早期的稳压电路有串联负反馈线性稳压电路，随着集成电路的发展，以串联负反馈线性稳压电路为基础，产生了外部引脚少、性能优越的 ⑥ 稳压器。对于大功率电源，还有非线性的开关稳压电源等。

【答案】

①整流；②滤波；③稳压；④单向导电性；⑤稳压；⑥三端集成。

习 题

4.1.1 在图 4.1 所示电路中，已知输入电压 u_i 为正弦波，试分析哪些电路可以作为整流电路？哪些不能，为什么？应如何改正？

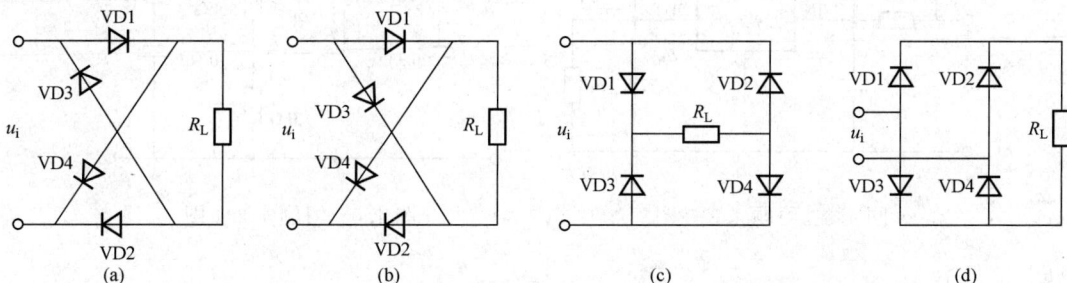

图 4.1 习题 4.1.1 图

4.1.2 在图 4.1.3（a）所示的桥式整流电路中，已知负载 $R_L = 20\Omega$，需要直流电压

$U_O=36V$。试求变压器二次侧电压有效值、输出平均电流及流过整流二极管的平均电流。

4.1.3 图 4.1.3（a）所示单相桥式整流电路中，若变压器二次侧电压有效值 $U_2=20V$，负载 $R_L=30\Omega$，试求：

（1）正常工作时，输出电压平均值 $U_{O(AV)}$ 是多少？

（2）每个二极管的正向平均电流 $I_{O(AV)}$ 及最大反向峰值电压 U_{RM}。

（3）若二极管 VD1 极性接反，则电路会出现什么问题？

（4）若二极管 VD1 因虚焊而开路，将会出现什么现象？输出电压平均值 $U_{O(AV)}$ 是多少？

（5）若四个二极管全部接反，输出电压平均值 $U_{O(AV)}$ 是多少？

4.2.1 在图 4.2.1（a）所示的桥式整流电容滤波电路中，已知 $C=1000\mu F$，$R_L=40\Omega$，变压器二次侧电压有效值为 20V，如果用直流电压表测得 R_L 两端电压分别为下列几种情况，试分析哪些是合理的？哪些出了故障？并说明原因。（1）$U_O=9V$；（2）$U_O=18V$；（3）$U_O=28V$；（4）$U_O=24V$。

4.2.2 在单相桥式整流电容滤波电路中，已知 $R_L=120\Omega$，$U_{O(AV)}=30V$，交流电源频率 $f=50Hz$。试选择整流二极管，并确定滤波电容的容量和耐压值。

4.3.1 试分析如图 4.2 所示电路，已知稳压管的稳定电压 $U_Z=12V$，硅稳压管稳压电路输出电压为多少？R 值如果太大时能否稳压？R 值太小又如何？

4.3.2 在下面几种情况下，可选用什么型号的三端集成稳压器？

（1）$U_{O(AV)}=+12V$，R_L 最小值为 15Ω；

（2）$U_{O(AV)}=+6V$，最大负载电流 $I_{Lmax}=300mA$；

（3）$U_{O(AV)}=-15V$，输出电流范围 $I_{O(AV)}=10\sim40mA$。

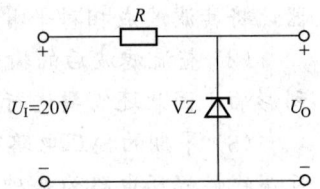

图 4.2　习题 4.3.1 图

4.3.3 如图 4.3 所示电路中，三极管起何种作用？

4.3.4 如图 4.4 所示电路，三端集成稳压器调整端电流为 $I_{ADJ}=0$，R_P 为电位器，为了得到 10V 的输出电压，试问：应将 R_P 调到多大？

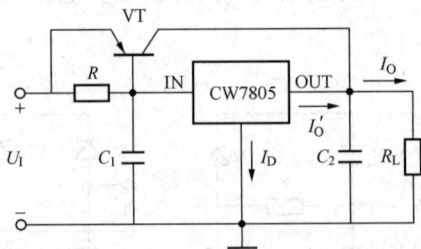

图 4.3　习题 4.3.3 图

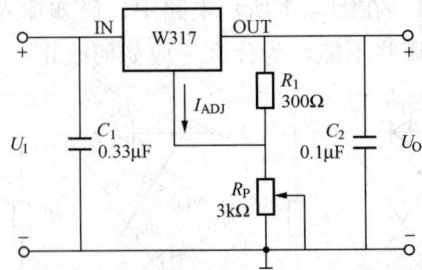

图 4.4　习题 4.3.4 图

模拟电子电路应用实例

实例 1　双路输出±12V 稳压电源

　　任何电子电路和电子设备都离不开电源，有的电路仅需要单电源供电，有的电路需要双电源。比如人们熟悉的集成运放和集成功放就可以接成单电源和双电源供电两种工作方式。图模拟实例 1.1 给出了利用三端固定输出集成稳压器 W7812 和 W7912 组成的双路输出±12V 稳压电源的电路图。需要注意的是，三端集成稳压器的引脚排列顺序并不都与图 4.3.3 或图 4.3.5 一致，不同极性、不同系列、不同封装的产品的管脚顺序可能都不一样，使用时应查阅手册，以免出错。

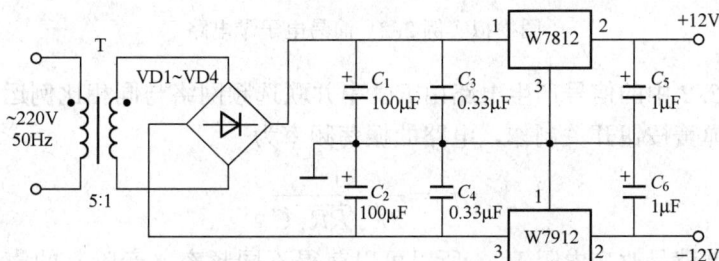

图模拟实例 1.1　双路输出±12V 稳压电源的电路图

实例 2　简 易 电 子 琴 电 路

　　简易电子琴电路的框图如图模拟实例 2.1 所示，基本原理如下：

　　利用 RC 桥式正弦波振荡电路作为信号源，通过弹簧按钮改变 RC 串并联网络的阻值使信号产生电路的输出频率随之改变。正弦信号经集成运放组成的电压放大器隔离放大后再经过功率放大级推动扬声器发声，通过选择合适的电路参数，即可实现按下不同按键时扬声器发出相对应音阶的声音。

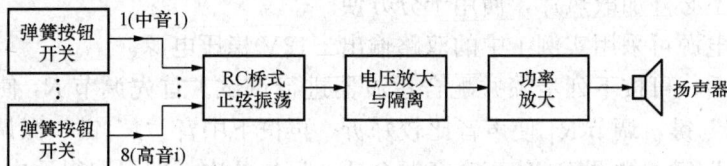

图模拟实例 2.1　简易电子琴电路的框图

　　八个基本音阶在 C 调时对应的频率如表模拟实例 2.1 所列。

表模拟实例 2.1　　　　　　　　　**八个基本音阶在 C 调时对应的频率**

C 调	1	2	3	4	5	6	7	i
f_i（Hz）	264	297	330	352	396	440	495	528

简易电子琴电路如图模拟实例 2.2 所示。

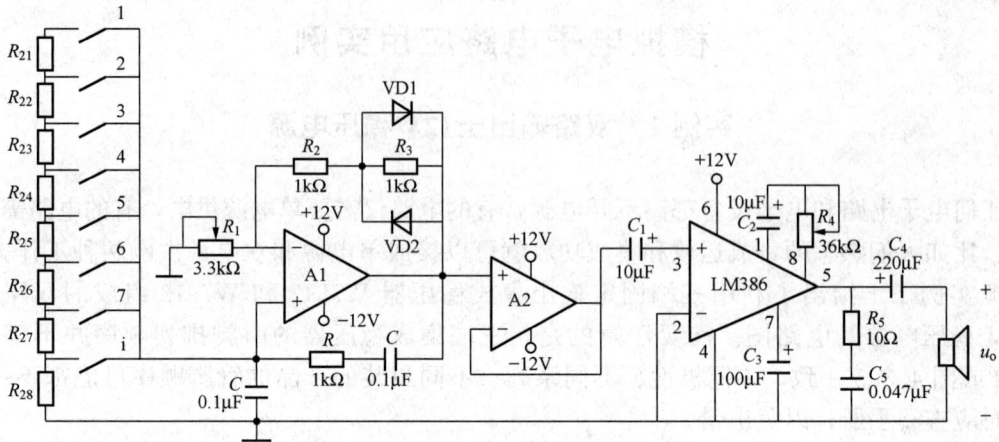

图模拟实例 2.2　简易电子琴电路

图模拟实例 2.2 中的信号产生电路由 RC 串并联选频网络与同相比例运算电路组成，电路中各按键用小弹簧按钮开关制作，电路的振荡频率为

$$f_i = \frac{1}{2\pi\sqrt{RR_2}\,C} \qquad\qquad (\text{模拟实例 2.1})$$

按下不同按键就是改变电阻 R_2，所以可以获得不同频率（音阶）的声音输出。对照表模拟实例 2.1 选择合适的电阻 $R_{21}\sim R_{28}$。

电路中的二极管 VD1 和 VD2 是用来稳幅的。当振荡刚开始建立时，输出电压幅度较小，VD1、VD2 处于截止状态，不影响 R_3 的阻值，放大器的放大倍数为 $1 + \dfrac{R_2 + R_3}{R_1}$。随着输出电压幅度的增大，VD1、VD2 逐渐导通，动态电阻减小，R_3、VD1 和 VD2 并联支路电阻减小，放大器的放大倍数下降，使 A_f 由大于 1 下降到等于 1，输出幅度维持稳定。

集成运放 A2 构成了电压跟随器，起到隔离的作用。A1、A2 均可采用通用型集成运放，比如常见的四运放 LM324 和单运放 CF741 均可。

功率输出级采用小功率通用型集成功率放大器 LM386，其电路简单、功耗低、频带宽、外接元件少，也不必外加散热片，使用十分方便。

电路的供电电源可采用实例 1 中的双路输出 ±12V 稳压电源。

电路连接好后，可按下列步骤并配合示波器进行调试。首先调节 R_1 使电路起振发声，然后按下高音"i"键，调节 R_1 使声音比较好听，再按下中音"1"键，微调 R_1 使声音音调合适；再按下"i"键，微调 R_1 使声音音调合适，反复几次，即可取得适中的效果。LM386 的 R_4 可以用来调节输出音量的大小。

配合话筒，将本例稍加改造还可以实现简易的扩音器，类似实例很多，有兴趣的读者可参阅有关资料。

数字电子技术

第5章 数字电子技术基础知识

你的位置

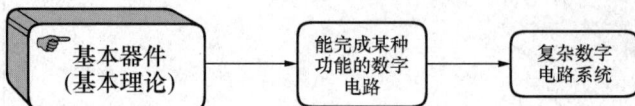

电子电路分为两大类：模拟电路和数字电路。上篇讨论的是模拟电路部分，从这一章起将讨论数字电路，以数字信号为处理对象的电子电路称为数字电路。

电子设备从以模拟方式处理信息，转到以数字方式处理信息，主要是因为数字信号具有抗干扰能力强、可靠性高、能长期存储、便于计算机处理等优点。数字信号还便于加密和纠错，具有较强的保密性和可靠性。当然，自然界中的物理量基本都是模拟量，在进行模拟量到数字量的转换时会带来一定的误差。数字电路更适于集成，随着数字集成电路的迅速发展，使数字设备的体积进一步缩小，功耗更低，可靠性大幅提高，价格也越来越低。从计算机、数字通信、测量仪表和自动控制到航空航天、现代医学，再到交通自动控制、家用电器等人们日常生产生活，数字电路都得到广泛应用。

数字电路在信号、半导体器件工作状态、研究问题的方法及电路的工作原理上与模拟电路均有很大不同。本章将从数字电路的基础知识入手，主要介绍计数体制、逻辑关系与逻辑门、逻辑函数及其表示方法，为数字电子技术的分析与应用打下基础。

本章热身

在进行数字电子技术的学习之前，先来了解下面几个问题。

（1）什么是数字信号？与模拟信号的区别是什么？

解答：这个问题的答案在绪论中。

（2）在生活中人们常接触的数字信号和数字电路有哪些？

解答：计算机存储和处理的信号就是数字信号，计算机就是一个大型的数字系统。还有数字表、数码相机、优盘等数字存储设备、数字通信、数字家电等都包含数字系统，只不过很多设备是结合了模拟、数字及光学、机械等非电系统的混合系统。

本章关键词

◆ 数制、编码。

◆ 与、或、非；与门、或门、非门；复合门。

◆ 逻辑函数表达式、逻辑图、真值表、波形图、卡诺图。

5.1　数　制　与　编　码

5.1.1　数制

计数体制简称数制，指的是用何种方法和规则来表示数量的多少。日常生活及生产中，广泛采用的是十进制计数体制，而在数字系统中主要采用二进制计数体制。因二进制计数位数较多，人们还经常采用八进制和十六进制进行辅助计数和存储。

1. 十进制（Decimal）

十进制是以"10"为基数的计数体制。每位十进制数可用 0~9 十个数码表示，超过 9 就要按照"逢十进一"的规则用多位数表示。不同位置上的数码所代表的数值是不同的。

例如，十进制数 111.1，虽然四个数码都是 1，但从右往左起，第一个"1"表示的是十分位（10^{-1} 位）0.1，数值大小是 1×10^{-1}；第二个"1"是个位（10^0 位）1，数值大小是 1×10^0；以此类推，十位（10^1 位）上的"1"，表示 1×10^1，即 10；百位（10^2 位）上的"1"，表示 1×10^2，即 100。10^2、10^1、10^0 和 10^{-1} 分别是四个位置上数码所代表的数值，称为"权"或"位权"。可以看出，十进制数相邻高位的权值是低位的 10 倍，并且小数部分位权的幂次是负的。

因此，十进制数 $(111.1)_{10}$ 可以写成 $(111.1)_{10} = 1 \times 10^2 + 1 \times 10^1 + 1 \times 10^0 + 1 \times 10^{-1}$。

把这种用各位的数码乘以该位的权再相加的形式称为按权展开式，任意十进制数 N 都可以写成以下形式：

$$(N)_{10} = \sum_{i=-m}^{n-1} K_i 10^i \tag{5.1.1}$$

式中：K_i 为第 i 位的数码，可以是 0~9 十个数码之一；10^i 为第 i 位的权，这个数共有 m 位小数和 n 位整数。

例如，$(1257.36)_{10} = 1 \times 10^3 + 2 \times 10^2 + 5 \times 10^1 + 7 \times 10^0 + 3 \times 10^{-1} + 6 \times 10^{-2}$。

2. 二进制（Binary）

二进制是以"2"为基数的计数体制，是数字系统的计数和存储方法。二进制数只有 0 和 1 两个数码，计数规律是"逢二进一"，相邻两位数的位权是 2 倍的关系。一个二进制数 10 写成 $(10)_2$，这里的 10 不代表十进制里的"十"，读作"壹零"。任意二进制数均可表示为以下按权展开式：

$$(N)_2 = \sum_{i=-m}^{n-1} K_i 2^i \tag{5.1.2}$$

式中：K_i 为第 i 位的数码，取值 0 或 1；2^i 为第 i 位的权，这个二进制数也是由 m 位小数和 n 位整数组成的。

例如，二进制数 $(101.101)_2$ 可以按权展开表示为：$(101.101)_2 = 1 \times 2^2 + 0 \times 2^1 + 1 \times 2^0 + 1 \times 2^{-1} + 0 \times 2^{-2} + 1 \times 2^{-3}$。

3. 八进制（Octal）和十六进制（Hexadecimal）

八进制是以"8"为基数的计数体制，共有 0~7 八个数码，计数规律是"逢八进一"，其按权展开式为

$$(N)_8 = \sum_{i=-m}^{n-1} K_i 8^i \tag{5.1.3}$$

式中：K_i 可取 0～7 八个数码之一；8^i 为第 i 位的权。

例如，$(132.4)_8 = 1 \times 8^2 + 3 \times 8^1 + 2 \times 8^0 + 4 \times 8^{-1}$。

十六进制以"16"为基数计数，使用 0～9、A、B、C、D、E、F 十六个数码（其中 A 代表 10、B 代表 11、C 代表 12、D 代表 13、E 代表 14、F 代表 15），计数规则是"逢十六进一"，其按权展开式的形式为

$$(N)_{16} = \sum_{i=-m}^{n-1} K_i 16^i \tag{5.1.4}$$

式中：K_i 可取 0～F 十六个数中的任意一个数码；16^i 为第 i 位的权。

例如，$(AF3.C)_{16} = A \times 16^2 + F \times 16^1 + 3 \times 16^0 + C \times 16^{-1}$。

由于二进制每位仅携带两个信息，所以同样的数值用二进制表示位数会变得很长，给书写、存储带来不便，而八进制和十六进制可以很方便地与二进制相互转换，可以用来辅助储存和书写二进制数，给使用者带来方便。

5.1.2　8421BCD 码

在数字系统内部只能接受并处理包含 0、1 的二进制信息，因此二进制除了表示数值的大小以外，还用于表示一些特定信息。表示特定信息的二进制数码称为二进制码。二进制码有很多种，最常见的是 8421BCD 码。

8421BCD 码是采用四位二进制数码来表示一位十进制数的编码方式，即用 0000～1001 对应表示十进制数码 0～9，见表 5.1.1。其中四位二进制数码从高位到低位每一位上的权值与二进制数一样，分别为 8、4、2、1，所以称为 8421BCD 码。

表 5.1.1　　　　　　　　　8421BCD 码与一位十进制数的对应关系

十进制数	8421BCD 码	十进制数	8421BCD 码
0	0000	5	0101
1	0001	6	0110
2	0010	7	0111
3	0011	8	1000
4	0100	9	1001

例如：十进制数 15，"1"的 8421BCD 码为"0001"，"5"的 8421BCD 码为"0101"，所以 $(15)_{10}$ 的 8421BCD 码写成 $(0001\ 0101)_{8421BCD}$。

因为 8421 码各位均有固定的位权，所以也称为有权码。除此之外，如果用 0000～1111 中的其他十种组合来表示一位十进制数就可以构成其他 BCD 码制，这里不再赘述。

5.1.3　数制与编码间的转换

1. 任意 N 进制转换为十进制

任意进制转换为十进制数均可采用按权展开再求和的方式进行。

【例 5.1.1】　将二进制数 $(101101011)_2$ 转换成十进制数。

解： $(101101011)_2 = 1 \times 2^8 + 0 \times 2^7 + 1 \times 2^6 + 1 \times 2^5 + 0 \times 2^4 + 1 \times 2^3 + 0 \times 2^2 + 1 \times 2^1 + 1 \times 2^0$

$\qquad = 256 + 64 + 32 + 8 + 2 + 1$

$\qquad = (363)_{10}$

【例 5.1.2】 将二进制数 $(1110.011)_2$ 转换成十进制数。

解： $(1110.011)_2 = 1 \times 2^3 + 1 \times 2^2 + 1 \times 2^1 + 0 \times 2^0 + 0 \times 2^{-1} + 1 \times 2^{-2} + 1 \times 2^{-3}$

$\qquad = 8 + 4 + 2 + 0.25 + 0.125$

$\qquad = (14.375)_{10}$

【例 5.1.3】 将八进制数 $(27.2)_8$ 转换成十进制数。

解： $(27.2)_8 = 2 \times 8^1 + 7 \times 8^0 + 2 \times 8^{-1} = (23.25)_{10}$

【例 5.1.4】 将十六进制数 $(13F.5)_{16}$ 转换成十进制数。

解： $(13F.5)_8 = 1 \times 16^2 + 3 \times 16^1 + 15 \times 16^0 + 5 \times 16^{-1} = (319.3125)_{16}$

2. 十进制转换成任意 N 进制

十进制数转换成任意进制数需将整数部分和小数部分分开进行转换。

十进制的整数部分可用"除 N 取余"法。比如将十进制整数转换为二进制整数，可以将这个十进制数连续除 2，直至商为 0，每次除 2 所得余数的组合便是所求的二进制数。注意最先得出的余数对应二进制的最低位。

【例 5.1.5】 将十进制数 $(47)_{10}$ 转换成二进制数。

解： 用除 2 取余法进行转换的过程如下：

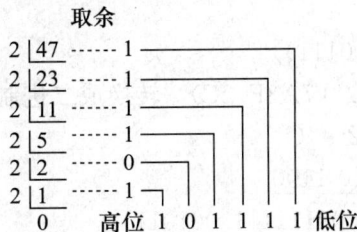

```
            取余
    2 |47  ----- 1
    2 |23  ----- 1
    2 |11  ----- 1
    2 |5   ----- 1
    2 |2   ----- 0
    2 |1   ----- 1
      0   高位 1 0 1 1 1 1 低位
```

得 $(47)_{10} = (101111)_2$

十进制的小数部分可用"乘 N 取整"法转换成相应的 N 进制数。比如将十进制小数转换为二进制数小数，可以将十进制的小数部分连续乘 2，直至为 0 或满足误差要求为止。每次乘 2 所得整数的组合便是所求的二进制数。注意最先得出的整数对应二进制小数的最高位。

【例 5.1.6】 将十进制数 $(0.3125)_{10}$ 转换成二进制数。

解： 用乘 2 取整法进行转换的过程如下：

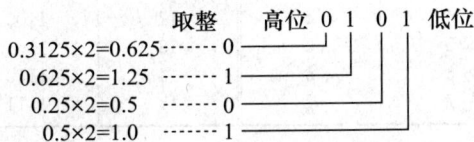

```
                取整   高位 0 1 0 1 低位
  0.3125×2=0.625 ------ 0
  0.625×2=1.25   ------ 1
  0.25×2=0.5     ------ 0
  0.5×2=1.0      ------ 1
```

得 $(0.3125)_{10} = (0.0101)_2$

对于同时具有整数和小数部分的数，可将其分解为整数部分和小数部分再分别转换。所以综上可得，$(47.3125)_{10} = (101111.0101)_2$。

3. 二进制与八进制、十六进制间的转换

由于八进制的基数为 $8=2^3$，所以一位八进制数刚好换成三位二进制数。同样，十六进制的基数为 $16=2^4$，一位十六进制数刚好换成四位二进制数。所以二进制转换成八进制，可将二进制数以小数点为基准，分别向左和向右"每三位为一组，不够添 0"，直接将二进制转换成八进制。二进制转换成十六进制，可将二进制数以小数点为基准，分别向左和向右"每四位为一组，不够添 0"，将二进制转换成十六进制。

【例 5.1.7】 将二进制数 $(11101.01)_2$ 转换成八进制。

解： <u>011</u> <u>101</u>.<u>010</u>

     3   5 .2

得 $(11101.01)_2 = (35.2)_8$

【例 5.1.8】 将二进制数 $(1011010101.01)_2$ 转换成十六进制。

解： <u>0010</u> <u>1101</u> <u>0101</u>.<u>0100</u>

    2   D   5 . 4

得 $(1011010101.01)_2 = (2D5.4)_{16}$

八进制、十六进制转换成二进制的过程正好相反，例如十六进制转换成二进制采用"一分为四，不够添 0"的方法。

【例 5.1.9】 将八进制数 $(13.27)_8$ 转换成二进制数。

解： 1   3 . 2   7

  <u>001</u> <u>011</u>.<u>010</u> <u>111</u>

得 $(13.27)_8 = (001011.010111)_2$

【例 5.1.10】 将十六进制数 $(7A3F.2C)_{16}$ 转换成二进制数。

解： 7 A   3   F . 2   C

  <u>0111</u> <u>1010</u> <u>0011</u> <u>1111</u>.<u>0010</u> <u>1100</u>

得 $(7A3F.2C)_{16} = (111101000111111.001011)_2$

可见，采用八进制、十六进制来书写二进制数所需的位数要少得多，更加方便。表 5.1.2 给出了几种不同进制的对应关系。

表 5.1.2　　　　　　　　　　　几种不同进制对照表

十进制	二进制	八进制	十六进制	十进制	二进制	八进制	十六进制
0	0000	0	0	8	1000	10	8
1	0001	1	1	9	1001	11	9
2	0010	2	2	10	1010	12	A
3	0011	3	3	11	1011	13	B
4	0100	4	4	12	1100	14	C
5	0101	5	5	13	1101	15	D
6	0110	6	6	14	1110	16	E
7	0111	7	7	15	1111	17	F

5.2　基本逻辑关系与逻辑门

逻辑关系是事物间因果关系的抽象。在数字电路中，实现逻辑关系的基本元件是逻辑门电路。这种电路的输入与输出之间存在某种特定的逻辑关系，满足一定条件时允许信号通过，否则就不通过，就像一扇门，简称为门电路或门。最基本的逻辑关系有与逻辑、或逻辑、非逻辑三种，能完成相应逻辑关系的门电路称为与门、或门和非门。以这三种基本逻辑关系为基础可以构成各种复杂关系的逻辑电路。

5.2.1　基本逻辑关系

基本的逻辑关系有与逻辑、或逻辑、非逻辑三种，简称与、或、非。

1. 与逻辑

所有条件均满足，结果才成立的逻辑关系称为与逻辑。

在图 5.2.1 所示的两个串联开关控制灯 F 的电路中，只有两个开关全闭合时灯 F 才能点亮，如果有一个开关断开，灯就处于熄灭状态。若用 A 和 B 分别代表两个开关，并假定闭合时为 1、断开时为 0，F 代表灯的状态，亮为 1、灭为 0，则这一逻辑关系可表示为表 5.2.1。

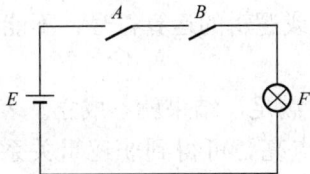

图 5.2.1　与逻辑关系电路

表 5.2.1　　　　　与逻辑关系真值表

A	B	F
0	0	0
0	1	0
1	0	0
1	1	1

将所有输入变量 A、B 的所有取值组合以及对应的输出 F 的取值逐行列出形成的表格，称为真值表，这是数字逻辑电路的一个重要表示方法。

从表 5.2.1 可以看出，与逻辑的运算规则是

$$0 \cdot 0 = 0$$
$$0 \cdot 1 = 0$$
$$1 \cdot 0 = 0$$
$$1 \cdot 1 = 1$$

与逻辑可以描述为："全 1 才 1、有 0 必 0"，与逻辑又称为逻辑乘。一般写作

$$F = A \cdot B \tag{5.2.1}$$

式（5.2.1）读作 F 等于 A 与 B 或 F 等于 AB，称为逻辑函数表达式。式中的"$\cdot$"为与逻辑的运算符号，不引起误解的情况下也可以省略。

2. 或逻辑

只要其中一个条件满足，结果就成立的逻辑关系称为或逻辑。

两个并联开关 A、B 控制灯 F 是否点亮的电路就是或逻辑关系，如图 5.2.2 所示。两个开关中只要有一个闭合，灯就会点亮，如果想要灯熄灭，则两个开关必须全部断开。当对 A、B、F 的设定同表 5.2.1 时，可以得到该电路的真值表如表 5.2.2 所示。

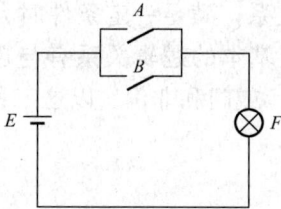

图 5.2.2   或逻辑关系电路

表 5.2.2   或逻辑关系真值表

A	B	F
0	0	0
0	1	1
1	0	1
1	1	1

或逻辑的运算规则是

$$0+0=0$$
$$0+1=1$$
$$1+0=1$$
$$1+1=1$$

或逻辑可描述为"有 1 必 1、全 0 才 0"，或逻辑又称为逻辑加，可以写作

$$F=A+B \tag{5.2.2}$$

该逻辑表达式读作 F 等于 A 或 B，式中的"＋"为或逻辑的运算符号，不能省略。

3. 非逻辑

如果结果总是与条件相反则称为非逻辑，即只要条件满足，结果就不成立。表示非逻辑关系的电路如图 5.2.3 所示，只有开关断开，灯 F 才会点亮，可得到非逻辑关系的真值表如表 5.2.3 所示。

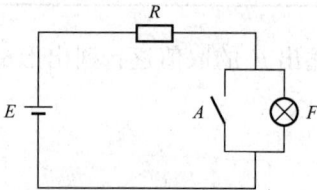

图 5.2.3   非逻辑关系电路

表 5.2.3   非逻辑关系真值表

A	F
0	1
1	0

非逻辑的运算规则是

$$\overline{0}=1$$
$$\overline{1}=0$$

由非逻辑的真值表知道，非逻辑可以描述为"有 0 出 1、有 1 出 0"。非逻辑函数的表达式写作

$$F=\overline{A} \tag{5.2.3}$$

式（5.2.3）读作 F 等于 A 的非或 A 的反，非逻辑又称为反逻辑或逻辑反。

在数字逻辑电路中，输入和输出信号是用高低电位来描述的，而电位的高低常用高电平或低电平这两个术语来表示。电平的高低是相对的，取决于电路元件和电压等级。

逻辑关系中条件和结果的取值均有 0 或 1 两种状态，也就是说不同的逻辑电平可分别用 0、1 来表示，这样就有两种逻辑体制：用 1 表示高电平、0 表示低电平的正逻辑和用 0 表示高电平、1 表示低电平的负逻辑。同一个电路，采用的逻辑体制不同，得到的结论也不同。

5.2.2 基本逻辑门电路

能实现与、或、非逻辑关系的电路分别称为与门、或门和非门。

1. 二极管与门

二极管与门电路如图 5.2.4（a）所示，假定二极管工作在理想状态，输入、输出信号的低电平为 0V，高电平为 3V，电源电压为 +5V，经分析可得到以下输入和输出的关系：

当 $U_A=0V$、$U_B=0V$ 时，二极管 VD1、VD2 均导通，$U_F=0V$；

当 $U_A=0V$、$U_B=3V$ 时，二极管 VD1 导通、VD2 截止，$U_F=0V$；

当 $U_A=3V$、$U_B=0V$ 时，二极管 VD2 导通、VD1 截止，$U_F=0V$；

当 $U_A=3V$、$U_B=3V$ 时，二极管 VD1、VD2 均导通，$U_F=3V$。

将以上 A、B 与 F 的电平关系按正逻辑写入表格，可以得到图 5.2.4（a）所示电路的真值表如表 5.2.4 所示。从真值表可以看出，输入信号 A、B 与输出信号 F 之间的逻辑关系为与关系，即 $F=AB$。与门电路的逻辑符号如图 5.2.4（b）所示，其中 A、B 代表与门的两个输入信号端，F 代表输出端，称为两输入的与门，与门也可以有多个输入端。

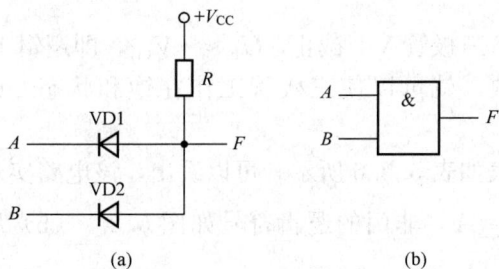

图 5.2.4 二极管与门
（a）二极管与门电路；（b）逻辑符号

表 5.2.4 二极管与门电路
正逻辑下的真值表

A	B	F
0	0	0
0	1	0
1	0	0
1	1	1

【例 5.2.1】 与门电路如图 5.2.4（b）所示，已知 A、B 输入信号波形如图 5.2.5 所示，试画出输出端 F 的波形。

解：数字逻辑电路的工作波形均为高、低电平，在正逻辑下高电平即为逻辑"1"，低电平为逻辑"0"，所以根据与逻辑的真值表可以得到对应于输入的与门电路的输出波形如图 5.2.5 所示。

因为图 5.2.5 所示的波形可以直观地反映数字逻辑电路输出与输入的逻辑关系，所以波形图是数字逻辑电路的又一种重要表示方法。

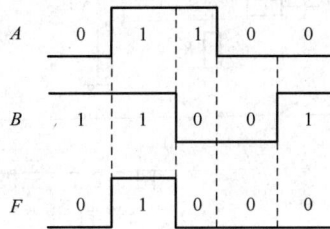

图 5.2.5 【例 5.2.1】的波形图

2. 二极管或门

二极管或门电路如图 5.2.6（a）所示。

图 5.2.6（a）的输入、输出电平和电源电压的假定与图 5.2.4（a）一致且二极管工作在理想状态。类似地，可以得到图 5.2.6（a）所示电路正逻辑下的真值表如表 5.2.5 所示。

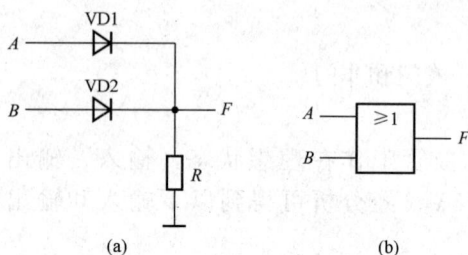

图 5.2.6　二极管或门

（a）二极管或门电路；（b）逻辑符号

表 5.2.5　　　　二极管或门电路
正逻辑下的真值表

A	B	F
0	0	0
0	1	1
1	0	1
1	1	1

由表 5.2.5 可以看出，该电路实现了或逻辑关系，其逻辑关系式为 $F=A+B$。二极管或门电路的逻辑符号如图 5.2.6（b）所示，A、B 代表或门的输入端，F 代表输出端，是两输入的或门，或门也可以有多个输入端。

3. 三极管非门

图 5.2.7（a）为三极管非门电路，非门电路只有一个输入 A，F 为它的输出。完成非逻辑的三极管电路与放大电路不同，三极管工作在开关状态（饱和或截止），而不是放大状态。

该电路的逻辑功能如下：

当输入 $U_A=0$V 时，三极管基极电位 $U_B<0$，三极管 VT 截止，$U_F≈+V_{CC}$，即逻辑 1；

当输入 $U_A=3$V 时，只要合理选择电路参数，就可以使三极管工作在饱和状态，则 $U_F=U_{CES}<0.3$V，为逻辑 0。

将以上输入、输出关系按正逻辑得出的真值表如表 5.2.6 所示，可以看出，该电路实现了非逻辑关系，即三极管非门的逻辑表达式为 $F=\overline{A}$，非门的逻辑符号如图 5.2.7（b）所示，非门只有一个输入端。

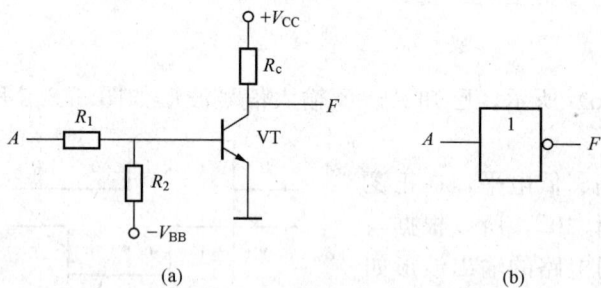

图 5.2.7　三极管非门

（a）三极管非门电路；（b）逻辑符号

表 5.2.6　三极管非门电路真值表

A	F
0	1
1	0

需要注意的是，以上逻辑电路如果采用负逻辑体制，即 0V 写成 1、3V 写成 0，则表 5.2.4 和表 5.2.5 分别由正逻辑的与门变成了负逻辑的或门，正逻辑的或门成了负逻辑的与门（非门不变）。所以，在分析、设计逻辑电路时，一定要注意其逻辑约定。本书中，如不特别指明，均采用正逻辑体制。

4. 复合门

将与、或、非三种基本逻辑电路进行适当的组合，就可以构成复合逻辑门，完成更丰富的逻辑运算。常用的组合逻辑门有与非门、或非门、与或非门和异或门、同或门等。各复合门的工作原理不再赘述，只列出它们的逻辑函数表达式、逻辑符号和真值表。

（1）与非门。将与门的输出连接到非门的输入就相当于构成了与非门，逻辑函数表达式为

$$F = \overline{AB} \tag{5.2.4}$$

二输入与非门的逻辑符号与真值表分别如图 5.2.8 和表 5.2.7 所示。

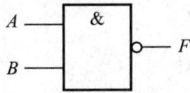

图 5.2.8　与非门逻辑符号

表 5.2.7　　　与非逻辑关系真值表

A	B	F
0	0	1
0	1	1
1	0	1
1	1	0

（2）或非门。把一个或门和一个非门组合在一起，就构成了或非门，逻辑函数表达式为

$$F = \overline{A + B} \tag{5.2.5}$$

二输入或非门的逻辑符号与真值表分别如图 5.2.9 和表 5.2.8 所示。

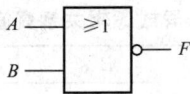

图 5.2.9　或非门逻辑符号

表 5.2.8　　　或非逻辑关系真值表

A	B	F
0	0	1
0	1	0
1	0	0
1	1	0

【例 5.2.2】　门电路组成的数字逻辑电路图如图 5.2.10（a）所示，试画出在已给 A、B、C 输入波形下的输出端 F 的波形。

解： 根据或门和与非门的逻辑功能可以得到电路输出端 F 的波形如图 5.2.10（b）所示。

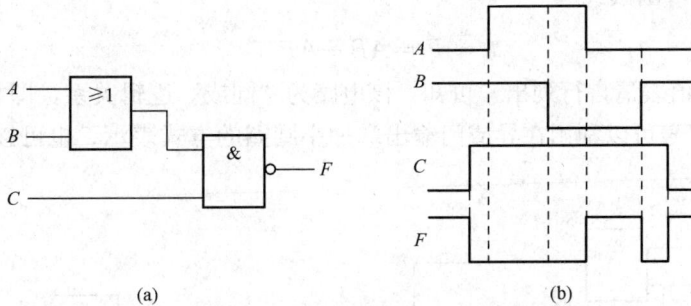

图 5.2.10　【例 5.2.2】的逻辑电路图与波形图
（a）逻辑电路图；（b）波形图

（3）与或非门。图 5.2.11（a）中的逻辑关系也是数字逻辑电路中常用的，因此，为方便起见，将其组合为如图 5.2.11（b）所示的逻辑符号，称为与或非门，其逻辑表达式为

$$F = \overline{AB + CD} \tag{5.2.6}$$

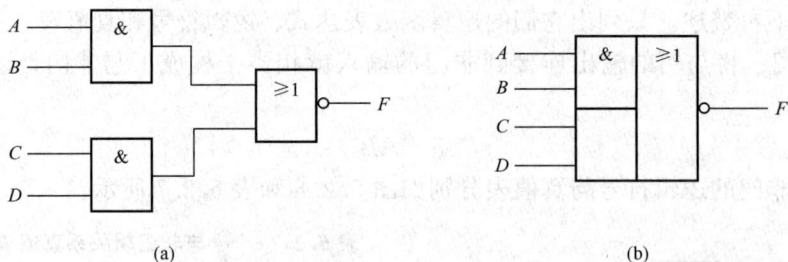

图 5.2.11　与或非门

（a）与或非逻辑关系；（b）与或非门逻辑符号

（4）异或门。异或的逻辑函数表达式为

$$F = \overline{A}B + A\overline{B} \tag{5.2.7}$$

式（5.2.7）可以简写做

$$F = \overline{A}B + A\overline{B} = A \oplus B \tag{5.2.8}$$

实现异或逻辑关系的异或门的逻辑符号和真值表分别如图 5.2.12 和表 5.2.9 所示。从异或逻辑关系的真值表可以看出，异或逻辑可以描述为"相异为 1、相同为 0"。

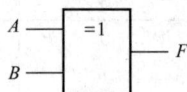

图 5.2.12　异或门逻辑符号

表 5.2.9　　　　　异或逻辑关系真值表

A	B	F
0	0	0
0	1	1
1	0	1
1	1	0

（5）同或门。与异或逻辑相反，"相同为 1、相异为 0"的逻辑关系称为同或，参见【例 5.2.3】。

【例 5.2.3】 分析图 5.2.13（a）所示电路的逻辑功能。

解： 由图写逻辑函数式为

$$F = AB + \overline{A}\overline{B}$$

由真值表（真值表请自行列出）可知，该电路为"同或"逻辑关系，即相同出 1，不同出 0。同或门的逻辑符号可以利用在异或门输出端加小圆圈的方式表示，也可以用图 5.2.13（b）所示的逻辑符号表示。

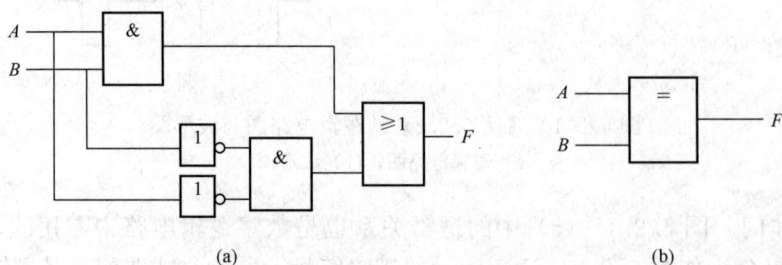

图 5.2.13　【例 5.2.3】的逻辑电路图

（a）逻辑电路图；（b）同或门的逻辑符号

5.2.3　集成门电路使用简介

随着电子技术的飞速发展，体积小、质量小、可靠性高、寿命长、功耗低、成本低和工作速度高的集成门电路已经逐渐取代分立件门电路。

集成门电路的种类繁多，按导电类型可分为双极型和单极型两大类。所谓双极型是指集成门电路采用双极型三极管 BJT 制造，其中应用较广泛的是 TTL 逻辑门电路（Transistor-Transistor Logic，晶体管-晶体管逻辑门电路）。单极型集成电路是采用 MOS 管构成的，最常用的是 CMOS 逻辑门电路（Complementary Metal－Oxide－Semiconductor，互补金属-氧化物-半导体逻辑门电路）。

1. TTL 集成门电路

下面以集成 TTL 与非门为例，说明集成逻辑门电路的工作原理及主要特性参数和使用常识。

（1）标准 TTL 与非门。图 5.2.14 为某 TTL 集成与非门的内部电路原理图。该电路由输入级、中间级和输出级三部分组成。R_1、VT1、VD1 和 VD2 构成输入级，VT1 称为多发射极三极管，其两个发射结相当于分立元件与门电路的两个输入二极管，完成与逻辑的输入功能。VD1、VD2 是保护二极管。由 R_2、VT2、R_3 组成反相放大中间级。VT3、VT4、VD3 和 R_4 组成输出级，由于 VT3 和 VT4 被分别来自 VT2 的集电极和发射极的两个相位相反的信号控制，所以两个管子轮流导通截止，构成所谓的推拉式或图腾柱式输出电路，可降低输出功耗，提高带负载能力和抗干扰能力。

假定图 5.2.14 中的电源电压为+5V，输入高电平为+5V，输入低电平为 0V。

当输入 A、B 全为高电平时，由于多发射极三极管 VT1 发射结反偏、集电结正偏，处于倒置放大状态，驱动 VT2 和 VT4 导通。由于导通后的 VT2 集电极电压很小，使 VT3 截止。所以电路的输出管 VT3 截止、VT4 导通，F 输出低电平。

当输入端只要有一个低电平，VT1 管就饱和导通，饱和后的 VT1 集电极电压很小，使 VT2 和 VT4 截止，但 VT3 随之导通，F 输出高电平。

由以上分析可知，可列出按正逻辑的电路的真值如表 5.2.10 所示。

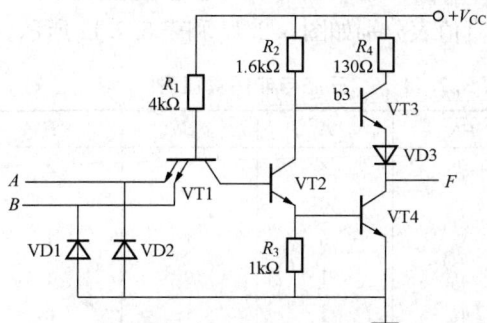

图 5.2.14　TTL 集成与非门的内部电路原理图

表 5.2.10　　　　　TTL 集成与非门真值表

A	B	F
0	0	1
0	1	1
1	0	1
1	1	0

由真值表可以看出，$F=\overline{AB}$，该电路实现了与非门的功能。

TTL 与门、或门、异或门、与或非门等逻辑门电路的原理与 TTL 与非门类似，工作原理不再赘述。集成门电路的逻辑符号与分立元件门电路完全相同。

（2）集电极开路门（OC门）。普通 TTL 门电路不允许同时将几个与非门的输出连接在一起工作，否则将导致逻辑功能混乱，甚至损坏器件。但如果将具有推拉式输出的 TTL 与非门电路中的 VT3、VD3 去掉，使输出管 VT4 的集电极开路，就构成了集电极开路门，简称 OC 门（OC，Open Collector Gate），如图 5.2.15（a）所示。集电极开路与非门的逻辑符号如图 5.2.15（b）所示。

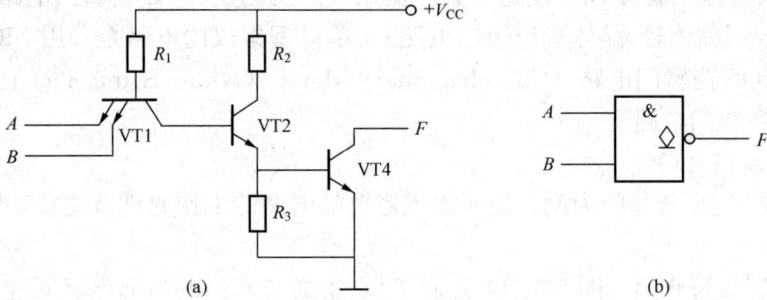

图 5.2.15　TTL 集电极开路与非门

(a) 电路图；(b) 逻辑符号

OC 门在使用时需在输出端与电源端外接一个集电极负载电阻 R_c，称为上拉电阻。将多个 OC 门的输出端连接在一起不仅不会损坏门电路，还可以实现"线与"功能。一个实现"线与"的例子如图 5.2.16 所示，电路的逻辑功能为 $F = \overline{AB} \cdot \overline{CD}$。

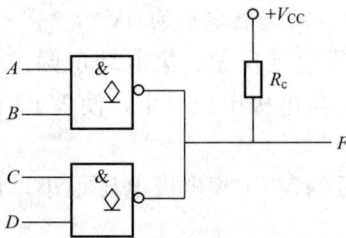

图 5.2.16　用 OC 门实现线与逻辑功能

使用 OC 门时，必须注意选择适当的上拉电阻。除了与非门有 OC 门结构外，其他 TTL 逻辑门、集成单元电路芯片等均有 OC 门输出结构，这样会使使用更加灵活方便，实际应用中要注意加以识别。

（3）TTL 三态门（TSL）。三态门（TSL，Tristate Logic）除了有逻辑 0 和逻辑 1 两种输出状态外，还有一个受使能端信号控制的高阻态，一般记为 Z。高阻态时，输出端就像一根悬空的导线，相当于它和系统中其他电路完全脱开，三态门的逻辑符号与真值表分别如图 5.2.17 和表 5.2.11 所示。

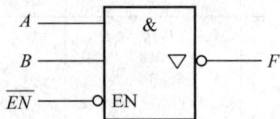

图 5.2.17　三态与非门逻辑符号

表 5.2.11　　三态与非门真值表

$\overline{EN}$	A	B	F
1	×	×	Z
0	0	0	1
0	0	1	1
0	1	0	1
0	1	1	0

表 5.2.11 说明，当 $\overline{EN}$ 为高电平时，无论 A、B 是什么输入（表中用"×"表示），输出均为高阻态；当 $\overline{EN}$ 为低电平时，电路的输出和输入之间相当于普通与非门的逻辑关系。因此将 $\overline{EN}$ 称为使能端且为低电平有效。"$\overline{EN}$"的非号和图 5.2.17 中 $\overline{EN}$ 端的小圈都是表示该三态门的使能端是低电平有效，并不代表非的含义。

三态门的输出结构多用于数据选择器、存储器等集成器件，在总线系统、外围接口、仪器仪表的控制电路中也广泛应用。

（4）TTL 集成电路使用常识。TTL 电路由于其高速、带载能力强等优良性能，在目前的中小规模数字集成电路中广泛应用。

1）TTL 集成电路的分类。为满足工作速度及功耗等需要，TTL 电路有多种标准化产品，尤其以 54/74 系列应用最为广泛。其中，54 系列为军品，工作温度为 $-55 \sim +125℃$，工作电压为 5（±10%）V。74 系列为民品，工作温度为 $0 \sim 70℃$，工作电压为 5（±5%）V。54 和 74 系列同一型号的逻辑功能、外引线排列均相同，本书主要讨论 74 系列。

74 系列又分为 74 标准系列、74L、74H、74LS、74AS 和 74ALS 系列等。

74 标准系列是 74 系列的早期产品，电路简单，每门功耗约 10mW，平均传输延迟时间（描述工作速度的参数）约 9ns，属中速器件。其他系列的 TTL 门均是在原标准型基础上进行改进而获得，它们除个别参数不同外，其使用方法、逻辑功能、逻辑符号及外引线排列均相同。其中，"L"代表低功耗，"H"代表高速。"S"为采用肖特基晶体管的 TTL 系列，工作速度较高，功耗也较低。"ALS"是先进的低功耗肖特基系列，在工作速度和功耗上都进一步得到改善，但其品种少，价格高，因而限制了它的使用。其中，74LS 系列型号齐全、价格便宜，是目前应用最广泛的 TTL 系列。

不同的使用场合，对集成电路的工作速度和功耗等性能有不同的要求，可选用不同系列的产品，表 5.2.12 列出了几种主要 TTL 系列产品的重要参数。

表 5.2.12　　　　　　　　　　　　几种主要 TTL 系列参数对比表

系列名称 参数	标准 TTL 74	LSTTL 74LS	ASTTL 74AS	ALSTTL 74ALS
平均功耗（mW/门）	10	2	8	1.2
平均传输延迟时间（工作速度，ns/门）	9	9.5	3	3.5

另外需要注意的是，若产品型号后几个参数相同时，表明它的逻辑功能、外形尺寸、外引线排列都相同。同种产品互相替换时，只能用高速产品来替换低速的。

比如四二输入与非门 74LS00 的外形图与外引线图分别如图 5.2.18（a）、（b）所示。该

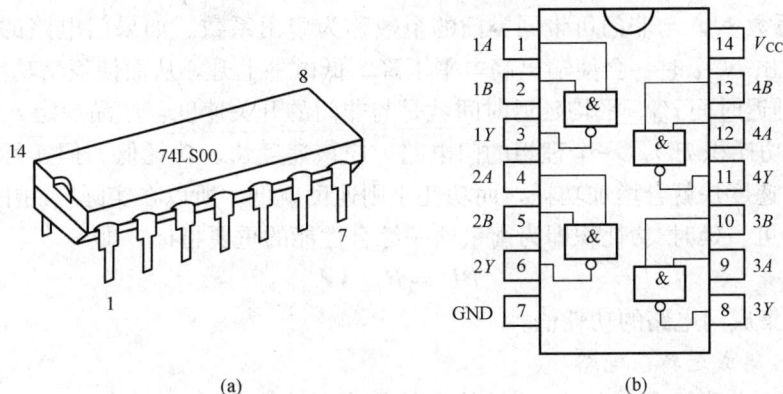

图 5.2.18　四二输入与非门 74LS00
(a) 外形图；(b) 外引线图

芯片中包含四个二输入的与非门，它们共用一个电源和地。集成芯片的管脚从缺口方向的左下角"1"脚开始，其他依序按逆时针方向排列，这与模拟集成电路是一样的。

2) TTL 门电路无用输入端的处理。对于门电路的实际使用来说，有时会遇到只用多个输入端中的几个的情况，其余不用的称为多余输入端。

例如，对于图 5.2.19 所示的与非门来说，如果要实现 $F=\overline{AB}$，那么就会出现一个多余输入端。一般，该多余输入端可以选择接高电平（如果接正电源应该通过适当阻值电阻）、与其他输入端并联或悬空几种处理方式。

由于悬空的输入端易受干扰，导致工作不可靠，所以不推荐这种处理方法。

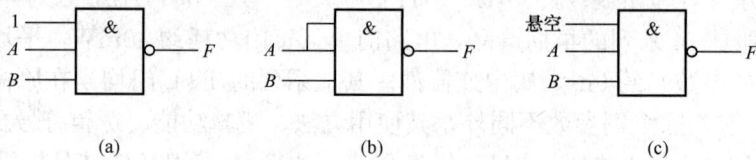

图 5.2.19 与非门无用端的处理
(a) 接高电平；(b) 与其他输入端并联；(c) 悬空

请读者思考，对于或门或者或非门的多余输入端应如何处理呢？与或非门呢？

3) TTL 电路输入端与输出端的使用注意事项。TTL 输入端外接电阻要谨慎，对阻值有特别要求，否则会影响电路的正常工作。TTL 电路（OC 门和三态门除外）的输出端不允许并联使用，也不允许直接与+5V 电源或与地线相连，否则会使电路逻辑混乱并损坏器件。

(5) TTL 电路的主要参数。TTL 电路类型较多，各参数值也不尽相同，如需确切参数，可通过查手册或直接测试得到。本书仅以常用的 74LS 系列为例对有关参数作介绍。

1) 电源电压 V_{CC}。保证电路正常工作时的电源电压。额定值为 5V，允许波动±5%。工作时的电源电压不能接反，使用时一定要注意。

2) 输出高电平 U_{OH} 和输出低电平 U_{OL}。当与非门的输入至少有一个为低电平时与非门的输出电压值为输出高电平 U_{OH}，典型值是 3.6V，产品规定输出高电平的最小值为 2.7V。

当与非门的输入端均为高电平时与非门的输出电压值为输出低电平 U_{OL}，U_{OL} 的典型值是 0.3V，产品规定输出低电平的最大值为 0.5V。

3) 扇出系数 N。与非门可带同类门的个数称为扇出系数。如果门电路的输出端所带的同类门个数超出 N 个时，会使输出高电平下降、低电平上升，从而使逻辑功能混乱。

4) 平均延迟时间 t_{pd}。平均延迟时间就是与非门的开关速度，产品规定 t_{pdmax} 为 15ns。

5) 延时-功耗积 PD。一个理想的门电路，应该速度快、功耗低。但实际上这是个矛盾的问题，往往速度快就会增加功耗，而功耗小则速度就低。所以在实际应用中，力求它们的综合性能高即可。延时-功耗积即为衡量这一综合性能的重要指标，即

$$PD = P_{CC} \cdot t_{pd} \tag{5.2.9}$$

式中：P_{CC} 为集成门电路的功耗值。

2. COMS 集成逻辑门电路

(1) CMOS 电路简介。由 MOS 管构成的集成电路称为 MOS 集成电路，其中由 PMOS 管构成的称为 PMOS 电路，由 NMOS 管构成的称为 NMOS 电路，而两者结合构成的称为 CMOS 电路。CMOS 电路的工作速度比 TTL 电路稍低，但其在带负载能力、电源电压允许

范围、抗干扰能力、功耗、集成度等方面的优点，使 CMOS 电路的发展十分迅速，产品已赶超 TTL。

与 TTL 门电路中 OC 门相对应，CMOS 门电路中也有漏极开路门（OD 门）和三态门（TSL 门），它们的逻辑符号与 TTL 门电路中的相应符号相同。

（2）CMOS 电路的分类。CMOS 电路产生半个世纪以来，由于制造工艺的不断完善，其总体技术参数已接近、某些参数已超过 TTL 电路。CMOS4000 系列和 74HC 高速系列是 CMOS 数字集成电路目前的主要产品。CMOS4000 系列的工作电压为 3～18V，具有功耗低、噪声容限大、驱动能力强等优点，使用相当普遍。而高速 CMOS 电路则集中了 CMOS 和 TTL 电路的优点，具有更快的速度、更高的工作频率、更强的负载能力。高速 CMOS 电路主要有 74HC 和 74HCT 等系列，这两个系列的逻辑功能、外引线排列与同型号的 TTL 电路 74 系列相同。74HC 系列的工作电压为 2～6V，若电源电压取 5V 时，输出高低电平与 TTL 电路兼容；74HCT 系列的电源电压为 4.5～5.5V，其中的 T 表示其电平特性与 TTL 电路完全兼容，可以直接代换。需要注意的是，由于电平参数等问题，除非是兼容的 CMOS 系列，不能直接用 TTL 电路驱动 CMOS 电路，需对其接口进行处理，否则会造成逻辑错误。

（3）CMOS 电路使用注意事项。CMOS 电路在使用中要注意静电防护，预防栅极击穿损坏。COMS 电路是电压控制器件，其输入阻抗很大，对干扰信号的捕捉能力很强，所以，不用的管脚不要悬空，要通过上拉电阻或下拉电阻按要求接 V_{DD} 或 V_{SS}，否则会造成芯片的损坏。CMOS 芯片的电源正极用 V_{DD} 表示、电源负极用 V_{SS} 表示，通常接地，电源不允许接反，输出端也不能和 V_{DD} 或 V_{SS} 短接，否则也会使芯片损坏。另外，在安装电路、改变电路连接、插拔 CMOS 器件时，必须切断电源，否则 CMOS 器件很容易受到极大的感应或电冲击而损坏。

5.3　逻　辑　函　数

5.3.1　逻辑函数概述

19 世纪英国数学家乔治·布尔首先提出了用代数的方法来研究、证明、推理逻辑问题，自此产生了逻辑代数。任何事物的因果关系均可用逻辑代数中的逻辑关系表示，这些逻辑关系也称为逻辑运算。

1. 逻辑变量与逻辑函数

和普通代数一样，逻辑代数也用 A、B 等字母表示变量及函数。不同的是，在普通代数中，变量的取值可以是任意实数；而在逻辑代数中，每一个变量只有 0 和 1 两种取值，因而作为逻辑变量的运算结果——逻辑函数来说，也只能有 0 和 1 两种取值。在逻辑代数中，0 和 1 仅代表两种对立逻辑状态，不具有数的概念。

逻辑函数表达式、真值表等都是表示逻辑变量与逻辑函数间逻辑关系的重要方法。

2. 逻辑代数的基本定律和规则

根据基本逻辑关系的定义，可以得出以下逻辑代数基本定律：

（1）0-1 律

$$0 + A = A \tag{5.3.1}$$

$$0 \cdot A = 0 \tag{5.3.2}$$

$$1 + A = 1 \tag{5.3.3}$$

$$1 \cdot A = A \tag{5.3.4}$$

（2）重叠律

$$A + A = A \tag{5.3.5}$$

$$A \cdot A = A \tag{5.3.6}$$

（3）互补律

$$A + \overline{A} = 1 \tag{5.3.7}$$

$$A \cdot \overline{A} = 0 \tag{5.3.8}$$

（4）交换律

$$A + B = B + A \tag{5.3.9}$$

$$A \cdot B = B \cdot A \tag{5.3.10}$$

（5）结合律

$$A + (B + C) = (A + B) + C \tag{5.3.11}$$

$$A \cdot (B \cdot C) = (A \cdot B) \cdot C \tag{5.3.12}$$

（6）分配律

$$A \cdot (B + C) = A \cdot B + A \cdot C \tag{5.3.13}$$

$$A + B \cdot C = (A + B) \cdot (A + C) \tag{5.3.14}$$

（7）否定律

$$\overline{\overline{A}} = A \tag{5.3.15}$$

（8）反演律（摩根定律）

$$\overline{A + B} = \overline{A} \cdot \overline{B} \tag{5.3.16}$$

$$\overline{A \cdot B} = \overline{A} + \overline{B} \tag{5.3.17}$$

（9）吸收律

$$A + AB = A \tag{5.3.18}$$

$$A \cdot (A + B) = A \tag{5.3.19}$$

（10）其他常用公式

$$A + \overline{A}B = A + B \tag{5.3.20}$$

$$AB + \overline{A}C + BC = AB + \overline{A}C（冗余定理） \tag{5.3.21}$$

以上定律的证明均可以采用真值表法。因为真值表是将逻辑函数的所有输入和输出关系全部列出的表格，所以，如果两个函数的真值表相同，则这两个函数必然相等；反之，若两个函数相等，它们的真值表也一定相同。当然，对于较复杂的逻辑函数，可以直接利用基本关系式进行逻辑代数的推导来证明。

【**例 5.3.1**】　证明基本公式 $A+\overline{A}B=A+B$。

证明：将等式两端分别列出真值表如表 5.3.1 所示，由表可知，在逻辑变量 A、B 的所有取值中，$A+\overline{A}B$ 和 $A+B$ 的函数值均相等，所以等式成立。

表 5.3.1　　【例 5.3.1】的真值表

A　B	$A+\overline{A}B$	$A+B$
0　0	0	0
0　1	1	1
1　0	1	1
1　1	1	1

【**例 5.3.2**】　证明 $AB+\overline{A}C+BC=AB+\overline{A}C$。

证明：左 $=AB+\overline{A}C+BC=AB+\overline{A}C+BC(A+\overline{A})$

$\qquad =AB+\overline{A}C+ABC+\overline{A}BC$

$\qquad =AB(1+C)+\overline{A}C(1+B)$

$\qquad =AB+\overline{A}C$

$\qquad =右$

所以，等式成立。

另外，在逻辑函数表达式中，将凡是出现某变量的地方都用同一个逻辑函数代替，则等式仍然成立，这个规则称为代入规则。利用代入规则，可以更方便地对逻辑函数关系进行处理和变换。

5.3.2　逻辑函数的代数法化简

1. 逻辑函数表达式的变换与最简与或式

由逻辑函数的基本定律知道，同一个逻辑函数可以有多种不同形式的逻辑函数式，当然，它们的真值表是唯一的。为便于规范，规定了逻辑函数的五种标准形式，分别为与或式、或与式、与非-与非式、或非-或非式和与或非式。例如

$$F=A\overline{B}+BC,\quad 与或式$$

$$=(A+B)(\overline{B}+C),\quad 或与式$$

$$=\overline{\overline{A\overline{B}}\cdot\overline{BC}},\quad 与非-与非式$$

$$=\overline{\overline{A+B}+\overline{\overline{B}+C}},\quad 或非-或非式$$

$$=\overline{\overline{A}B+B\overline{C}},\quad 与或非式$$

以与或式为例，与或式是最常用的逻辑函数标准形式之一，其特点是先与后或。也就是所有的逻辑变量（包括 $\overline{A}$ 这样的反变量，但不包括 $\overline{AB}$ 这样的逻辑函数）首先进行相互的与运算形成与项，比如 $A\overline{B}$ 和 BC，也称为乘积项，然后再将所有并列的与项相或。满足这样特点的逻辑函数式称为与或式。

既然逻辑函数的形式可以变换，那么除了可以根据需要变换成所需的形式以外，还经常需要将逻辑函数变成最简表达式，这样可以使根据最简式形成的逻辑电路更简单、更经济。所以，逻辑函数式的化简具有十分重要的意义。

仍然以与或式为例，根据与或式的特点可知，满足与项个数最少、每个与项中变量数最少这两个条件的与或式就是最简与或式。

2. 逻辑函数的代数法化简

代数法化简也称为公式法化简，就是利用已有的基本定律和常用公式消除与或式中的多余项和多余因子，得到函数的最简表达式。

比如，可以用以下方式得到逻辑函数的最简与或式：

(1) 提取公因式法。与项之间有相同因式再进行或运算的，可以先提取出相同因式再进行或运算。如

$$AB + ABC = AB(1 + C)$$

(2) 并项法。将两个乘积项合并为一项，并利用公式 $A + \bar{A} = 1$ 消去一个互补（相反）的变量。如

$$F = \bar{A}BC + \bar{A}B\bar{C} = \bar{A}B(C + \bar{C}) = \bar{A}B$$

(3) 消去法。利用公式 $A + \bar{A}B = A + B$ 和 $AB + \bar{A}C + BC = AB + \bar{A}C$ 消去多余因子或多余项。如

$$F = A + \bar{A}C + BCD = A + C + BCD = A + C$$

(4) 配项法。利用公式 $A + \bar{A} = 1$ 及 $A \cdot \bar{A} = 0$ 等，在不改变原函数的情况下给某函数增加适当的与项或或项，进而消去原函数式中的某些项。

【**例 5.3.3**】 化简函数 $F = A\bar{B} + BD + \bar{A}D$。

解：利用 $A\bar{B} + BD = A\bar{B} + BD + AD$，给原式配上前两项的冗余项 AD，并不改变原函数的本质，所以有

$$F = A\bar{B} + BD + AD + \bar{A}D$$
$$= A\bar{B} + BD + D$$
$$= A\bar{B} + D$$

【**例 5.3.4**】 化简函数 $F = A\bar{B} + \bar{A}B + B\bar{C} + \bar{B}C$。

解：给函数 F 的第 1 项和第 3 项配项可得

$$F = A\bar{B} + \bar{A}B + B\bar{C} + \bar{B}C$$
$$= A\bar{B}(C + \bar{C}) + \bar{A}B + B\bar{C}(A + \bar{A}) + \bar{B}C$$
$$= A\bar{B}C + A\bar{B}\bar{C} + \bar{A}B + AB\bar{C} + \bar{A}B\bar{C} + \bar{B}C$$
$$= \bar{B}C(A + 1) + A\bar{C}(\bar{B} + B) + \bar{A}B(1 + \bar{C})$$
$$= \bar{B}C + A\bar{C} + \bar{A}B$$

如果配项选择第 2 项和第 4 项，则可以得到 $F = A\bar{B} + \bar{A}C + B\bar{C}$ 的结果，请读者自行分析。本例说明逻辑函数的最简式不一定唯一。但可以验证，两者的真值表一定相同。

公式法化简原理简单，无论几变量函数均可方便地进行。但化简结果是否最简，往往难

以判断，而且有时难以决定化简的第一步应该从何处入手。对于四变量及以下的函数化简，采用卡诺图法可以很好地解决这个问题。

5.4 逻辑函数的卡诺图

5.4.1 卡诺图的简介

最小项是卡诺图的基本组成结构。

1. 最小项

（1）最小项的定义。最小项是一种特殊的乘积项。

以三变量的逻辑函数 $F（A，B，C）$ 为例，自变量 A、B、C 可以组成很多不同的乘积项，比如 A、BC、$B\overline{C}$、$\overline{AB}\,\overline{C}$ 等，但符合最小项定义的只有 $\overline{A}\,\overline{B}\,\overline{C}$、$\overline{A}\,\overline{B}C$、$\overline{A}B\overline{C}$、$\overline{A}BC$、$A\overline{B}\,\overline{C}$、$A\overline{B}C$、$AB\overline{C}$ 和 ABC 八项，这八个乘积项就是三变量函数的全部最小项。

所以，最小项定义为：对于 n 变量逻辑函数，若一个乘积项包含了 n 个因子，且 n 个因子均以原变量或反变量的形式在乘积项中出现一次，则这样的乘积项称为 n 变量函数的最小项。

为方便起见，常用 m_i 表示某个最小项，i 为最小项的编号。比如 $\overline{A}B\overline{C}$，若将原变量视为 1、反变量视为 0，则 $\overline{A}B\overline{C}$ 的编号为 010，也就是将 $\overline{A}B\overline{C}$ 简记为 m_2。所以，三变量函数的全部最小项按顺序可以记为 m_0、m_1、m_2、m_3、m_4、m_5、m_6 和 m_7。可以证明，n 变量函数的全部最小项共有 2^n 个。

（2）最小项的性质。

1）对于任意一个最小项，只有一组输入变量的取值使它为 1，对于其他组取值，这个最小项均为 0；

2）不同的最小项，使它为 1 的那一组变量均不同；

3）全体最小项之和为 1；

4）任意两最小项之积为 0。

（3）逻辑函数的最小项表达式。

最小项表达式是一种特殊的与或式——与项均为最小项的与或式。任何逻辑函数都可以通过逻辑函数的变换和配项，变换成最小项表达式。

【例 5.4.1】 $F_1=AB+\overline{A}C$，$F_2=AB+\overline{A}C+BC$，由冗余定理可知 $F_1=F_2$，试将 F_1 和 F_2 分别化为最小项表达式。

解：
$$
\begin{aligned}
F_1 &= AB+\overline{A}C \\
&= AB(C+\overline{C})+\overline{A}C(B+\overline{B}) \\
&= \overline{A}\,\overline{B}C+\overline{A}BC+AB\overline{C}+ABC \\
&= m_1+m_3+m_6+m_7 \\
&= \sum m(1,3,6,7)
\end{aligned}
\qquad
\begin{aligned}
F_2 &= AB+\overline{A}C+BC \\
&= AB(C+\overline{C})+\overline{A}C(B+\overline{B})+BC(A+\overline{A}) \\
&= \overline{A}\,\overline{B}C+\overline{A}BC+AB\overline{C}+ABC \\
&= m_1+m_3+m_6+m_7 \\
&= \sum m(1,3,6,7)
\end{aligned}
$$

可见，如果两个逻辑函数相等，则其最小项表达式也相同。

【例 5.4.2】 列出【例 5.4.1】中的逻辑函数 $F_1 = AB + \overline{A}C$ 的真值表，并比较其真值表与该函数最小项表达式间的关系。

解： 函数 F_1 的真值表如表 5.4.1 所示。

表 5.4.1 　　　　　　　　　　　　　　**【例 5.4.2】的真值表**

A	B	C	F_1	A	B	C	F_1
0	0	0	0	1	0	0	0
0	0	1	1	1	0	1	0
0	1	0	0	1	1	0	1
0	1	1	1	1	1	1	1

从真值表看出，函数 $F_1 = \sum m(1, 3, 6, 7)$ 含有的四个最小项恰好与该函数真值表中相应的四项一一对应，这个结论可以作为定理来使用，可以很方便地从函数的真值表得到其最小项表达式，反之也一样。

2. 卡诺图

将 n 变量函数的全部 2^n 个最小项按一定的规律排列成的方格图称为 n 变量函数的卡诺图。卡诺图的排列规律是几何位置上相邻的最小项必须在逻辑上也相邻。

所谓逻辑相邻是指若两个最小项间只有一个因子不同，则称它们为逻辑相邻，比如 $\overline{A}B\overline{C}$ 和 $\overline{A}BC$，$AB\overline{C}$ 和 ABC 等。不难看出，相邻的两个最小项相加可以消去互反的变量。比如 $\overline{A}B\overline{C} + \overline{A}BC = \overline{A}B(\overline{C}+C) = \overline{A}B$ 和 $AB\overline{C} + ABC = AB(\overline{C}+C) = AB$。

图 5.4.1 所示为二、三、四变量的卡诺图。以图 5.4.1（c）为例，不仅 m_1 和 m_3 相邻、m_8 和 m_{12} 相邻，m_0 和 m_8、m_8 与 m_{10} 也是相邻的，即卡诺图可以看成是一个上下、左右闭合的图形。图中每个方格左侧和上面对应的数字连起来就是该最小项的编号，比如图 5.4.1（c）中的 m_7 左侧和上面的数字连起来就是 0111，表示 $\overline{A}BCD$，即 m_7。

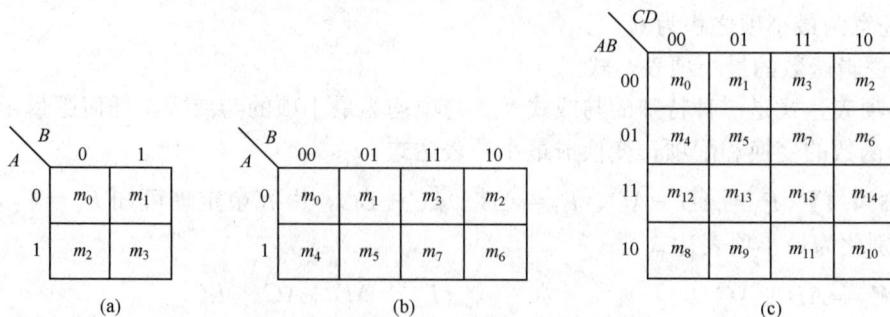

图 5.4.1　二、三、四变量的卡诺图
（a）二变量的卡诺图；（b）三变量的卡诺图；（c）四变量的卡诺图

五变量及以上的卡诺图由于过于复杂，一般不用。

5.4.2　用卡诺图表示逻辑函数

任何逻辑函数均可写成由若干个最小项组成的最小项表达式，也就是说一个 n 变量函数的全部 2^n 个最小项，有的属于该函数的组成部分，而有的不是。比如函数 $F=AB+\overline{A}C=\sum m(1,3,6,7)$，说明该函数包含 m_1、m_3、m_6 和 m_7，但不包含 m_0、m_2、m_4 和 m_5。所以，将卡诺图中被含有的最小项方格标为 1，不含有的最小项标为 0（或空置也可），就可以用卡诺图表示该逻辑函数。

所以，先将逻辑函数化为最小项表达式，然后再填入卡诺图，即可实现用卡诺图表示逻辑函数。

【例 5.4.3】　用卡诺图表示逻辑函数 $F=AB+\overline{A}C+BC$。

解： 将函数 F 化为最小项表达式

$$F=AB+\overline{A}C+BC=\sum m(1,3,6,7)$$

因为 F 为三变量函数，所以画出三变量函数的卡诺图并在相应的 1、3、6、7 号方格中填 1，其余小方格空置，如图 5.4.2 所示。

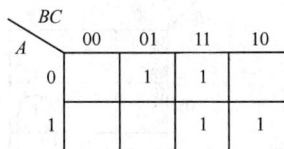

图 5.4.2　【例 5.4.3】的卡诺图

【例 5.4.4】　画出逻辑函数 $F=\overline{AB}+AB+B\overline{C}D$ 的卡诺图。

解： 首先，这是个四变量逻辑函数。可以先将逻辑函数化为最小项表达式，然后再填写卡诺图。但有时最小项表达式的转换比较烦琐，还容易出错。所以也可以采用直接填图的方法。

例如，对于与项 $\overline{AB}$，不管其配项过程，其结果一定为 $\overline{AB}\times\times$ 的形式，代表 4 个最小项 $\overline{ABCD}$、$\overline{ABC}D$、$\overline{AB}CD$ 和 $\overline{AB}C\overline{D}$，即 m_0、m_1、m_2 和 m_3，因此只要在卡诺图中找到与 $\overline{AB}$ 对应的方格并在其中填 1，即可得到与与项 $\overline{AB}$ 对应的方格，如图 5.4.3 所示。同样的，与项 AB 对应的最小项为图 5.4.3 中的整个第 3 行，与项 $B\overline{C}D$ 对应的最小项为第 2 列与第 2、3 行的交集，即 m_5 和 m_{13}。由于这几个与项之间为或关系，所以将所有标记的最小项全部保留就是该函数的卡诺图。读者可以思考，函数 $F=\overline{\overline{AB}+AB+B\overline{C}D}$ 的卡诺图是什么样子的呢？

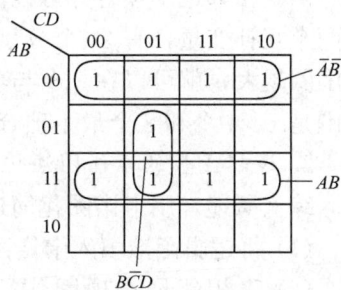

图 5.4.3　【例 5.4.4】的卡诺图

因为逻辑函数的最小项表达式与函数的真值表是一一对应的，所以，如果知道逻辑函数的真值表，也可以方便地填出函数的卡诺图。

5.4.3　逻辑函数的卡诺图法化简

1. 化简依据

由于卡诺图中几何相邻的最小项在逻辑上也有相邻性，而两个相邻最小项相加可以消去一个互补变量，这就是卡诺图化简的依据。一般，将相邻的两个最小项用闭合的包围圈圈住，以表示它们的相邻性，如图 5.4.4 所示。比如图 5.4.4（b）中的包围圈左侧的"0"表示两个最小项共同的变量 $\bar{A}$，包围圈的上端 B 的位置是互补的因此消掉，只保留变量 C，这意味着这个包围圈代表的与项为 $\bar{A}C$。掌握了规律后，可以不经过烦琐的分析，直接由包围圈得到 $\bar{A}C$ 的结果。

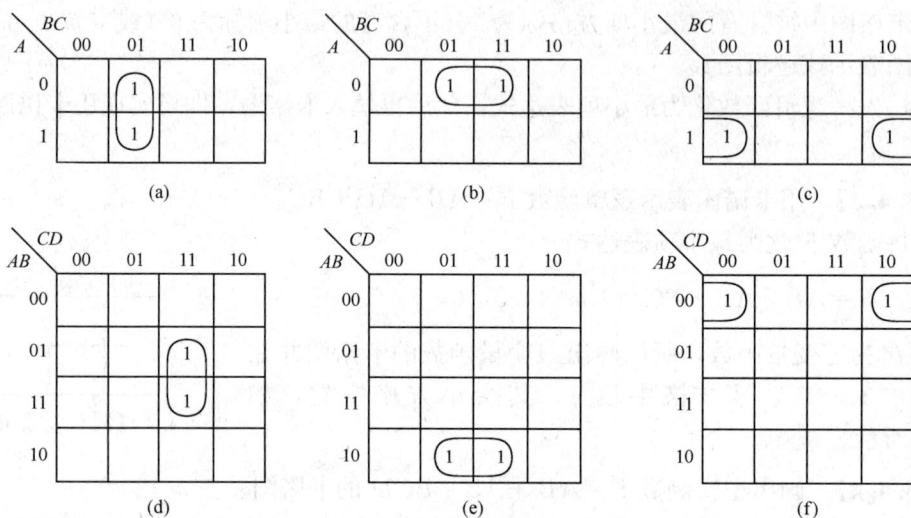

图 5.4.4　两个最小项相邻合并的情况

(a)$\overline{BC}$；(b)$\bar{A}C$；(c) $A\bar{C}$；(d) BCD；(e) $A\bar{B}D$；(f)$\bar{A}\ \bar{B}\ \bar{D}$

图 5.4.4（c）、（f）由于两个相邻最小项位置的缘故，特意用半开的圈来表示其相邻。

两个相邻最小项合并可以消去一个互补变量，4 个分别两两相邻的最小项合并，则可消去两个互补变量，有 2^n 个分别两两相邻的最小项合并，就可以消去 n 个互补变量，所以，包围圈越大，就可以在一个与项中消去更多的变量，或者说得到更简的与项，全部卡诺图的包围是 1。4 个和 8 个最小项合并的例子如图 5.4.5 和图 5.4.6 所示。

2. 逻辑函数的卡诺图法化简

综上所述，用卡诺图化简逻辑函数的步骤如下：

（1）将逻辑函数填入卡诺图中，得到逻辑函数卡诺图；

（2）将相邻最小项圈住，并按保留相同、消去互补的原则将每个包围圈写成一个与项；

（3）将各与项相或，即可得到最简与或式。

因为满足与项个数最少、每个与项中变量数最少这两个条件的与或式才是最简与或式，所以对于卡诺图法化简来说，要想得到最少个数的与项则包围圈的个数应尽量少，要想与项中变量数最少就要尽可能多的消去变量，即包围圈应尽量大。

需要注意的是，每个包围圈所圈住的相邻最小项个数只能为 2^i 个（1、2、4、8、16 等），每个最小项可以被重复圈，但每个圈中至少有一个最小项是不被其他圈所圈过的，也不能漏圈任何一个最小项。

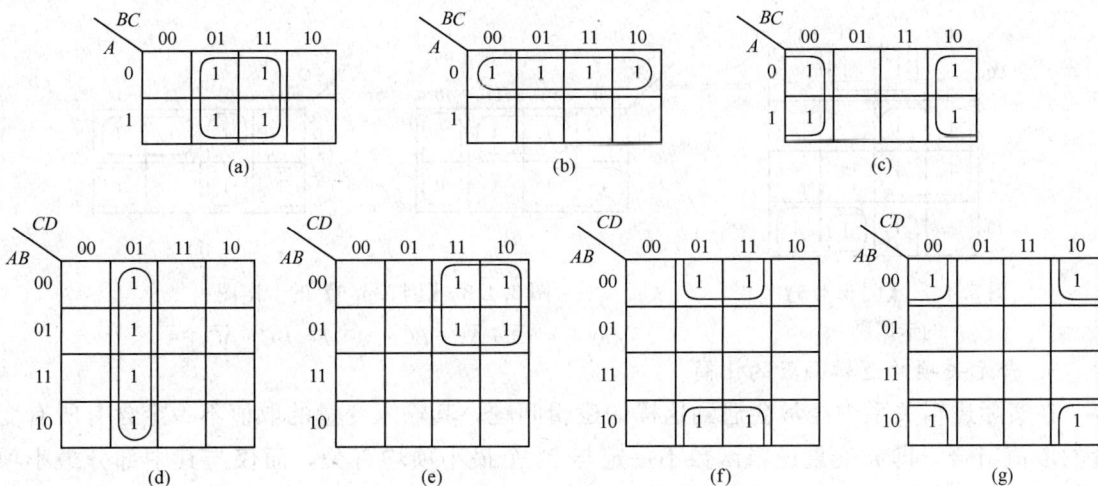

图 5.4.5　4 个最小项相邻合并的情况

(a) C；(b)$\overline{A}$；(c)$\overline{C}$；(d)$\overline{C}D$；(e)$\overline{A}C$；(f)$\overline{B}D$；(g)$\overline{B}\,\overline{D}$

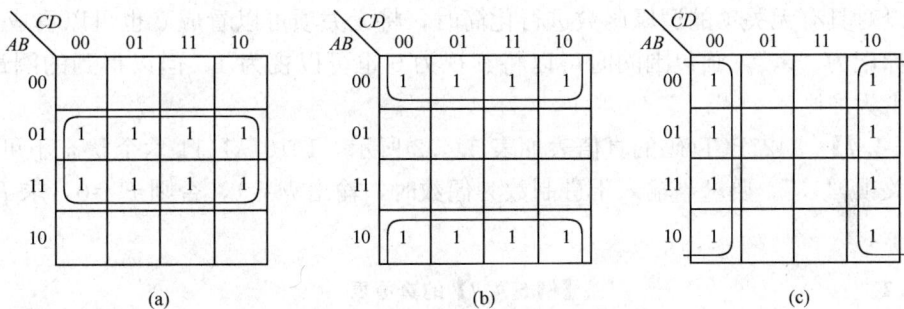

图 5.4.6　8 个最小项相邻合并的情况

(a) B；(b)$\overline{B}$；(c)$\overline{D}$

【例 5.4.5】　用卡诺图法化简逻辑函数 $F(A，B，C，D)=\sum m(1，3，4，5，9，10，11，12，13)$。

解： 该函数为四变量逻辑函数，填好的卡诺图如图 5.4.7 所示。

可得逻辑函数 $F(A，B，C，D)=B\overline{C}+\overline{B}D+A\overline{B}C$

【例 5.4.6】　用卡诺图法化简【例 5.3.4】中的逻辑函数 $F=A\overline{B}+\overline{A}B+B\overline{C}+\overline{B}C$。

解： 将该函数填入卡诺图后，可以有两种不同的画包围圈的方法，分别如图 5.4.8 (a)、(b)所示，其相应的最简与或式为 $F=A\overline{B}+\overline{A}C+B\overline{C}$ 和 $F=\overline{B}C+A\overline{C}+\overline{A}B$。

此例用卡诺图化简比用代数法化简更直观，也更容易得出最简与或式。与代数法化简类似，卡诺图化简包围圈的圈法和答案也可能不唯一。

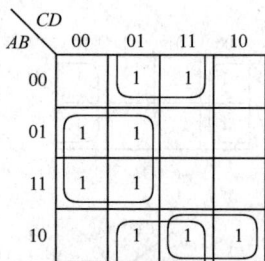

图 5.4.7 【例 5.4.5】
的卡诺图

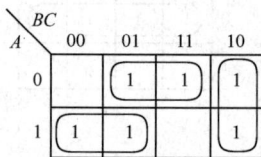

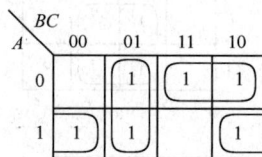

图 5.4.8 【例 5.4.6】的卡诺图

(a) $F=A\bar{B}+\bar{A}C+B\bar{C}$；(b) $F=\bar{B}C+A\bar{C}+\bar{A}B$

3. 含无关项的逻辑函数的化简

在实际逻辑关系中经常会遇到这样的逻辑问题，其输入变量的取值不一定含有所有变量的取值组合，即 n 变量逻辑函数不一定与 2^n 个最小项均有关，而仅与其中部分最小项有关，与另一部分最小项无关，所以称那些与逻辑函数无关的最小项为无关项。如对于 8421BCD 码，1010～1111 这六个代码就是无关项，因为它们在 8421 BCD 码中根本就不会出现。

由于无关项不会在逻辑函数中出现，或者可以理解为就是出现对电路的逻辑功能也没有影响，所以对具有无关项的逻辑函数进行化简时，将无关项可以看成 0 也可以看成 1。通常将无关项标记为"×"，画包围圈时可以将其视为 0 也可视为 1，但以得到的圈最大、圈的个数最少为原则。

【例 5.4.7】 8421BCD 码的真值表如表 5.4.2 所示，1010～1111 六个状态不可能出现，标记为无关项"×"。要求当输入十进制数为偶数时，输出 $F=1$，否则 $F=0$，求 F 的最简与或式。

表 5.4.2　　　　　　　　　　　　　　【例 5.4.7】的真值表

十进制数	输入	输出	十进制数	输入	输出
	$ABCD$	F		$ABCD$	F
0	0000	1	8	1000	1
1	0001	0	9	1001	0
2	0010	1		1010	×
3	0011	0		1011	×
4	0100	1		1100	×
5	0101	0	无关项	1101	×
6	0110	1		1110	×
7	0111	0		1111	×

解：将表 5.4.2 表示的逻辑函数填入卡诺图。

不考虑无关项的卡诺图如图 5.4.9（a）所示，得最简与或式为 $F=\bar{A}D+\bar{B}\bar{C}\bar{D}$。若利用无关项进行化简，可以得到逻辑函数 F 的结果为 $F=\bar{D}$。

可见，利用无关项可以使逻辑函数大大简化，该逻辑问题经过无关项可以将其逻辑本质

简化为 $\overline{D}=1$ 时，也就是最低位 D 为 0 时所代表的十进制数即为偶数。

综上所述，数字逻辑电路的常用表示方法有逻辑函数表达式、逻辑电路图、真值表、波形图和卡诺图五种，它们之间均可以相互转换，这是进行逻辑电路分析和设计的基本工具。具备了数字电子技术的基础知识，就可以对数字逻辑电路作进一步讨论。

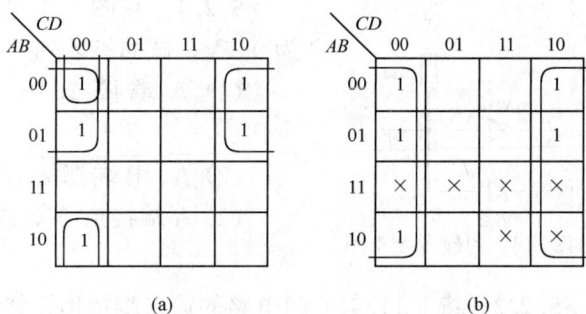

图 5.4.9　【例 5.4.7】的卡诺图
（a）不考虑无关项的卡诺图；（b）考虑无关项的卡诺图

自己做小结

【小结】

用何种方法和规则来表示数量的多少称为数制。人们生活中熟悉的是十进制计数，数字电路中使用的是①　进制计数。

数字逻辑电路中的变量取值仅有 0 和 1 两种，一般采用②　逻辑，也就是用 1 来表示高电平、0 表示低电平。0 和 1 也可以用来表示编码。

基本的逻辑关系有与、或、非三种，实现基本逻辑关系的电路称为门电路。任何复杂的逻辑关系都是由基本的逻辑关系组合而成的。

根据需要，逻辑函数表达式的形式可以变换和简化。逻辑函数的化简法有代数法和卡诺图法两种。代数法化简需要熟练掌握逻辑代数的常用基本公式，卡诺图法化简较直观，对五变量以下的逻辑函数比较方便，在具体使用时两种方法可根据需要灵活运用。

数字逻辑电路的常用表示方法有③　、④　、⑤　、⑥　和⑦　五种，它们之间均可以相互转换，是进行逻辑电路分析和设计的基本工具。

【答案】

①二；②正；③逻辑函数表达式；④逻辑电路图；⑤真值表；⑥波形图；⑦卡诺图。

习　题

5.1.1　将十进制数 $(127)_{10}$ 转换为二进制数。

5.1.2　将八进制数 $(37.2)_8$ 转换成二进制数。

5.1.3　将十六进制数 $(7A3F.2C)_{16}$ 转换成二进制数。

5.1.4　将十六进制数 $(4E6.6)_{16}$ 转换为十进制数。

5.1.5　把八进制数 $(375.236)_8$ 转换为二进制数和十六进制数。

5.1.6　将十进制数 $(26.3)_{10}$ 转换成 8421BCD 码表示。

5.1.7　把下面各数按照从大到小的顺序排列：

$(19.8)_{16}$，$(11011.101)_2$，$(00101000)_{8421BCD}$，$(25.625)_{10}$，$(31.6)_8$。

5.1.8　什么是逻辑门电路？基本门电路是指哪几种逻辑门？

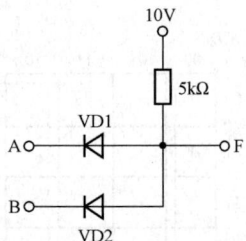

图 5.1　习题 5.2.1 图

5.2.1　在图 5.1 电路中，已知二极管 VD1、VD2 导通压降为 0.7V，试回答下列问题：

（1）A 端接 10V，B 端接 0.3V 时，输出电压 U_F 为多少伏？

（2）A、B 端都接 10V 时，输出电压 U_F 为多少伏？

（3）A 端接.10 V，B 端悬空，用万用表测 B 端电压 U_B 为多少伏？

5.2.2　将 TTL 与非门电路的输入端接地、接低于 0.8V 的电源，或接到处于输出低电平（0.3V）的同一系列门电路的输出端，此 TTL 与非门的输出状态如何？将 TTL 或非门电路的输入端悬空、接高于 2.4V 的电源，或接正处于输出高电平的同一系列门电路的输出端，此 TTL 或非门的输出状态如何？

5.2.3　什么是线与？OC 门（集电极开路门）和三态门是否都具有此功能？画出集电极开路与非门和三态与非门的符号。

5.2.4　分别画出基本逻辑门电路中的与门、或门和非门的逻辑符号及常用逻辑门中的与非门、或非门、异或门、同或门的逻辑符号。

5.2.5　电路如图 5.2 所示，设开关闭合为 1，断开为 0；灯亮为 1，灯灭为 0。试写出灯 Y 对开关 A、B、C 的逻辑关系真值表；并写出 Y 对开关 A、B、C 的逻辑函数表达式（无需变化或化简）。

5.2.6　分别画出用图 5.3 所示的与非门和或非门实现非门功能的逻辑电路图。

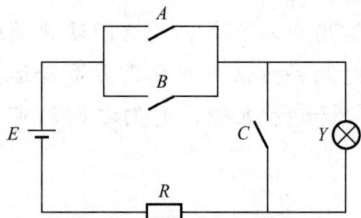

图 5.2　习题 5.2.5 图

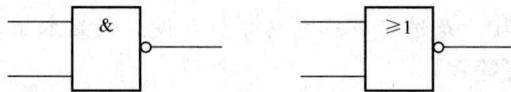

图 5.3　习题 5.2.6 图

5.2.7　已知输入 A、B 及输出 F 的波形如图 5.4 所示，写出 F 关于 A、B 的与或表达式。

5.2.8　已知逻辑电路如图 5.5 所示。

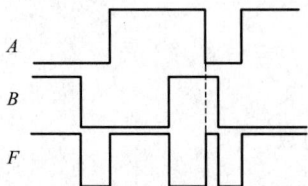

图 5.4　习题 5.2.7 图

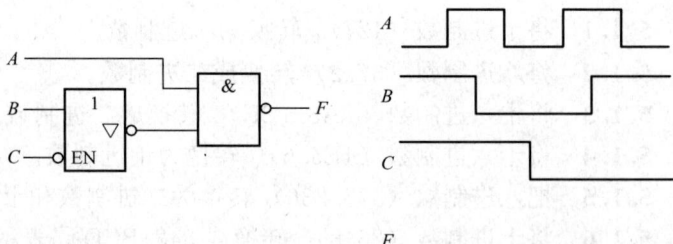

图 5.5　习题 5.2.8 图

（1）试根据所给 A、B、C 的输入波形，画出相应 F 的输出波形；

（2）说出图中两种逻辑门的名称。

5.3.1　证明下列等式是否成立。

（1）$A + \bar{A}B = A + B$；

（2）$(A+B)(A+\bar{B}+C) = (A+B)(A+C)$。

5.3.2　用代数法将下列逻辑函数化简为最简与或式。

（1）$\overline{\bar{A}BC}\,(B+\bar{C})$；

（2）$(A+B+\bar{C})(A+B+C)$；

（3）$AB + \overline{\overline{(A+B)}}$；

（4）$ABC\bar{D} + ABD + BC\bar{D} + ABCD + B\bar{C}$。

5.4.1　用三变量卡诺图表示逻辑函数 $F = \overline{AC} + \bar{A}BC + \overline{\bar{B}C} + AB\bar{C}$。

5.4.2　用卡诺图法将下列函数化简为最简与或式。

（1）$F(A,B,C,D) = A\bar{B}CD + AB\bar{C}D + A\bar{B} + A\bar{D} + A\bar{B}C$；

（2）$F(A,B,C,D) = \sum m(4,5,8,9,10,11,12,13,15)$；

（3）$F(A,B,C,D) = \sum m(4,6,10,13,15) + \sum d(0,1,2,5,7,8)$；

（4）$F(A,B,C,D) = \sum m(1,4,5,6,9,10) + \sum d(3,7,11,12,13,14,15)$。

第 6 章　数 字 逻 辑 电 路

你的位置

模拟信号 → 模数转换器 ADC → 数字信号 → 数字逻辑电路 → 数字信号 → 数模转换器 DAC → 模拟信号

脉冲信号的产生与整形电路

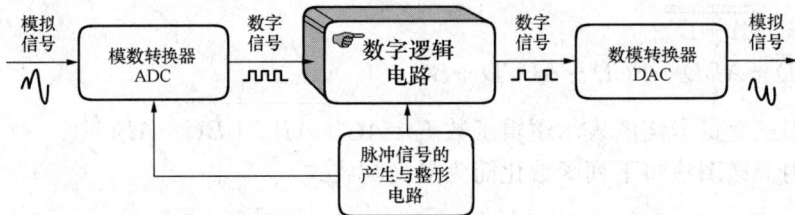

　　数字电子电路中的基本逻辑关系是与、或、非，有了这三种基本逻辑关系就可以构成各种功能的数字逻辑电路和更复杂的数字系统。从上图还可以看出，数字系统经过模数和数模转换器的接口便可以与模拟电路一起构成模拟-数字混合的复杂电子系统。

　　学习了数字电子技术的基本理论和基本知识后，本章学习数字电子技术中的主要单元电路的基本原理和应用，因为数字电路主要讨论输出与输入之间的逻辑关系，所以一般称为数字逻辑电路。本章主要内容包括组合逻辑电路和时序逻辑电路，最后简单介绍半导体存储器及一种新型的可编程逻辑器件 PLD。

本章热身

　　进入数字逻辑电路的学习前，先了解下面几个问题。

　　(1) 什么是"组合"逻辑电路？有什么特点？

　　(2) 什么是"时序"逻辑电路？有什么特点？

　　解答：这两个问题实际上是一个问题，所以放在一起来回答。

　　组合逻辑电路与时序逻辑电路均是由基本与、或、非逻辑关系构成的，在这一点上是相同的。但如果在电路结构中存在反馈，从而使逻辑电路的输出不仅和当时的输入有关，还和电路的上一个状态有关，也就是电路的输出与时间顺序有关，这样的电路就称为时序逻辑电路。因为时序逻辑电路的输出与电路的上一个状态有关，所以也形象地称时序逻辑电路具有记忆功能。如图 6.0.1 这个电路，即将输出的 F 不仅与 A、B 有关，还与刚才的 F 有关，这就是时序逻辑电路。

刚才的 F

A

B

即将输出的 F

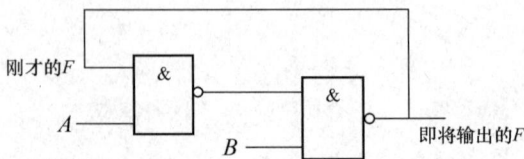

图 6.0.1　逻辑电路图

本章关键词

◆ 组合逻辑电路；分析与设计；加法器、编码器、译码器、数据选择器。

◆ 时序逻辑电路；现态、次态；时钟脉冲；触发器、计数器、寄存器。

◆ RAM、ROM；与阵列、或阵列；PLD。

6.1 组合逻辑电路

数字逻辑电路分为两大类：组合逻辑电路和时序逻辑电路。本节主要介绍组合逻辑电路的分析、设计以及常用组合逻辑电路的集成芯片。

组合逻辑电路是由若干个基本逻辑门电路构成的、能完成某种特定功能的逻辑电路，其电路结构不存在反馈，可以有多个输入、多个输出。由于其结构上不存在反馈，组合逻辑电路在逻辑功能上具有以下特点：在任意时刻，电路的输出仅仅取决于当时的输入，与电路的上一个状态无关，是没有记忆功能的数字逻辑电路。

6.1.1 组合逻辑电路的分析

1. 组合逻辑电路的分析方法

分析一个给定的逻辑电路，就是要找出这个电路的逻辑功能。

通常采用的分析方法是：

（1）由电路的输入到输出逐级写出逻辑函数表达式，最后得出表示最终输出与输入关系的逻辑函数式；

（2）将逻辑函数式用公式法或卡诺图法化简，得到其最简与或式；

（3）为了使电路的逻辑功能更加直观，可以将逻辑函数式转换成真值表；

（4）归纳真值表，得到用文字描述的电路的逻辑功能。

以上过程可简记为"图→式→表→功能"。

2. 组合逻辑电路分析举例

【例 6.1.1】 分析图 6.1.1 所示电路的逻辑功能。

解：（1）逐级写出电路的逻辑函数表达式

$$F_1 = \overline{A\overline{B}}$$

$$F_2 = \overline{\overline{A}B}$$

再得出输出端的逻辑表达式为

$$F = \overline{F_1 \cdot F_2} = \overline{\overline{A\overline{B}} \cdot \overline{\overline{A}B}}$$

（2）得到简化的 F 的逻辑函数表达式为

$$F = A\overline{B} + \overline{A}B \tag{6.1.1}$$

（3）列真值表如表 6.1.1 所示。

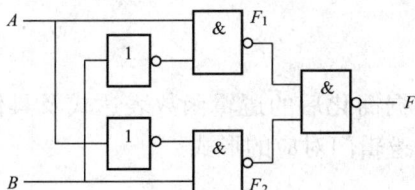

图 6.1.1 【例 6.1.1】的逻辑电路图

表 6.1.1 【例 6.1.1】的真值表

A	B	F
0	0	0
0	1	1
1	0	1
1	1	0

（4）用文字描述电路的逻辑功能。

可以看出，这是一个实现异或功能的电路，当两个输入变量相异时，输出为 1；否则，输出为 0。

【例 6.1.2】 分析图 6.1.2 所示电路的逻辑功能。

解： （1）从输入到输出逐级写出逻辑表达式，最后得出输出端的逻辑表达式：

$$X = A \tag{6.1.2}$$

$$Y = \overline{\overline{\overline{AB}} \cdot \overline{\overline{\overline{A}B}}} \tag{6.1.3}$$

$$Z = \overline{\overline{\overline{AC}} \cdot \overline{\overline{\overline{A}C}}} \tag{6.1.4}$$

（2）化简式（6.1.3）和式（6.1.4）为

$$Y = A\overline{B} + \overline{A}B \tag{6.1.5}$$

$$Z = A\overline{C} + \overline{A}C \tag{6.1.6}$$

（3）列出输出与输入的真值表，如表 6.1.2 所示。

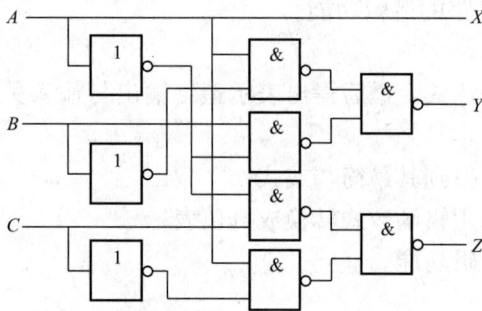

图 6.1.2 【例 6.1.2】的逻辑电路图

表 6.1.2   【例 6.1.2】的真值表

A	B	C	X	Y	Z
0	0	0	0	0	0
0	0	1	0	0	1
0	1	0	0	1	0
0	1	1	0	1	1
1	0	0	1	1	1
1	0	1	1	1	0
1	1	0	1	0	1
1	1	1	1	0	0

（4）描述电路的逻辑功能。从表 6.1.2 可看出，将 ABC 输入看做二进制码，则电路的逻辑功能是对二进制码 ABC 求反码。最高位 X 为符号位，0 表示正数，1 表示负数，正数的反码与原码相同；负数的数值部分是在原码的基础上按位求反。

6.1.2 组合逻辑电路的设计

1. 组合逻辑电路的设计方法

根据给定的逻辑功能要求，设计出最简单的逻辑电路，这就是组合逻辑电路的设计。设计与分析的过程相反，一般步骤为：

（1）分析设计要求，确定逻辑变量，列出真值表。在进行组合逻辑电路的设计之前，要分析设计要求，确定输入、输出逻辑变量并分别用"0"和"1"加以定义，在分析功能要求的基础上列出真值表。

（2）由真值表得出逻辑函数表达式并简化。

（3）选择逻辑门类型并进行逻辑函数变换。根据简化后的逻辑函数表达式及具体要求，选择合适的逻辑门，并将逻辑表达式变换成与所选逻辑门对应的形式。

（4）根据变换后的逻辑表达式画出逻辑电路图。

以上过程可简记为"功能→表→式→图"。

2. 组合逻辑电路设计举例

【例 6.1.3】 设计一个三人表决电路，要求表决结果与三人中的多数意见一致。

解:（1）分析设计要求，确定逻辑变量，列出真值表。

设三人的意见分别用 A、B、C 表示，并规定同意为 1，不同意为 0；表决结果用 F 表示，并规定 F 为 1 时表示表决结果通过，为 0 时不通过。根据题意可列出真值表，如表 6.1.3 所示。

（2）根据表 6.1.3 写出 F 的逻辑函数表达式为

$$F = \overline{A}BC + A\overline{B}C + AB\overline{C} + ABC \quad (6.1.7)$$

（3）选用小规模集成门电路，所以将式（6.1.7）化简为

$$F = AB + BC + AC \quad (6.1.8)$$

（4）根据式（6.1.8）画出逻辑电路图，如图 6.1.3（a）所示。

表 6.1.3 【例 6.1.3】的真值表

A	B	C	F
0	0	0	0
0	0	1	0
0	1	0	0
0	1	1	1
1	0	0	0
1	0	1	1
1	1	0	1
1	1	1	1

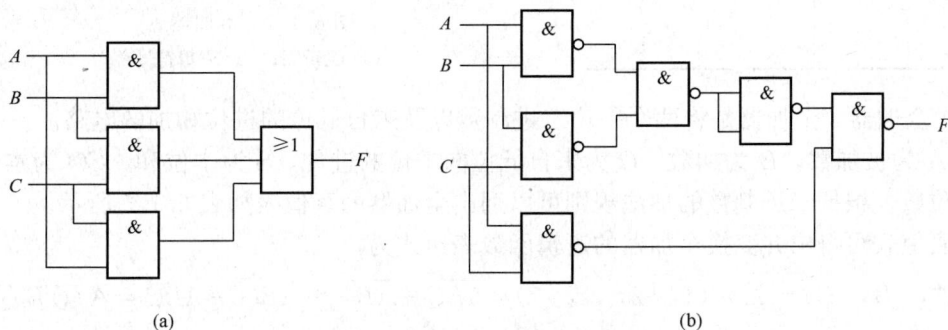

图 6.1.3 【例 6.1.3】的逻辑电路图

（a）按与或式实现逻辑电路；（b）按与非式实现逻辑电路

也可根据实际需要对逻辑电路图进行变换。比如，若采用四二输入与非门实现，则先对式（6.1.8）进行变换

$$F = AB + BC + AC = \overline{\overline{AB} \cdot \overline{BC}} + AC = \overline{\overline{AB} \cdot \overline{BC} \cdot \overline{AC}} \quad (6.1.9)$$

相应的逻辑电路如图 6.1.3（b）所示。

6.1.3 常用组合逻辑集成器件

在实际应用中，为了解决逻辑问题而设计的逻辑电路种类很多。常用的集成组合逻辑功能电路有加法器、编码器、译码器和数据选择器等。虽然这些器件的工作原理分析或电路设计均可采用常规组合逻辑电路分析与设计的方法进行，但对于通用的集成器件来说，更重要的是对其逻辑功能的认识和使用。

1. 加法器

加法器是用来进行二进制数加法运算的组合逻辑电路，是数字系统中的基本器件之一，分为半加器和全加器。

（1）半加器。半加器是指不考虑来自低位的进位，只将两个一位二进制数相加的电路。

设 A 为被加数，B 为加数，S 为本位和，C 为向高位的进位数。根据二进制数"逢二进一"的加法规则可以列出半加器的真值表，如表 6.1.4 所示。

由真值表可得出半加器的逻辑函数表达式为

$$\begin{cases} S = \overline{A}B + A\overline{B} \\ C = AB \end{cases} \tag{6.1.10}$$

由逻辑表达式可画出半加器的逻辑图如图 6.1.4（a）所示，图 6.1.4（b）为半加器的逻辑符号。

表 6.1.4　　　　半加器真值表

输入		输出	
A	B	S	C
0	0	0	0
0	1	1	0
1	0	1	0
1	1	0	1

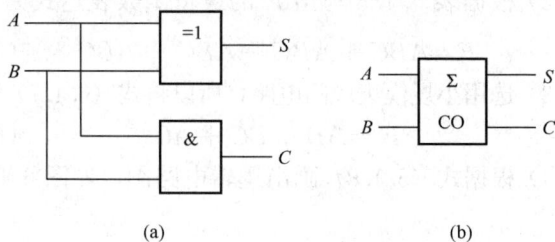

图 6.1.4　半加器
（a）逻辑图；（b）逻辑符号

（2）全加器。全加器是将两个一位二进制数以及来自低位的进位相加的电路。

设 A 为被加数，B 为加数，C 为来自低位向本位的进位，S 为本位和，CO 为本位向高位的进位数。根据二进制数的加法规则可以列出全加器的真值表如表 6.1.5 所示。

由真值表可得出并变换全加器的逻辑函数表达式为

$$\begin{cases} S(A,B,C) = \sum m(1,2,4,7) = \overline{A}\,\overline{B}C + \overline{A}B\overline{C} + A\overline{B}\,\overline{C} + ABC = A \oplus B \oplus C \\ CO(A,B,C) = \sum m(3,5,6,7) = AB + A\overline{B}C + \overline{A}BC = AB + (A \oplus B)C \end{cases} \tag{6.1.11}$$

所以，全加器的逻辑图及逻辑符号分别如图 6.1.5（a）、（b）所示。

表 6.1.5　　　　全加器真值表

输入			输出	
A	B	C	S	CO
0	0	0	0	0
0	0	1	1	0
0	1	0	1	0
0	1	1	0	1
1	0	0	1	0
1	0	1	0	1
1	1	0	0	1
1	1	1	1	1

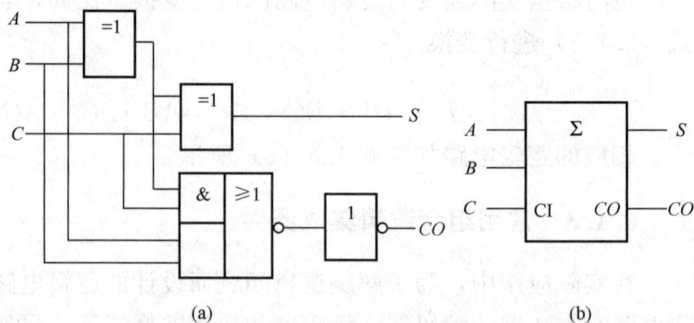

图 6.1.5　全加器
（a）逻辑图；（b）逻辑符号

由图 6.1.5 可以看出，全加器实际上也可以由两个半加器和一个或门构成。实际上，由于逻辑函数的表达式不唯一，实现同一逻辑功能的电路可以是多样的。

加法器集成电路组件是把多个全加器集成到一个芯片上，是数字系统中的一种常用逻辑部件，也是计算机运算器的基本单元，如 74LS283 就是将两个独立的全加器集成到一个组件中。

用几个全加器可组成多位二进制数加法运算的电路。图 6.1.6 是 4 个全加器组成的四位二进制数的加法电路，这种加法电路任意一位的加法运算都必须等到低位加法完成送来进位时才能进行，这种进位方式称为串行进位。串行进位时，相加的二进制数的位数越多，进位传播的时间越长，加法器的工作速度就越慢。

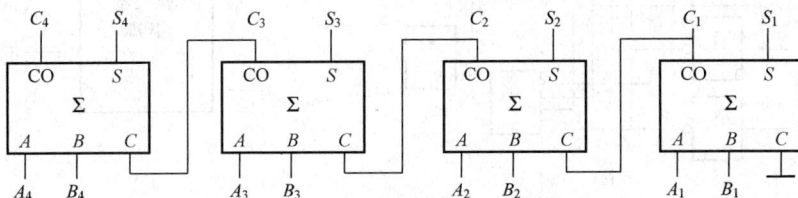

图 6.1.6　4 个全加器组成的四位二进制加法电路

为提高加法运算的速度，还设计了其他进位形式的加法器，如并行进位加法器、超前进位加法器等，此处不再做专门介绍。

2. 编码器

为区分一系列不同的事物，将其中的每个事物用一个二值代码表示，这就是编码的含义。能实现编码的电路称为编码器。在数字系统中，一位二进制代码 0 和 1 可以代表两种信息，n 位二进制代码可表示 2^n 个信息。因为对 2^n 个信息编码的编码器需要 2^n 个输入端，n 个输出端，所以称为 2^n 线-n 线编码器。

常用的编码器有普通编码器和优先编码器两类。

（1）普通编码器。在普通编码器中，任何时刻只允许输入一个编码信号，否则输出将发生混乱。

以 4 线-2 线编码器为例，4 个输入端分别代表需要编码的输入信号，2 个输出端组成两位二进制代码，其功能如表 6.1.6 所示。其中，四个输入信号 $I_0 \sim I_3$ 用高电平 1 表示编码请求，输出 $\overline{Y}_1$、$\overline{Y}_0$ 为两位二进制反码，用非号表示。从表 6.1.6 中可知，这种编码器每次只允许输入一个有效信号，否则无法得到有效输出。

表 6.1.6　4 线-2 线编码器功能表

输入				输出	
I_0	I_1	I_2	I_3	$\overline{Y}_1$	$\overline{Y}_0$
1	0	0	0	1	1
0	1	0	0	1	0
0	0	1	0	0	1
0	0	0	1	0	0

根据功能表可得到 4 线-2 线编码器的逻辑电路如图 6.1.7（a）所示。其逻辑符号可以表示为图 6.1.7（b），图中的圆圈表示反码输出。需要注意的是，如果圆圈或非号在输入端则表示低电平有效的编码请求，这是数字逻辑电路的常见表示方法❶。

（2）优先编码器。为解决编码器输入信号之间的排斥问题，设计了优先编码器。在优先编码器中，允许同时输入两个或两个以上的编码信号，但输出信号则按预先设定的优先顺序仅对优先级别最高的输入信号进行编码输出，而不考虑其他优先级别相对较低的输入。下面以 8 线-3 线优先编码器 CD4532 为例分析其工作原理。CD4532 的逻辑电路图、逻辑符号及

---

❶　本书逻辑符号中的非号和小圆圈除用于表示"非"以外，用于集成器件的输出端表示输出为低电平有效或反码输出，用于输入端则表示低电平为有效输入。但如果功能端变量画于逻辑符号内，则可以不用非号而仅表示其功能。但很多数字电子技术资料中只要有非号或小圆圈之一即可表示低有效或反码的含义。

外引线图分别如图 6.1.8（a）、（b）、（c）所示，此类 TTL 的产品已不再使用。

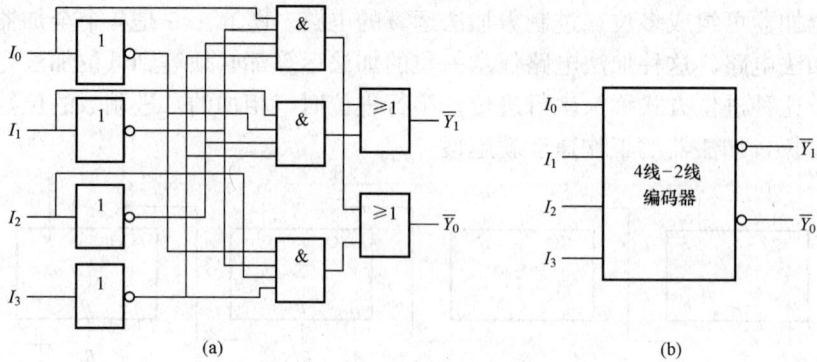

图 6.1.7 4 线-2 线编码器

（a）逻辑图；（b）逻辑符号

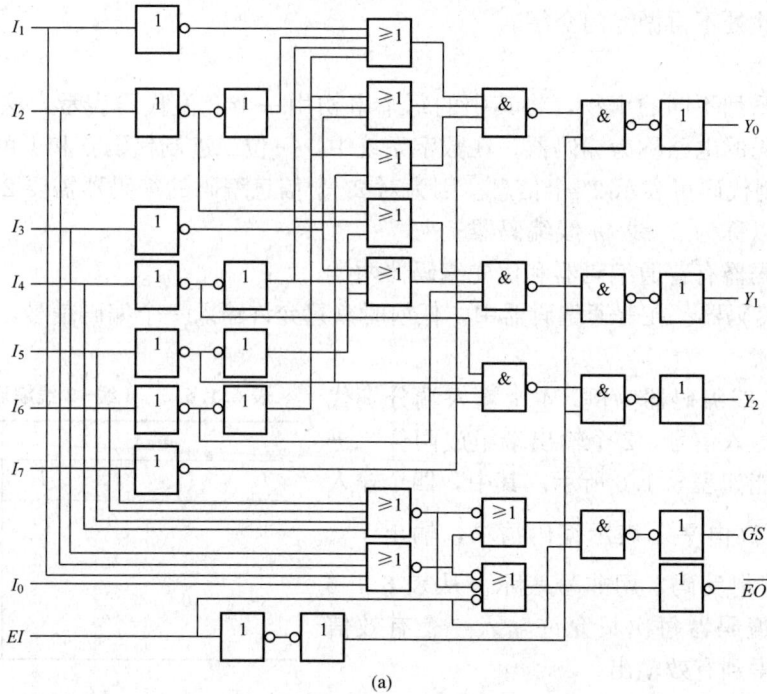

（a）

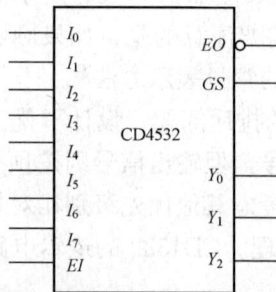

（b）

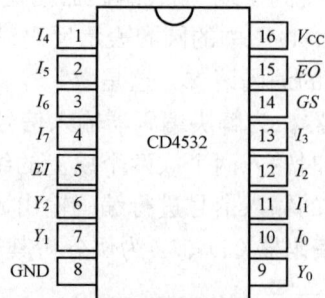

（c）

图 6.1.8 优先编码器 CD4532

（a）逻辑图；（b）逻辑符号；（c）外引线图

$I_0 \sim I_7$ 为 8 个高电平有效的信号输入端，$Y_2 \sim Y_0$ 为原码输出的 3 个输出端。为扩展集成编码器的功能，CD4532 在输入端增加了高有效的输入使能端 EI，输出端增加了用于表示输出状态的选通输出端 $\overline{EO}$ 和扩展端 GS。

经分析可得，优先编码器 CD4532 的功能如表 6.1.7 所示。

表 6.1.7   **优先编码器 CD4532 功能表**

输 入									输 出				
EI	I_7	I_6	I_5	I_4	I_3	I_2	I_1	I_0	Y_2	Y_1	Y_0	GS	$\overline{EO}$
0	×	×	×	×	×	×	×	×	0	0	0	0	0
1	0	0	0	0	0	0	0	0	0	0	0	0	1
1	1	×	×	×	×	×	×	×	1	1	1	1	0
1	0	1	×	×	×	×	×	×	1	1	0	1	0
1	0	0	1	×	×	×	×	×	1	0	1	1	0
1	0	0	0	1	×	×	×	×	1	0	0	1	0
1	0	0	0	0	1	×	×	×	0	1	1	1	0
1	0	0	0	0	0	1	×	×	0	1	0	1	0
1	0	0	0	0	0	0	1	×	0	0	1	1	0
1	0	0	0	0	0	0	0	1	0	0	0	1	0

由表 6.1.7 中不难看出：

1）$EI=0$ 时，编码器处于禁止工作状态，不允许编码输入，编码器的输出 $Y_2 Y_1 Y_0 = 000$，$GS=0$，$\overline{EO}=0$；

2）$EI=1$，编码器处于允许工作状态，若 $I_0 \sim I_7$ 均为低电平，表示没有编码请求，$Y_2 Y_1 Y_0 = 000$，$GS=0$，$\overline{EO}=1$；

3）$EI=1$，编码器允许工作，因为 I_7 优先级最高、I_0 优先级最低，所以只要当 $I_7=1$ 时，无论其他输入端有无输入信号，输出端只对 I_7 编码，即 $Y_2 Y_1 Y_0 = 111$ 且为原码输出，$GS=1$，$\overline{EO}=0$。

其余的输入状态与上述分析类似，读者可自行分析。

GS 和 $\overline{EO}$ 用来区分表中出现的 3 种 $Y_2 Y_1 Y_0 = 000$ 的情况，也可以实现电路功能的扩展。

【例 6.1.4】 计算机的键盘输入逻辑电路就是由编码器组成的。图 6.1.9 所示是用 10 个按键和门电路组成的 8421BCD 码编码器，其真值表如表 6.1.8 所示，10 个按键 $S_0 \sim S_9$ 分别对应十进制数 $0 \sim 9$，编码器的输出为 Y_3、Y_2、Y_1、Y_0 和 GS，试分析该电路的工作原理及 GS 的作用。

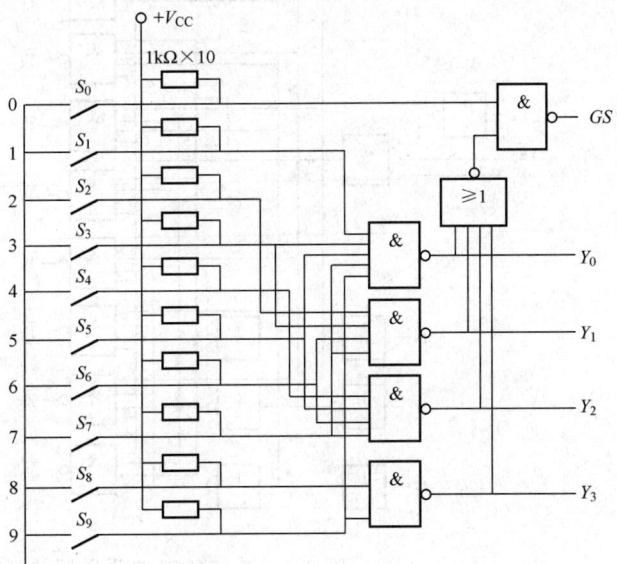

图 6.1.9 键盘输入编码器（10 线-4 线编码器）

表6.1.8　　　　　　　　　　键盘输入编码器功能表

输入										输出				
$\overline{S}_0$	$\overline{S}_1$	$\overline{S}_2$	$\overline{S}_3$	$\overline{S}_4$	$\overline{S}_5$	$\overline{S}_6$	$\overline{S}_7$	$\overline{S}_8$	$\overline{S}_9$	Y_3	Y_2	Y_1	Y_0	GS
1	1	1	1	1	1	1	1	1	1	0	0	0	0	0
1	1	1	1	1	1	1	1	1	0	1	0	0	1	1
1	1	1	1	1	1	1	1	0	1	1	0	0	0	1
1	1	1	1	1	1	1	0	1	1	0	1	1	1	1
1	1	1	1	1	1	0	1	1	1	0	1	1	0	1
1	1	1	1	1	0	1	1	1	1	0	1	0	1	1
1	1	1	1	0	1	1	1	1	1	0	1	0	0	1
1	1	1	0	1	1	1	1	1	1	0	0	1	1	1
1	1	0	1	1	1	1	1	1	1	0	0	1	0	1
1	0	1	1	1	1	1	1	1	1	0	0	0	1	1
0	1	1	1	1	1	1	1	1	1	0	0	0	0	1

解：对功能表和逻辑电路进行分析可得：

（1）该编码器输入为低电平有效。

（2）在按下 $S_0 \sim S_9$ 中任意一个按键时，即输入信号中有一个为低电平时，$GS=1$，表示有编码请求；只有 $S_0 \sim S_9$ 均为高电平时，$GS=0$，表示无信号输入，此时的输出代码 0000 为无效代码。

3. 译码器

译码是编码的反过程，即将每个输入的二进制代码译成对应的可以区分的高、低电平输出信号。下面简要介绍通用译码器和显示译码器两类译码器。

（1）通用译码器。通用译码器可分为二进制译码器和二-十进制译码器。下面以3线-8线集成译码器 74LS138 为例介绍其工作原理。

74LS138 集成译码器是由 TTL 与非门组成的3线-8线译码器，图6.1.10（a）、（b）分别为其逻辑电路图和逻辑符号，表6.1.9 所示为其功能表。

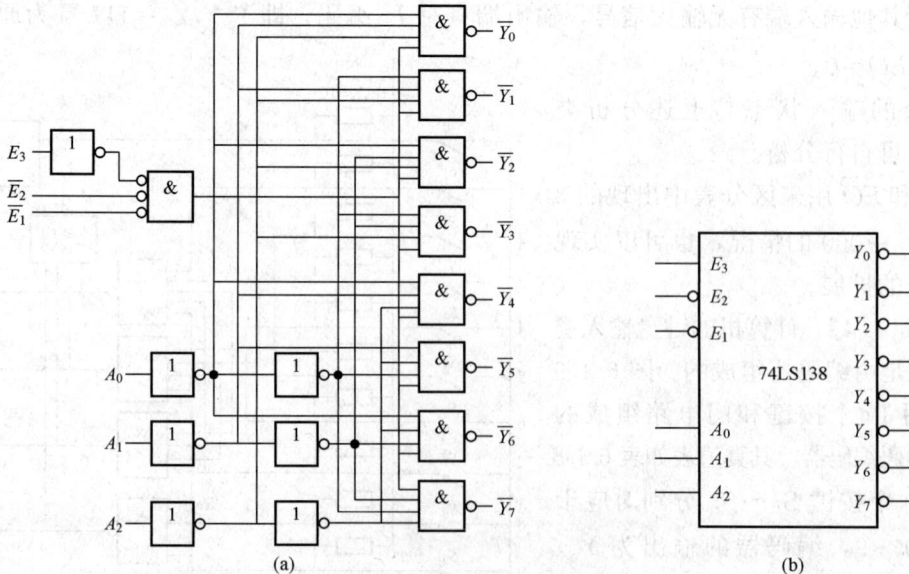

图 6.1.10　74LS138 译码器的逻辑电路和逻辑符号

（a）逻辑电路图；（b）逻辑符号

表 6.1.9   **74LS138 译码器功能表**

输　入						输　出							
E_3	$\overline{E_2}$	$\overline{E_1}$	A_2	A_1	A_0	$\overline{Y}_0$	$\overline{Y}_1$	$\overline{Y}_2$	$\overline{Y}_3$	$\overline{Y}_4$	$\overline{Y}_5$	$\overline{Y}_6$	$\overline{Y}_7$
×	1	×	×	×	×	1	1	1	1	1	1	1	1
×	×	1	×	×	×	1	1	1	1	1	1	1	1
0	×	×	×	×	×	1	1	1	1	1	1	1	1
1	0	0	0	0	0	0	1	1	1	1	1	1	1
1	0	0	0	0	1	1	0	1	1	1	1	1	1
1	0	0	0	1	0	1	1	0	1	1	1	1	1
1	0	0	0	1	1	1	1	1	0	1	1	1	1
1	0	0	1	0	0	1	1	1	1	0	1	1	1
1	0	0	1	0	1	1	1	1	1	1	0	1	1
1	0	0	1	1	0	1	1	1	1	1	1	0	1
1	0	0	1	1	1	1	1	1	1	1	1	1	0

可以知道，74LS138 的逻辑功能为：

1) 当 3 个使能输入端 $E_3\overline{E_2}\,\overline{E_1}\neq 100$ 时，译码器的输出被封锁为高电平 1；只有当 $E_3\overline{E_2}\,\overline{E_1}=100$ 时，译码器才正常工作。

2) 译码器有 3 个代码输入端 $A_2A_1A_0$ 和 8 个输出端 $\overline{Y}_0\sim\overline{Y}_7$，例如，当输入二进制码 $A_2A_1A_0=011$ 时，则只有对应的 $\overline{Y}_3$ 为低电平输出，其他输出端无输出，均为高电平。

由图 6.1.10（a）的逻辑电路可得出译码器各输出函数表达式为

$$\overline{Y}_0=\overline{\overline{A}_2\overline{A}_1\overline{A}_0}=\overline{m}_0$$

$$\overline{Y}_1=\overline{\overline{A}_2\overline{A}_1A_0}=\overline{m}_1$$

$$\overline{Y}_2=\overline{\overline{A}_2A_1\overline{A}_0}=\overline{m}_2$$

$$\overline{Y}_3=\overline{\overline{A}_2A_1A_0}=\overline{m}_3$$

$$\overline{Y}_4=\overline{A_2\overline{A}_1\overline{A}_0}=\overline{m}_4 \tag{6.1.12}$$

$$\overline{Y}_5=\overline{A_2\overline{A}_1A_0}=\overline{m}_5$$

$$\overline{Y}_6=\overline{A_2A_1\overline{A}_0}=\overline{m}_6$$

$$\overline{Y}_7=\overline{A_2A_1A_0}=\overline{m}_7$$

由式（6.1.12）可以看出，$\overline{Y}_0\sim\overline{Y}_7$ 同时又是 $A_2A_1A_0$ 三个变量全部最小项的译码输出，只不过正好取反而已，故又称这种译码器为最小项译码器，利用它可以方便地实现组合逻辑函数。

【例 6.1.5】 用 74LS138 实现逻辑函数 $Y(A,B,C)=m_0+m_2+m_5+m_7$。

解：

$$Y(A,\ B,\ C)=m_0+m_2+m_5+m_7=\overline{\overline{m}_0\overline{m}_2\overline{m}_5\overline{m}_7}$$

所以，只要将 A、B、C 分别接译码器的输入 A_2、A_1、A_0，则从译码器输出 $\overline{Y}_0$、$\overline{Y}_2$、$\overline{Y}_5$、

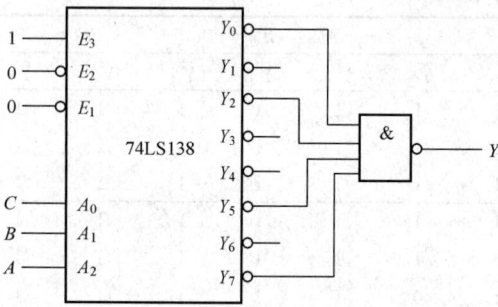

图 6.1.11　【例 6.1.5】的逻辑电路图

$\overline{Y}_7$ 端可得到 $\overline{m}_0$、$\overline{m}_2$、$\overline{m}_5$、$\overline{m}_7$，再用一与非门连接即可，如图 6.1.11 所示。

二–十进制译码器的功能与【例 6.1.4】相反，输入为 4 线，输出为 10 线，这里不再赘述。

（2）显示译码器。七段显示的半导体发光数码管有共阴和共阳接法两类，对于共阴极接法的数码管，某字段加高电平时发光，反之不发光；共阳极接法的数码管正好相反，某字段加低电平时发光。

显示译码器就是输入为 4 位 8421BCD 码、输出为 abcdefg 七个输出端的用于供给半导体数码管显示用的译码器。使用时，显示译码器的七个输出端 abcdefg 分别与数码管七个字段的输入端相连即可。当译码器输入端输入不同代码时，可使不同的字段发光而显示出不同的字形。如输入 1000 时，七段全亮，显示"8"字；当输入为 0000 时，只 g 段不亮，显示出"0"字等。当然，每个字段都需串联限流电阻。

需要注意的是，显示译码器也分共阴和共阳两种，它们输出的高低电平恰好相反，需要与相应的共阴或共阳数码管配合使用。

74LS48 是共阴极显示译码器，其逻辑符号、外引线图如图 6.1.12 所示，功能见表 6.1.10。

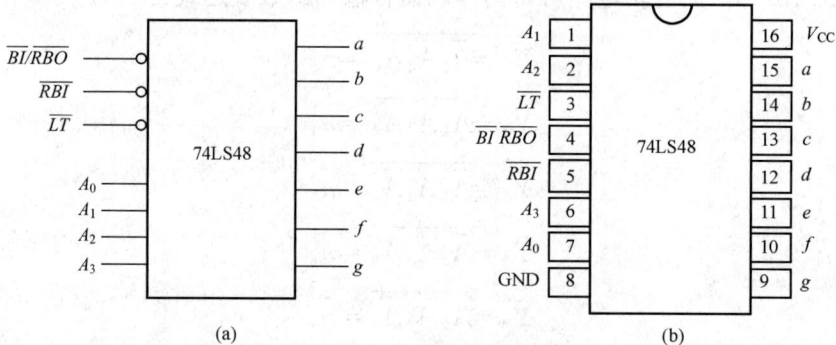

图 6.1.12　74LS48 译码/驱动器

（a）逻辑符号；（b）外引线图

表 6.1.10　　　　　　　　　　　　74LS48 译码器功能表

十进制或功能	输 入						$\overline{BI}/\overline{RBO}$	输 出							字形
	$\overline{LT}$	$\overline{RBI}$	A_3	A_2	A_1	A_0		a	b	c	d	e	f	g	
0	1	1	0	0	0	0	1	1	1	1	1	1	1	0	0
1	1	×	0	0	0	1	1	0	1	1	0	0	0	0	1
2	1	×	0	0	1	0	1	1	1	0	1	1	0	1	2
3	1	×	0	0	1	1	1	1	1	1	1	0	0	1	3

续表

十进制或功能	输　入						$\overline{BI/RBO}$	输　出							字形
	$\overline{LT}$	$\overline{RBI}$	A_3	A_2	A_1	A_0		a	b	c	d	e	f	g	
4	1	×	0	1	0	0	1	0	1	1	0	0	1	1	４
5	1	×	0	1	0	1	1	1	0	1	1	0	1	1	５
6	1	×	0	1	1	0	1	0	0	1	1	1	1	1	６
7	1	×	0	1	1	1	1	1	1	1	0	0	0	0	７
8	1	×	1	0	0	0	1	1	1	1	1	1	1	1	８
9	1	×	1	0	0	1	1	1	1	1	0	0	1	1	９
10	1	×	1	0	1	0	1	0	0	0	1	1	0	1	⊏
11	1	×	1	0	1	1	1	0	0	1	1	0	0	1	⊐
12	1	×	1	1	0	0	1	0	1	0	0	0	1	1	⊔
13	1	×	1	1	0	1	1	1	0	0	1	0	1	1	⊏
14	1	×	1	1	1	0	1	0	0	0	1	1	1	1	⊨
15	1	×	1	1	1	1	1	0	0	0	0	0	0	0	全灭
消　隐	×	×	×	×	×	×	0	0	0	0	0	0	0	0	全灭
动态灭零	1	0	0	0	0	0	0	0	0	0	0	0	0	0	全灭
灯测试	0	×	×	×	×	×	1	1	1	1	1	1	1	1	８

由表 6.1.10 可以看出，译码器的输出信号为 1 表示可点亮数码管，另外，数码管除可显示十进制数的 10 个代码外，还可显示一些特殊的字形。74LS48 的附加控制端 LT、$\overline{RBI}$、$\overline{BI/RBO}$ 主要用于扩展电路的功能，可以实现数码管灯测试、消隐和动态灭零等功能。读者可自行分析。

4. 数据选择器与数据分配器

在多路数据传送过程中，能够根据需要选择其中任意一路数据输出的电路，称为数据选择器，也称为多路选择器或多路开关。图 6.1.13 所示是四通道数据选择器的示意图，$D_0 \sim D_3$ 为数据输入信号，S_1 和 S_0 为地址输入信号，Y 为数据输出端，Y 可以输出 4 路输入数据中的任意一路，具体是哪一路由地址选择控制信号决定。因为图 6.1.13 中有四路输入，所以需要两个地址端控制，也称为四选一的数据选择器。如果有 2^n 路输入数据，则需要 n 个地址输入端。

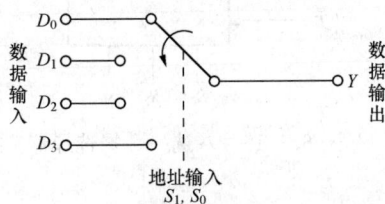

图 6.1.13　四通道数据选择器示意图

数据分配器的逻辑功能与数据选择器恰好相反，仅有一个数据输入端，在 n 个地址端控制下，可将输入数据送到 2^n 个输出端中的一个。一般，数据分配器没有单独的产品，可利用通用译码器的使能端作数据输入端从而完成数据分配的功能。下面仅介绍数据选择器的基本原理与集成芯片的使用。

　　根据图 6.1.13 所示数据选择器的功能，可得到四选一数据选择器的功能表和逻辑电路，分别如表 6.1.11 和图 6.1.14 所示。

表 6.1.11　　　　四选一数据选择器功能表

输　入			输　出
使能	地址		
$\overline{E}$	S_1	S_0	Y
1	×	×	0
0	0	0	D_0
0	0	1	D_1
0	1	0	D_2
0	1	1	D_3

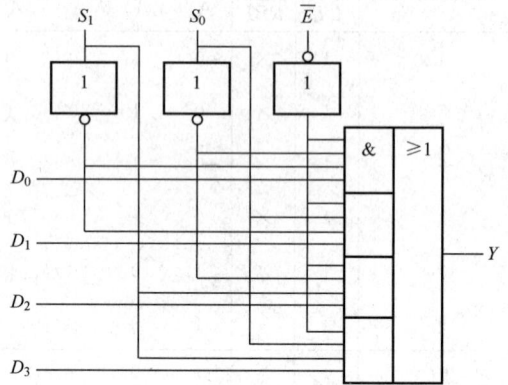

图 6.1.14　四选一数据选择器逻辑图

　　由图 6.1.14 可知，当使能端 $\overline{E}$ 高无效时，选择器的输出 $Y=0$，不输出信号。

　　当使能端为低有效时，输出哪路信号由地址端决定，即

$$Y = \overline{S}_1\overline{S}_0 D_0 + \overline{S}_1 S_0 D_1 + S_1 \overline{S}_0 D_2 + S_1 S_0 D_3 \tag{6.1.13}$$

　　八选一、十六选一等选择器的原理大体类似，常用的集成电路数据选择器的种类很多，CMOS 和 TTL 产品都有生产。例如，八选一数据选择器 74151，双四选一数据选择器 74153 等。

　　74151 是八选一数据选择器，有两个互补的输出端，可以分别输出输入数据的原码和反码，其逻辑符号如图 6.1.15 所示，功能表见表 6.1.12。

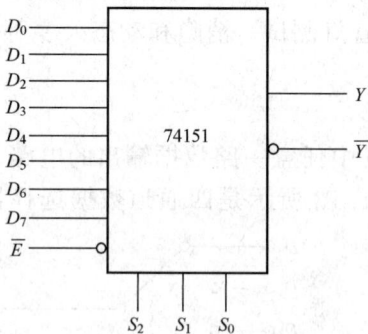

图 6.1.15　八选一数据选择器 74151

表 6.1.12　　　　74151 功能表

输　入				输　出	
$\overline{E}$	S_2	S_1	S_0	Y	$\overline{Y}$
1	×	×	×	0	1
0	0	0	0	D_0	$\overline{D}_0$
0	0	0	1	D_1	$\overline{D}_1$
0	0	1	0	D_2	$\overline{D}_2$
0	0	1	1	D_3	$\overline{D}_3$
0	1	0	0	D_4	$\overline{D}_4$
0	1	0	1	D_5	$\overline{D}_5$
0	1	1	0	D_6	$\overline{D}_6$
0	1	1	1	D_7	$\overline{D}_7$

　　类似地，当使能端有效时，八选一数据选择器的输出逻辑函数表达式为

$$Y = \overline{S}_2\overline{S}_1\overline{S}_0 D_0 + \overline{S}_2\overline{S}_1 S_0 D_1 + \overline{S}_2 S_1 \overline{S}_0 D_2 + \overline{S}_2 S_1 S_0 D_3 + S_2 \overline{S}_1 \overline{S}_0 D_4 + S_2 \overline{S}_1 S_0 D_5$$
$$+ S_2 S_1 \overline{S}_0 D_6 + S_2 S_1 S_0 D_7 \tag{6.1.14}$$

　　从式（6.1.13）和式（6.1.14）可以看出，数据选择器的输出函数表达式中均含有地址输入端的全部最小项。利用数据选择器的这个性质，可以很方便地实现组合逻辑函数。

【例 6.1.6】 用 74151 实现逻辑函数 $Y=\overline{A}B\overline{C}+A\overline{B}\overline{C}+ABC$。

解：首先令 $\overline{E}=0$，然后将输入变量 A、B、C 分别送入地址输入端 S_2、S_1、S_0。根据式（6.1.14）可知，只要已知逻辑函数式由哪几个最小项组成，将对应的 D_i 置 1，其余输入端置 0 即可。因为 $Y=\overline{A}B\overline{C}+A\overline{B}\ \overline{C}+ABC=\sum m$（2，4，7），所以 $D_2=D_4=D_7=1$，$D_0=D_1=D_3=D_5=D_6=0$。逻辑电路如图 6.1.16 所示。

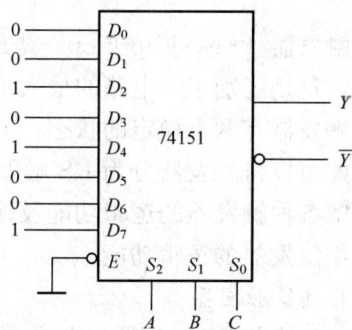

【例 6.1.7】 用 74151 实现逻辑函数 $Y=\overline{A}BD+\overline{B}\ \overline{C}\ \overline{D}+ABC$。

图 6.1.16 【例 6.1.6】的逻辑电路图

解：函数 Y 有 4 个自变量，而 74151 只有 3 个地址输入端，要完成此逻辑函数，可选择任意 3 个输入变量，比如 B、C、D 接在地址 S_2、S_1 和 S_0 端，则有：

BCD 为 000 时，即 $S_2S_1S_0$ 为 000，数据选择器应输出 D_0；而此时函数 $Y=\overline{A}BD+\overline{B}\ \overline{C}\ \overline{D}+ABC$ 应为 1（将 $BCD=000$ 代入函数 Y 可得），所以 D_0 应被置为 1。

依此类推，BCD 为 001 时，$Y=D_1=0$；BCD 为 010 时，$Y=D_2=0$；BCD 为 011 时，$Y=D_3=0$；BCD 为 100 时，$Y=D_4=0$；BCD 为 101 时，$Y=D_5=\overline{A}$；BCD 为 110 时，$Y=D_6=A$；BCD 为 111 时，$Y=D_7=1$。电路的输入输出关系如表 6.1.13 所示，所以函数的逻辑电路如图 6.1.17 所示。

表 6.1.13　　【例 6.1.7】的输入输出关系

B	C	D	Y
0	0	0	1
0	0	1	0
0	1	0	0
0	1	1	0
1	0	0	0
1	0	1	$\overline{A}$
1	1	0	A
1	1	1	1

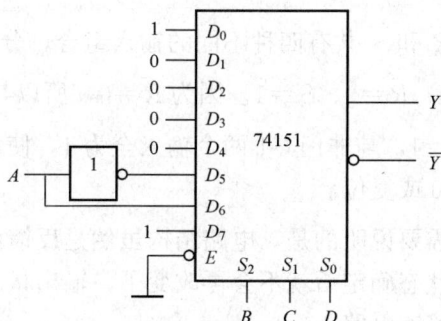

图 6.1.17 【例 6.1.7】逻辑图

6.2　时序逻辑电路

数字系统中除了能实现特定功能的组合逻辑电路外，很多情况下还需要对二进制信息进行存储和记忆，也就是说需要具有记忆功能的时序逻辑电路。时序逻辑电路也是由基本与、或、非逻辑构成的，但在电路结构中存在反馈，从而使逻辑电路的输出不仅和当时的输入有关，还和电路的上一个状态有关，也就是电路的输出与时间顺序有关，所以称为时序逻辑电路。因为时序逻辑电路的输出与电路的上一个状态有关，所以也形象地称时序逻辑电路具有记忆功能，如图 6.0.1 所示。

6.2.1　时序逻辑电路的基本单元——触发器

触发器（FF，Flip-Flop）是最简单的时序逻辑电路单元，是一种具有记忆功能的逻辑器件，这是区别于门电路的最大不同。

触发器有两个稳定的状态：0 状态和 1 状态，并能根据不同的输入被置成 0 或 1。按逻辑功能可以将触发器分为 RS 触发器、D 触发器和 JK 触发器等。对普通使用者来说，重点是了解各种触发器的逻辑功能及使用，对其内部电路仅做一般了解即可。因此，本节重点介绍各类触发器的逻辑功能。

1. RS 触发器

（1）基本 RS 触发器。两个"与非"门交叉连接即可构成基本 RS 触发器，其逻辑电路和逻辑符号分别如图 6.2.1（a）、（b）所示。从图 6.2.1（a）可以看出，两个与非门的输出与输入端首尾相连，形成了"反馈"，因此，构成了时序逻辑电路。

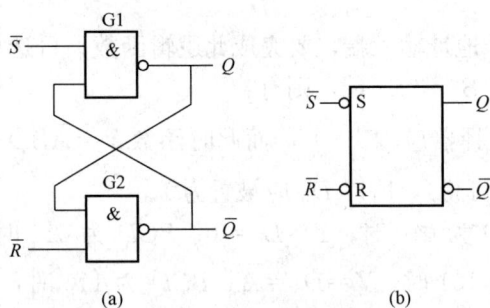

其中，Q 与 $\bar{Q}$ 是基本触发器的两个互补输出端。定义 $Q=1$、$\bar{Q}=0$ 为触发器的 1 状态，$Q=0$、$\bar{Q}=1$ 为触发器的 0 状态。$\bar{R}$ 和 $\bar{S}$ 为触发器的输入端，因为电路的底层是与结构，所以低有效。$\bar{R}$ 称为置 0 端或者复位端，$\bar{S}$ 称为置 1 端或者置位端[❶]。

图 6.2.1　逻辑电路和逻辑符号
(a) 逻辑电路；(b) 逻辑符号

$\bar{R}$ 和 $\bar{S}$ 共有四种不同的输入组合，分别如下：

1）$\bar{R}=0$、$\bar{S}=1$。因为 $\bar{R}=0$，所以与非门 G2 可确定其输出 $\bar{Q}=1$，所以说 $\bar{R}$ 低有效；由 $\bar{Q}=1$，与非门 G1 两个输入全为 1，使输出 $Q=0$，触发器处于 0 状态。这种情况称触发器置 0 或复位。

需要说明的是，电路结构虽然是反馈连接，但 $Q=0$ 再返回 G2 门也仍然使 $\bar{Q}=1$，触发器的状态确定后就不会再改变了，输出状态是稳定的。其他输入情况也是一样，所以触发器是双稳态电路。

2）$\bar{R}=1$、$\bar{S}=0$。与刚才相反，因为 $\bar{S}=0$，与非门 G1 的输出 $Q=1$，$\bar{S}$ 也是低有效；由 $Q=1$ 使 G2 输出 0，即 $\bar{Q}=0$，所以触发器处于 1 状态。这种情况称为触发器置 1 或置位。

3）$\bar{R}=1$、$\bar{S}=1$。两个与非门的工作状态不受影响，各自的输出由原来的 Q 和 $\bar{Q}$ 决定而保持不变，称触发器处于保持状态。

4）$\bar{R}=0$、$\bar{S}=0$。此时触发器处于一种特殊的 $Q=\bar{Q}=1$ 的状态，既不是 1 状态，也不是 0 状态，与双稳态触发器两个输出端相反的定义矛盾。并且 $\bar{R}$ 和 $\bar{S}$ 一旦由 0 变 1，触发

---

❶　R 即为 Reset，S 即为 Set。

器的状态将是随机的,因此称这种情况下的触发器处于不定状态,使用时应避免出现。

（2）逻辑功能描述。除逻辑图外,时序电路也有与组合电路的真值表、逻辑函数表达式、波形图等概念一致的描述方法,但由于时序电路的特点,它们分别被称为功能表、特性方程和时序图等,下面以基本 RS 触发器为例加以说明。

1) 功能表。将基本 RS 触发器输入、输出逻辑关系填入表格就形成了功能表,如表 6.2.1 所示。

因为时序逻辑电路的输出与时间顺序有关,比如 RS 触发器的保持意味着输入 $\overline{R}=\overline{S}=1$ 时触发器的输出将与电路刚才的状态相同。所以,为了表示不同时间顺序的输出 Q,以现态 Q^n 和次态 Q^{n+1} 表示两个相邻时间顺序的状态,次态 Q^{n+1} 是紧邻现态 Q^n 的下一个状态。所以,基本 RS 触发器的保持可以表示为

表 6.2.1　基本 RS 触发器功能表

$\overline{R}$	$\overline{S}$	Q^{n+1}	说明
0	0	不定	应禁止
0	1	0	复位
1	0	1	置位
1	1	Q^n	保持

$$Q^{n+1}=Q^n \tag{6.2.1}$$

式（6.2.1）说明基本 RS 触发器具有记忆功能。在不引起误解的情况下,现态 Q^n 可以简写作 Q。

基本 RS 触发器也可以用其他门电路组成,比如两个或非门首尾相连可以构成高电平有效的基本 RS 触发器。因为是高有效,其逻辑符号中的 R、S 不用非号,也没有小圆圈的标志。

2) 特性方程。特性方程是指触发器的输出状态 Q^{n+1} 与现态 Q^n 及输入之间的逻辑关系表达式。由表 6.2.1 可得 $Q^{n+1}=S+\overline{R}Q^n$。因为 $\overline{R}$ 和 $\overline{S}$ 不能同时为 0,所以在特性方程中加入约束条件。因此,基本 RS 触发器的特性方程为

$$\begin{cases} Q^{n+1}=S+\overline{R}Q^n \\ \overline{R}+\overline{S}=1 \end{cases} \tag{6.2.2}$$

3) 时序图。因为时序电路的输出与时间顺序的关系,所以也称时序逻辑电路的波形图为时序图。

【例 6.2.1】 已知基本 RS 触发器的输入波形如图 6.2.2 所示,假设 Q 的初始状态为 0,画出输出端 Q 和 $\overline{Q}$ 的时序图。

解： 根据基本 RS 触发器的功能表,可以得到不同 $\overline{R}$ 和 $\overline{S}$ 下的输出波形如图 6.2.2 所示。

除以上与组合电路类似的表示方法外,时序逻辑电路还有状态表、状态转换图等特有的描述方法,以后将介绍。

（3）钟控 RS 触发器。为克服基本 RS 触发器输出状态直接受输入信号控制的缺点,在基本 RS 触发器电路基础上增加两个控制门和一个触发信

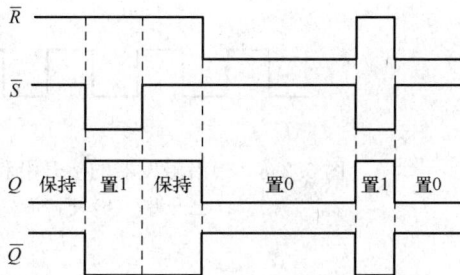

图 6.2.2 【例 6.2.1】的时序图

号 CP，就构成了钟控 RS 触发器，如图 6.2.3（a）所示。CP 是时钟脉冲，起门控信号的作用，也称为门控 RS 触发器或同步 RS 触发器。钟控 RS 触发器的逻辑符号如图 6.2.3（b）所示，因为经过 G3、G4 的反相，所以输入信号 R、S 为高电平有效。

当 $CP=0$ 时，门 G3、G4 截止，输入信号 R、S 不影响输入端的状态，触发器保持。

当 $CP=1$ 时，R、S 通过 G3、G4 反相后加到由 G1、G2 组成的基本 RS 触发器上，使 Q 和 $\overline{Q}$ 的状态跟随输入状态的变化而改变，其逻辑功能如表 6.2.2 所示。

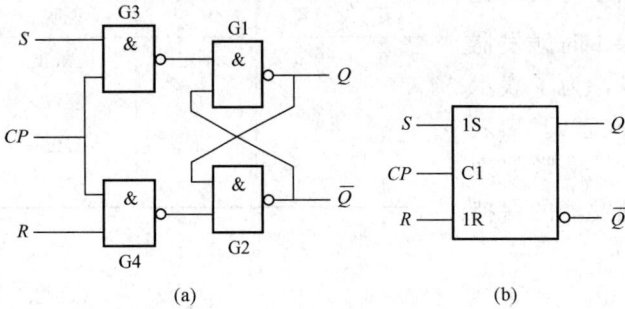

图 6.2.3　钟控 RS 触发器逻辑电路和逻辑符号
(a) 逻辑电路图；(b) 逻辑符号

表 6.2.2　　　钟控 RS 触发器功能表

CP	R	S	Q^{n+1}	说明
0	×	×	Q^n	保持
1	0	0	Q^n	保持
1	0	1	1	置位
1	1	0	0	复位
1	1	1	不定	应禁止

从表 6.2.2 可见，在 $CP=0$ 期间，就算输入信号发生了频繁的翻转，触发器的状态也保持不变；仅在 $CP=1$ 期间，触发器的状态才受输入信号的控制。所以称钟控触发器是对电平敏感的触发器或者说是电平触发的触发器。

由于在整个 CP 电平有效期间钟控触发器的状态还是会随着输入的变化而变化，这在实际使用中很不方便。为解决这些问题，出现了采用维持-阻塞、传输延迟等工作方式的边沿触发器，这类触发器的共同特点是仅用 CP 脉冲的边沿触发。所谓边沿，是指 CP 脉冲高电平和低电平间相互转变的时刻，分为上升沿和下降沿[1]两种，如图 6.2.4 所示。

2. 边沿 D 触发器

(1) 逻辑符号。边沿 D 触发器的电路结构有很多种，国内生产的主要是维持-阻塞型，比如 TTL 集成电路系列中的 7474 集成芯片，其内部集成了两个上升沿触发的维-阻 D 触发器。但不管电路内部结构如何，只要都属于边沿触发器，其逻辑符号并没有区别。上升沿触发的边沿 D 触发器如图 6.2.5 所示。逻辑符号内的"＞"表示边沿触发。

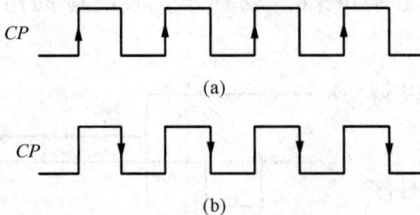

图 6.2.4　边沿触发器的上升沿和下降沿
(a) 上升沿；(b) 下降沿

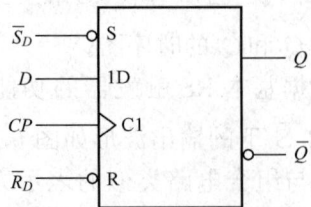

图 6.2.5　边沿 D 触发器
逻辑符号（上升沿触发）

---

[1]　上升沿和下降沿也称为上跳沿和下跳沿或正边沿和负边沿。

（2）功能表与特性方程。边沿 D 触发器的内部工作原理不再赘述，直接给出其逻辑功能如表 6.2.3 所示，表中的"⌐"表示上升沿触发，也经常表示为"↑"。

表 6.2.3　　边沿 D 触发器功能表

CP	D	Q^{n+1}
⌐	0	0
⌐	1	1

不同品种 D 触发器的逻辑功能端有所不同，为使逻辑功能更加全面，有的 D 触发器中引入了直接置 0 端 $\overline{R}_D$ 和直接置 1 端 $\overline{S}_D$，其功能如表 6.2.4 中所示。从表 6.2.4 中可以看出，$\overline{R}_D$ 和 $\overline{S}_D$ 均低有效且具有最高优先级别，当 $\overline{R}_D$ 和 $\overline{S}_D$ 有效时，其他输入端均无效，触发器的状态仅受 $\overline{R}_D$ 和 $\overline{S}_D$ 控制，同于基本 RS 触发器。只有当 $\overline{R}_D$ 和 $\overline{S}_D$ 均处于无效状态时，D 触发器状态随着输入端 D 的状态而变化，但前提是必须在 CP 上升沿的时刻，也仅在上升沿的时刻输出端的状态才会改变。

表 6.2.4　　　　　　　　带直接置 1 端和置 0 端的边沿 D 触发器功能表

$\overline{R}_D$	$\overline{S}_D$	CP	D	Q^{n+1}
0	0	×	×	不定
0	1	×	×	0
1	0	×	×	1
1	1	⌐	0	0
1	1	⌐	1	1

由于 $\overline{R}_D$ 和 $\overline{S}_D$ 的控制作用都是已知的，并且也不是所有品种的触发器都具有这个功能，因此边沿 D 触发器的功能表经常简化为表 6.2.3 的形式。

从功能表很容易得到边沿 D 触发器的特性方程为

$$Q^{n+1}=D（CP \text{ 上升沿到来时有效}） \tag{6.2.3}$$

【例 6.2.2】　上升沿触发的维持-阻塞 D 触发器的 CP 脉冲和输入信号 D 的波形如图 6.2.6 所示，画出 Q 端的时序图，假设 Q 的初始状态为 0。

解：触发器输出 Q 的变化波形取决于 CP 脉冲及输入信号 D，由于维-阻 D 触发器是上升沿触发，故作图时首先找出 CP 脉冲的各上升沿，再根据上升沿时的输入信号 D 得出输出 Q，这个 Q 的状态将一直持续到下一个 CP 的上升沿。依此类推，就可以得到全部的时序图。

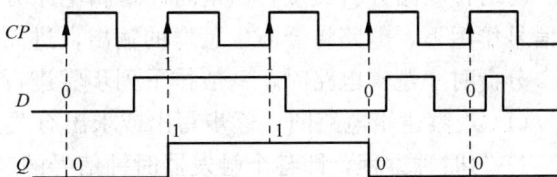

图 6.2.6　【例 6.2.2】的时序图

从图 6.2.6 可以看出，触发器的状态仅在 CP 脉冲的上升沿有可能翻转，Q 端波形的持续时间比基本触发器和钟控触发器都要规律，便于控制。

3. 边沿 JK 触发器

（1）逻辑符号。目前的 JK 触发器大都采用边沿触发方式，具有抗干扰能力强、速度快等优点。比如 TTL 集成电路系列中的 74112 内部集成了两个相同的下降沿触发的 JK 触发器。不管电路内部结构如何，边沿 JK 触发器的逻辑符号可以采用相同的表示形式，如图 6.2.7 所示。逻辑符号内的"＞"与方框外侧的小圆圈放在一起表示下降沿触发的边沿触发器。

（2）功能表与特性方程。JK 触发器的功能如表 6.2.5 所示。

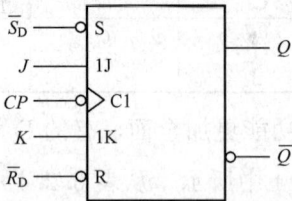

图 6.2.7　JK 触发器逻辑符号

表 6.2.5　　　边沿 JK 触发器功能表

CP	J	K	Q^{n+1}	说明
⌐L	0	0	Q^n	保持
⌐L	0	1	0	复位
⌐L	1	0	1	置位
⌐L	1	1	$\overline{Q}^n$	计数翻转

可以看出，JK 触发器不仅消除了 RS 触发器状态不定的问题，还具有置 0、置 1、保持和翻转计数❶功能，是全功能的触发器。另外，JK 触发器由于有两个输入控制端，所以在实际使用中比 D 触发器更加灵活。

JK 触发器的特性方程为

$$Q^{n+1}=J\overline{Q}^n+\overline{K}Q^n\,(CP\downarrow) \tag{6.2.4}$$

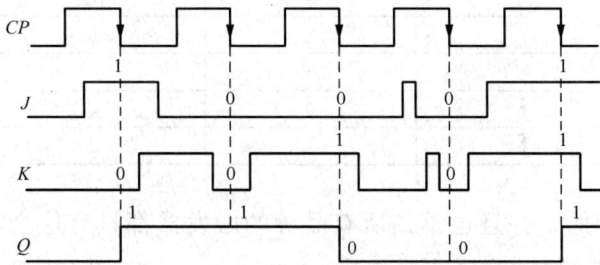

图 6.2.8　【例 6.2.3】的时序图

【例 6.2.3】　假设 Q 的初始状态为 0，画出图 6.2.8 中的下降沿触发 JK 触发器输出端 Q 的时序图。设 Q 的初始状态为 0。

解：与边沿 D 触发器类似，JK 触发器的输出状态仅在 CP 下降沿的时刻发生变化，其变化受 JK 端的状态控制，时序波形如图 6.2.8 所示。

6.2.2　时序逻辑电路的分析

1. 时序逻辑电路的分析方法

与组合电路分析类似，所谓时序逻辑电路分析，就是研究一个给定的时序逻辑电路在输入信号作用下，电路将会产生怎样的输出，进而说明该电路的逻辑功能。

分析时序逻辑电路时，一般按下列步骤进行：

（1）观察逻辑电路图，逐步写出或求出有关方程。

1）写时钟方程，即各个触发器时钟信号的逻辑表达式；

2）写驱动方程，即各个触发器输入端信号的逻辑表达式，比如 D 或 J、K；

3）求状态方程，将写出的 D 或 J、K 的驱动方程带入触发器的特性方程，求出特定时序电路的状态方程，即各个触发器次态 Q^{n+1} 的表达式，也称为次态方程；

4）写输出方程，即时序电路中输出信号的逻辑表达式。

（2）列出状态转换表：利用状态方程和输出方程求出所有可能状态的次态和输出，列出状态转换表。

（3）根据状态转换表，画出状态图等。

---

❶　在 $J=K=1$ 时，每来一个 CP 脉冲 JK 触发器总是处于翻转的状态，即 $0-1-0-1\cdots$，实际上就是处于二进制计数状态，计数的对象是 CP 的有效边沿。

（4）根据状态图，说明电路的逻辑功能。

以上过程仍然可借用"图→式→表→功能"这一简单表示的流程进行，只不过"式"包括时钟方程、驱动方程、输出方程和状态方程四种，"表"指的是状态转换表。

2. 时序逻辑电路分析举例

【例 6.2.4】 分析图 6.2.9 所示时序逻辑电路的功能。

解：（1）列出电路中的方程。

1）时钟方程。

$$CP_0 = CP_1 = CP_2 = CP \uparrow$$

$$(6.2.5)$$

式（6.2.5）表示电路中所有触发器的时钟都来自于同一个时钟脉冲信号源，边沿也都是上升沿，这种电路称为同步时序逻辑电路。

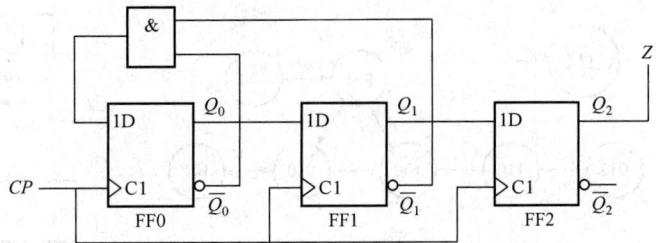

图 6.2.9 【例 6.2.4】的逻辑电路图

2）驱动方程。

$$D_0 = \overline{Q_0^n}\,\overline{Q_1^n}$$
$$D_1 = Q_0^n$$
$$D_2 = Q_1^n$$

$$(6.2.6)$$

3）状态方程。将式（6.2.6）分别代入式（6.2.3）的 D 触发器特性方程，就可分别得到各触发器的次态与现态的关系方程，也就是状态方程

$$Q_0^{n+1} = \overline{Q_0^n}\,\overline{Q_1^n}\,(CP \uparrow)$$
$$Q_1^{n+1} = Q_0^n\,(CP \uparrow)$$
$$Q_2^{n+1} = Q_1^n\,(CP \uparrow)$$

$$(6.2.7)$$

4）输出方程。

$$Z = Q_2^n$$

$$(6.2.8)$$

有的电路没有输出方程，此步骤即可省略。

（2）列出时序电路所有现态与相应次态的表格称为状态表。本例中有三个触发器，所以共有 $2^3 = 8$ 种现态，分别列出与其对应的次态如表 6.2.6 所示。

表 6.2.6 　　　　　　**【例 6.2.4】的 状 态 表**

CP 的顺序	现态			次态/输出			
	Q_2^n	Q_1^n	Q_0^n	Q_2^{n+1}	Q_1^{n+1}	Q_0^{n+1}	$/Z$
1	0	0	0	0	0	1	/0
2	0	0	1	0	1	0	/0
3	0	1	0	1	0	0	/0
4	0	1	1	1	1	0	/0
5	1	0	0	0	0	1	/1
6	1	0	1	0	1	0	/1
7	1	1	0	1	0	0	/1
8	1	1	1	1	1	0	/1

（3）状态图。将状态表中现态与次态的关系变换成图 6.2.10 的形式，称为状态转换图，状态图可以比状态表更直观地反映时序电路的时序关系。

可以看出，电路正常工作时，各触发器的 Q 端轮流出现一个宽度为一个 CP 周期的脉冲信号，电路的功能为脉冲分配器或节拍脉冲产生器。图 6.2.11 为本例的时序图，可以直观地看出节拍脉冲的产生。

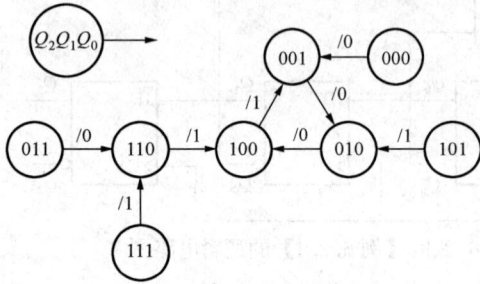

图 6.2.10 【例 6.2.4】的状态图　　　　图 6.2.11 【例 6.2.4】的时序图

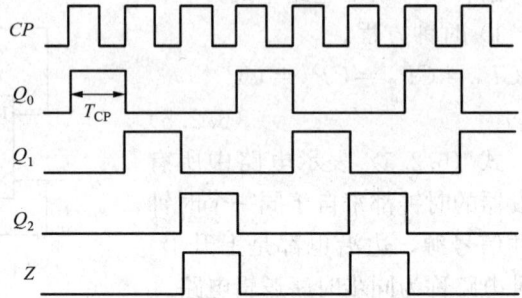

从【例 6.2.4】知道，除逻辑电路图、功能表、特性方程（或状态方程）和时序图外，时序逻辑电路还经常用状态表、状态转换图来表示电路的逻辑功能。

【例 6.2.5】 时序逻辑电路如图 6.2.12 所示，试分析它的逻辑功能。

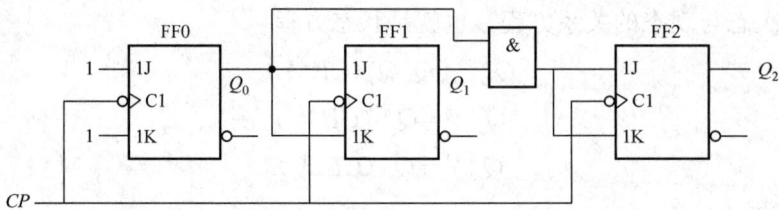

图 6.2.12 【例 6.2.5】的逻辑图

解：（1）列出电路中的各种方程。

1）时钟方程。

$$CP_0 = CP_1 = CP_2 = CP \downarrow \tag{6.2.9}$$

2）驱动方程。

$$J_0 = K_0 = 1$$
$$J_1 = K_1 = Q_0^n \tag{6.2.10}$$
$$J_2 = K_2 = Q_1^n Q_0^n$$

3）状态方程。

$$Q_0^{n+1} = \overline{Q}_0^n (CP \downarrow)$$
$$Q_1^{n+1} = \overline{Q}_1^n Q_0^n + Q_1^n \overline{Q}_0^n (CP \downarrow) \tag{6.2.11}$$
$$Q_2^{n+1} = \overline{Q}_2^n Q_1^n Q_0^n + Q_2^n \overline{Q}_1^n + Q_2^n \overline{Q}_0^n (CP \downarrow)$$

（2）列状态表，见表 6.2.7。

表 6.2.7　　　　　　　　　　　　　　　【例 6.2.5】的 状 态 表

计数脉冲 CP 的顺序	现　态			次　态		
	Q_2^n	Q_1^n	Q_0^n	Q_2^{n+1}	Q_1^{n+1}	Q_0^{n+1}
1	0	0	0	0	0	1
2	0	0	1	0	1	0
3	0	1	0	0	1	1
4	0	1	1	1	0	0
5	1	0	0	1	0	1
6	1	0	1	1	1	0
7	1	1	0	1	1	1
8	1	1	1	0	0	0

（3）画状态图和时序图，分别见图 6.2.13 和图 6.2.14。

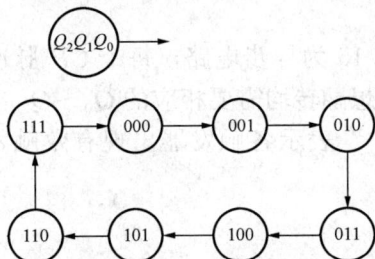

图 6.2.13　【例 6.2.5】的状态图

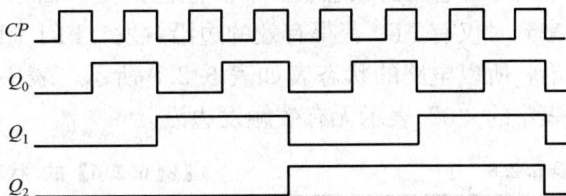

图 6.2.14　【例 6.2.5】的时序图

由状态表、状态图、时序图均可看出，此电路有 8 个有效工作状态，在时钟脉冲 CP 的作用下，由初始 000 状态依次递增到 111 状态，其递增规律为每输入一个 CP 脉冲，电路输出状态按二进制运算规律加一。所以此电路称为三位二进制（八进制）同步加法计数器，计数的对象是 CP 脉冲的下降沿。

【例 6.2.6】　时序逻辑电路如图 6.2.15 所示，试分析它的逻辑功能。

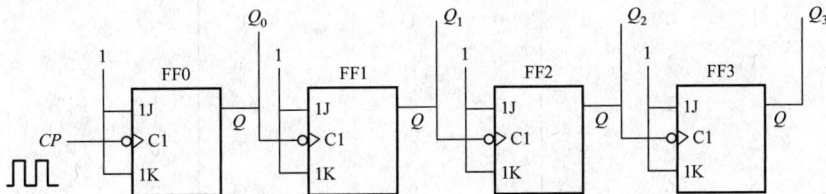

图 6.2.15　【例 6.2.6】的逻辑电路图

解： 该电路各触发器的时钟均不同，除第一个触发器 FF0 是 CP 下降沿触发外，其他触发器都是利用前一个触发器输出 Q 的下降沿做触发边沿的。这种电路中触发器时钟各不相同的电路称为异步时序逻辑电路。

（1）列出电路中的方程。

1）时钟方程

$$CP_0 = CP \downarrow$$
$$CP_1 = Q_0 \downarrow$$
$$CP_2 = Q_1 \downarrow \qquad (6.2.12)$$
$$CP_3 = Q_2 \downarrow$$

2）驱动方程

$$J_0 = K_0 = 1$$
$$J_1 = K_1 = 1$$
$$J_2 = K_2 = 1 \tag{6.2.13}$$
$$J_3 = K_3 = 1$$

3）状态方程

$$Q_0^{n+1} = \overline{Q_0^n}(CP \downarrow)$$
$$Q_1^{n+1} = \overline{Q_1^n}(Q_0 \downarrow)$$
$$Q_2^{n+1} = \overline{Q_2^n}(Q_1 \downarrow) \tag{6.2.14}$$
$$Q_3^{n+1} = \overline{Q_3^n}(Q_2 \downarrow)$$

（2）列出电路的状态表。需要注意的是，由于图 6.2.15 为异步电路，每个 CP 脉冲下降沿来到时仅有 FF0 获得有效的边沿触发，FF1～FF3 要想翻转均需要相应的 $Q_0 \sim Q_2$ 出现下降沿，所以电路的状态表如表 6.2.8 所示，表中的"↓"表示各触发器出现有效触发边沿，表中的"0"表示无有效触发边沿。

表 6.2.8　　　　　　　　　　　　　【例 6.2.6】的 状 态 表

CP	现　　态				次　　态				各触发器有效时钟			
	Q_3^n	Q_2^n	Q_1^n	Q_0^n	Q_3^{n+1}	Q_2^{n+1}	Q_1^{n+1}	Q_0^{n+1}	CP_3	CP_2	CP_1	CP_0
1	0	0	0	0	0	0	0	1	0	0	0	↓
2	0	0	0	1	0	0	1	0	0	0	↓	↓
3	0	0	1	0	0	0	1	1	0	0	0	↓
4	0	0	1	1	0	1	0	0	0	↓	↓	↓
5	0	1	0	0	0	1	0	1	0	0	0	↓
6	0	1	0	1	0	1	1	0	0	0	↓	↓
7	0	1	1	0	0	1	1	1	0	0	0	↓
8	0	1	1	1	1	0	0	0	↓	↓	↓	↓
9	1	0	0	0	1	0	0	1	0	0	0	↓
10	1	0	0	1	1	0	1	0	0	0	↓	↓
11	1	0	1	0	1	0	1	1	0	0	0	↓
12	1	0	1	1	1	1	0	0	0	↓	↓	↓
13	1	1	0	0	1	1	0	1	0	0	0	↓
14	1	1	0	1	1	1	1	0	0	0	↓	↓
15	1	1	1	0	1	1	1	1	0	0	0	↓
16	1	1	1	1	0	0	0	0	↓	↓	↓	↓

（3）画状态图和时序图，分别见图 6.2.16 和图 6.2.17。

由图 6.2.16 可以看出，在时钟脉冲 CP 的作用下，电路的 16 个状态按递增规律循环变化，即 0000→0001→⋯→1111→0000→⋯，电路具有递增计数功能，是一个四位二进制异步加法计数器。

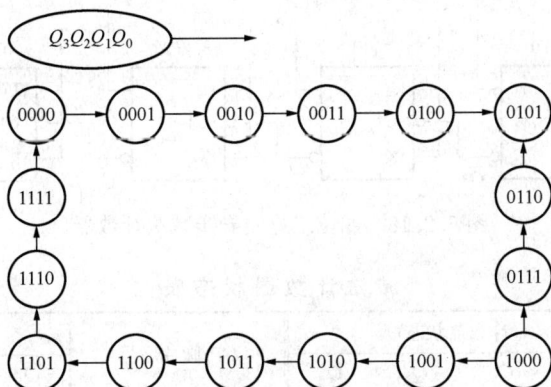

图 6.2.16　【例 6.2.6】的状态图

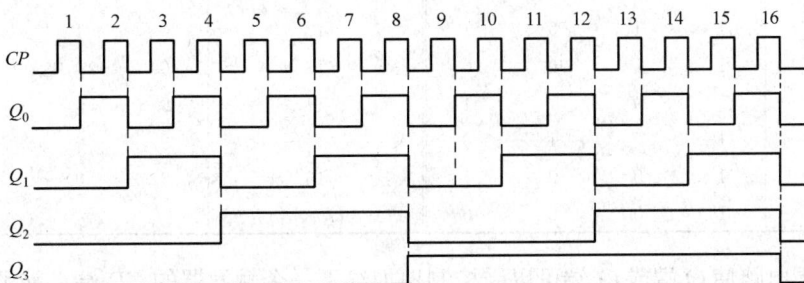

图 6.2.17　【例 6.2.6】的时序图

6.2.3　常用时序逻辑集成器件

1. 计数器

计数器是一种应用十分广泛的时序电路。它的主要功能是对输入的 CP 脉冲进行计数。除此之外，还经常用于分频、定时、产生节拍脉冲和脉冲序列以及进行数字运算等。

计数器有多种分类方式。按计数器中的各触发器的时钟脉冲加入方式可分为同步计数器和异步计数器；按计数进制，计数器可分为二进制、十进制和其他任意进制计数器；按计数功能，计数器可分为加法计数器、减法计数器和可加可减的可逆计数器。比如【例 6.2.5】和【例 6.2.6】就分别是同步和异步的不同进制计数器的例子。

（1）计数器的工作原理。将 JK 触发器的 J 和 K 置 1，每来一个 CP 脉冲，触发器就会在 0、1 状态间来回翻转，就构成了最简单的一位二进制计数器。若将多个这样的触发器级联，即低位输出接至高位的时钟脉冲输入端，就构成了多位二进制异步计数器，如图 6.2.15 所示即为四位二进制异步加法计数器电路。若以 Q_3 作为输出端，因为 Q_3 的波形频率是 CP 频率的 1/16，所以也称为十六分频器。

若将图 6.2.15 中 FF1、FF2 和 FF3 三个触发器的时钟端依次接到低一位触发器的输出 $\overline{Q}$ 端，就得到图 6.2.18 所示的电路。不难分析，当连续输入计数脉冲 CP 时，计数器的状态如表 6.2.9 所示，构成了一个四位二进制异步减法计数器。

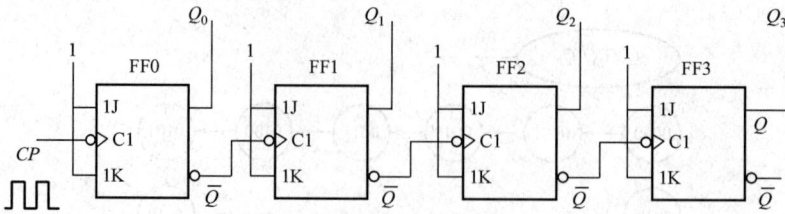

图 6.2.18 四位二进制异步减法计数器

表 6.2.9　　　　　　　　　　　　　减 法 计 数 器 状 态 表

CP 脉冲序号	计数器状态				CP 脉冲序号	计数器状态			
	Q_3	Q_2	Q_1	Q_0		Q_3	Q_2	Q_1	Q_0
0（初始状态）	0	0	0	0	9	0	1	1	1
1	1	1	1	1	10	0	1	1	0
2	1	1	1	0	11	0	1	0	1
3	1	1	0	1	12	0	1	0	0
4	1	1	0	0	13	0	0	1	1
5	1	0	1	1	14	0	0	1	0
6	1	0	1	0	15	0	0	0	1
7	1	0	0	1	16	0	0	0	0
8	1	0	0	0					

若利用逻辑电路使 Q 端或 $\overline{Q}$ 端可以受控制地加给下一个触发器的 CP 端，就可以组成一个可加可减的可逆计数器，实际的可逆计数器也正是如此。以上功能也可以利用 D 触发器实现。

二进制异步计数器结构简单，电路工作可靠；但工作速度较慢，为了提高工作速度，可采用同步结构。它的计数规律与异步计数器相同，工作速度高，结构稍复杂。

除二进制计数器外，人们为了读数习惯，常常采用十进制计数器。例如在数字装置终端，广泛采用十进制计数器计数并将结果加以显示。如果在二进制计数电路中加入控制电路，可以使电路在 0000→0001→…→1001 后，再来一个 CP 脉冲就返回到 0000 状态，就可以构成常用的十进制计数器了，状态表如表 6.2.10 所示，其工作原理的分析方法类似，这里不再分析。

表 6.2.10　　　　　　　　　　8421BCD 码十进制加法计数器状态表

计数脉冲	二进制数				十进制数	计数脉冲	二进制数				十进制数
	Q_3	Q_2	Q_1	Q_0			Q_3	Q_2	Q_1	Q_0	
0（初态）	0	0	0	0	0	6	0	1	1	0	6
1	0	0	0	1	1	7	0	1	1	1	7
2	0	0	1	0	2	8	1	0	0	0	8
3	0	0	1	1	3	9	1	0	0	1	9
4	0	1	0	0	4	10	0	0	0	0	0
5	0	1	0	1	5						

（2）集成计数器简介。对于集成计数器，主要是关心其功能和使用，所以下面介绍几种常见的集成计数器的功能和使用，内部原理与前述计数器分析类似，不再赘述。

1）四位二进制同步加法计数器 74161。74161 是四位二进制同步加法计数器，TTL 和 CMOS 集成电路系列芯片中都有 161 产品，如 74LS161、74HCT161、74LVC161 等，其逻辑符号、外引线排列和基本逻辑功能都相同，是一种广泛使用的计数器。

图 6.2.19 是十六进制同步计数器 74161 的逻辑符号和外引线图，CP 为上升沿有效的计数脉冲输入端，$Q_3Q_2Q_1Q_0$ 为四位二进制输出端。

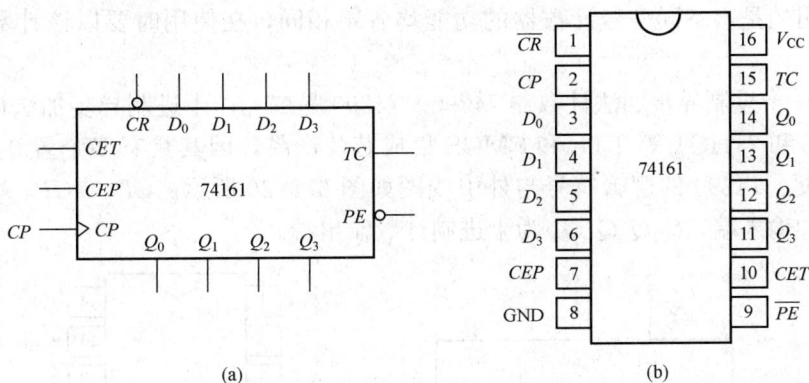

(a)　　　　　　　　　　(b)

图 6.2.19　四位二进制同步加法计数器 74161

(a) 逻辑符号；(b) 外引线图

74161 的功能如表 6.2.11 所示，下面对 74161 的功能做简单介绍。

表 6.2.11　　　　　　　　　　　　　　**74161 功 能 表**

输　　入									输　　出			
$\overline{CR}$	$\overline{PE}$	CP	CEP	CET	D_3	D_2	D_1	D_0	Q_3	Q_2	Q_1	Q_0
0	×	×	×	×	×	×	×	×	0	0	0	0
1	0	↑	×	×	D_3	D_2	D_1	D_0	D_3	D_2	D_1	D_0
1	1	×	0	×	×	×	×	×	保持			
1	1	×	×	0	×	×	×	×	保持			
1	1	↑	1	1	×	×	×	×	计数			

① 异步清零端 $\overline{CR}$❶。当 $\overline{CR}$ 为低电平时，无论其他输入端是何状态（包括时钟信号 CP），均立即使计数器的状态置 0，即 $Q_3Q_2Q_1Q_0=0000$。

② 同步并行置数使能端 $\overline{PE}$。$D_3D_2D_1D_0$ 是四个并行数据输入端，当 $\overline{PE}$ 为低电平且时钟脉冲上升沿到来时，$D_3D_2D_1D_0$ 被预置到输出端，即 $Q_3Q_2Q_1Q_0=D_3D_2D_1D_0$。

③ 计数使能端 CEP 和 CET。当置 0 端 $\overline{CR}$ 和置数端 $\overline{PE}$ 均为高电平处于无效状态时，计数器的状态受计数使能端 CEP 和 CET 控制，只要 CEP 和 CET 中有一个为 0，则计数器处于保持状态，只有当 CEP 和 CET 全为高电平时，计数器可以对 CP 的上升沿计数。

④ 进位输出端 TC。TC 平时为 0，只有当 $CET=1$ 且 $Q_3Q_2Q_1Q_0=1111$ 时，TC 才为 1，下一个 CP 上升沿到来时 TC 回 0，表示有进位发生。TC 可以供芯片级联扩展使用。

综上所述，74161 是有异步清零、同步置数功能的四位二进制同步计数器。如将计数器

❶　异步清零端就是不需要时钟脉冲配合的直接置 0 端，如果需要时钟 CP 配合的功能则称为同步。

适当改接，利用其清零、置数、使能等控制端扩展使用，可以实现成品计数器所没有的其他任意进制计数。

十进制同步加法计数器 74160 除了是十进制计数以外，与 74161 在管脚排列、功能端的用法上完全一样，也是很常用的计数器。当然，其 TC 端仅在 $CET=1$ 且 $Q_3 Q_2 Q_1 Q_0 = 1001$ 时为 1。

需要说明的是，不同型号计数器的功能均各不相同，在使用时要以该计数器的功能表为准。

2）二-五-十进制异步加法计数器 74290。74290 是二-五-十进制异步加法计数器，也有 74LS、74HC 和 74HCT 等 TTL 和 CMOS 集成芯片产品，因其具有多个置 0 端和置数端，使用灵活方便。74290 的逻辑符号与外引线图如图 6.2.20 所示。CP_0、CP_1 端为下降沿有效的计数脉冲输入端，$Q_3 Q_2 Q_1 Q_0$ 为十进制计数输出端。

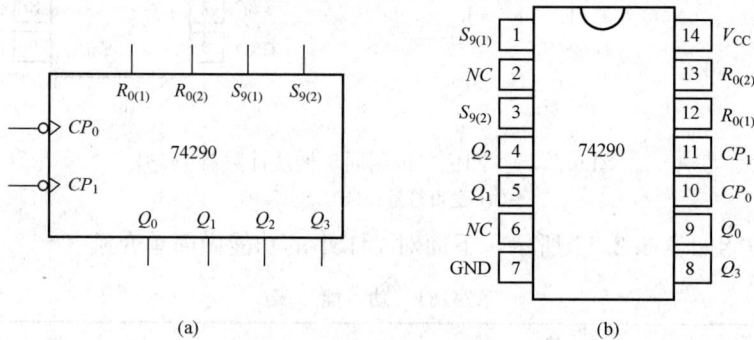

图 6.2.20　二-五-十进制异步计数器 74290
（a）逻辑符号；（b）外引线图

74290 内部有两个相互独立的二进制和五进制计数器，分别使用 CP_0 和 CP_1 作为时钟脉冲。最常用的使用方式是将 Q_0 与 CP_1 相连，计数脉冲从 CP_0 输入，$Q_3 Q_2 Q_1 Q_0$ 输出的就是按 8421BCD 规律的十进制计数。74290 的逻辑功能见表 6.2.12。

表 6.2.12　　　　　　　　　　　　74290　功　能　表

$S_{9(1)}$	$S_{9(2)}$	$R_{0(1)}$	$R_{0(2)}$	CP	Q_3	Q_2	Q_1	Q_0
1	1	$\times$	$\times$	$\times$	1	0	0	1
0	$\times$	1	1	$\times$	0	0	0	0
$\times$	0	1	1	$\times$	0	0	0	0
$S_{9(1)} \cdot S_{9(2)} + R_{0(1)} \cdot R_{0(2)} = 0$				$\downarrow$	计数 $CP_0 = CP$ $CP_1 = Q_0$			

74290 的主要逻辑功能如下：

① 异步置 9 端 $S_{9(1)}$ 和 $S_{9(2)}$。当 $S_{9(1)}$ 和 $S_{9(2)}$ 全为高电平时，无论其他输入端是什么，计数器被直接置 9，即 $Q_3 Q_2 Q_1 Q_0 = 1001$，表示十进制数 9。

② 异步置 0 端 $R_{0(1)}$ 和 $R_{0(2)}$。当 $S_{9(1)}$ 和 $S_{9(2)}$ 至少有一端为 0，即置 9 端处于无效状态时，如果 $R_{0(1)}$ 和 $R_{0(2)}$ 全为高电平则计数器被直接置 0，即 $Q_3 Q_2 Q_1 Q_0 = 0000$，为十进制数 0。

表 6.2.12 中的 $R_{0(1)} \cdot R_{0(2)} + S_{9(1)} \cdot S_{9(2)} = 0$ 表示只有在两个置 9 端和两个置 0 端全无效的情况下，计数器才可以计数。在实际使用中，只要至少将两个置 9 端中的一个接地同时将两个置 0 端中的至少一个接地即可工作。需要注意的是，计数脉冲从 CP_0 输入，并需将 CP_1 与 Q_0 相连。

（3）集成计数器的扩展与应用。现成的集成计数器产品一般仅有十六进制和十进制两种，而在实际应用中往往需要其他进制的计数，这就需要利用现有计数器产品的置 0 或置数功能，在需要的状态强行中止其计数趋势返回到要求的状态，即可实现所需的进制。

1）实现模小于本身进制的计数器。计数器的进制也称为计数器的模，实现模小于本身进制的计数选择单片集成计数器即可。

【例 6.2.7】 用 74160 构成六进制加法计数器。

解：① 反馈清零法。利用 74160 的异步清零端 $\overline{CR}$ 实现，电路如图 6.2.21（a）所示。

假设计数器的初始状态为 0000，则在前 5 个计数脉冲作用下，与非门的输出均为 1，置 0 端无效，所以计数器 $Q_3Q_2Q_1Q_0$ 从 0000→0001→0010→0011→0100→0101 正常计数。当第 6 个计数脉冲到来后，计数器状态变为 $Q_3Q_2Q_1Q_0 = 0110$，与非门输入 11，输出由 1 变 0，使 $\overline{CR}$ 端异步清零成功，计数器返回 0000，从而实现六进制计数，状态图如图 6.2.21（b）所示。必须注意，0110 状态仅在瞬间出现，马上就被异步清 0，并不属于有效循环。

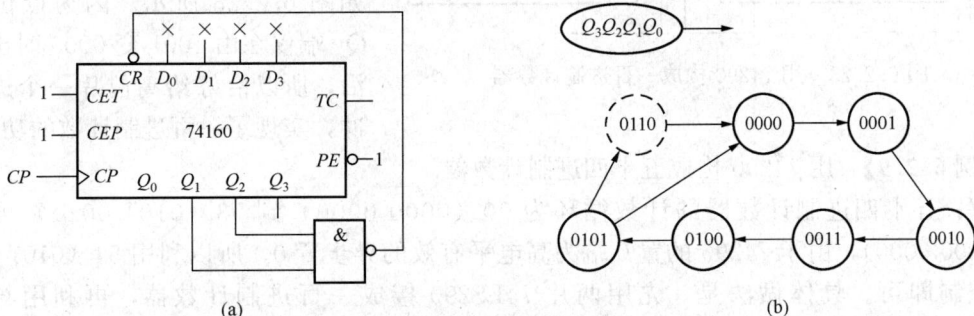

图 6.2.21 用 74160 构成六进制加法计数器
（a）逻辑电路图；（b）状态图

反馈归零法适用于所有有清零端的集成计数器。

② 反馈置数法。利用 74160 的同步置数端 $\overline{PE}$ 实现，电路如图 6.2.22（a）所示。

利用置数端实现六进制计数的原理与反馈清零法类似，在并行数据输入端 $D_3D_2D_1D_0$ 事先接入需要的数据，比如 $D_3D_2D_1D_0 = 0000$。但如果仍然用 Q_2 和 Q_1 接入用于控制的与非门，由于 $\overline{PE}$ 是同步置数端，当 $Q_3Q_2Q_1Q_0 = 0110$ 时，$\overline{PE}$ 虽然处于有效状态，但还需要等待 CP 上升沿的配合，所以在等待下一个 CP 边沿的过程中，0110 的状态就不是瞬态了，而成为计数循环中的一个，然后在下一个 CP 边沿来到时才置入数据 0000。这样计数器电路就变成了七进制，而不是六进制。所以，为实现六进制计数，应将 Q_2 和 Q_0 接入用于控制的与非门输入端，状态图如图 6.2.22（b）所示。

改变并行置入的数据和反馈回的状态就可以构成更多样的计数进制。

2）扩展成任意进制的计数器。如果所需要的计数器的模大于现有成品计数器，可通过多片集成计数器扩展实现。

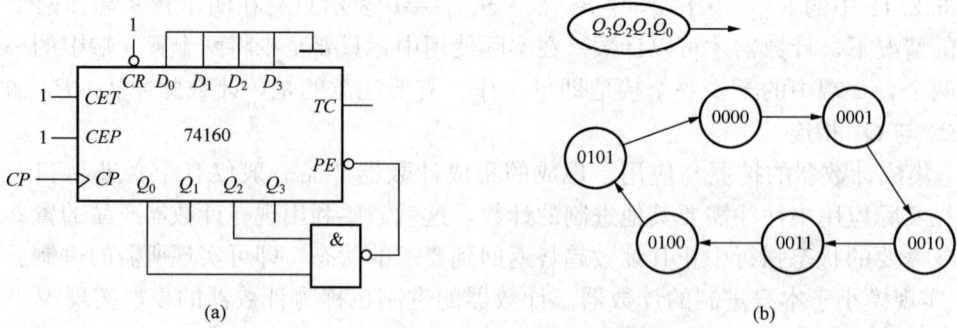

图 6.2.22　用 74160 构成六进制加法计数器

（a）逻辑电路图；（b）状态图

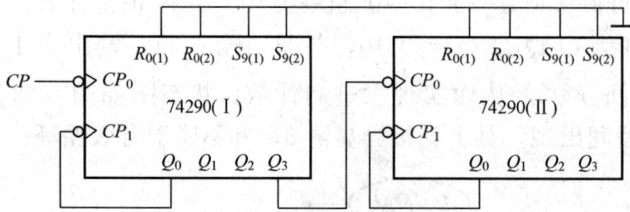

图 6.2.23　用 74290 构成一百进制计数器

【例 6.2.8】　用 74290 构成一百进制计数器。

解：将两片 74290 的每一片均接成十进制计数器，然后将低位片的输出 Q_3 连到高位片的 CP_0 端，如图 6.2.23 所示。因为低位片的 Q_3 端仅在由 1001 变 0000 时出下降沿，所以恰好给高位片一个进位脉冲，实现了一百进制计数的功能。

【例 6.2.9】　用 74290 构成五十四进制计数器。

解：五十四进制计数器的计数循环为 00（0000 0000）到 53（0101 0011）再回到 00（0000 0000），由于 74290 的置 0 端为高电平有效的异步置 0，所以利用 54（0101 0100）进行控制即可。具体做法是，先用两片 74LS290 接成一百进制计数器，再利用与门将 54（0101 0100）反馈回直接置 0 端即可构成五十四进制，如图 6.2.24 所示。

由于 74290 还有异步置 9 端，也可以利用异步置 9 功能来实现，比如图 6.2.25 就是利用置 9 端实现的六进制计数器，其计数状态循环为 1001→0000→0001→0010→0011→0100→1001→……。

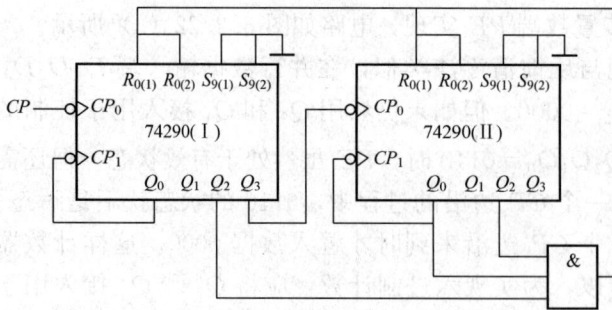

图 6.2.24　用 74290 构成五十四进制计数器

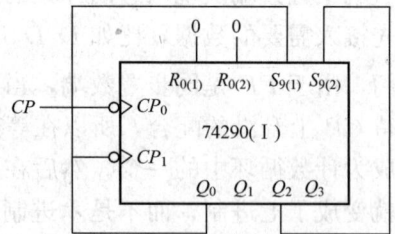

图 6.2.25　用 74290 的置 9 端实现的六进制计数器

2. 寄存器

寄存器是计算机和其他各类数字系统中用来存放二进制数据或代码的电路，主要由触发器构成，在各类数字系统中都有着广泛的应用。一个触发器只能寄存一位二进制数，所以要存储 n 位二进制数码就需要 n 个触发器。常用的寄存器有四位、八位、十六位等。

按功能的不同，可将寄存器分为数码寄存器和移位寄存器两大类。数码寄存器只能并行输入/并行输出数据。移位寄存器中的数据可以在移位脉冲作用下依次逐位右移或左移，数据既可以并入/并出，也可以串入/串出，还可以并入/串出、串入/并出等，使用灵活方便。

(1) 数码寄存器。图 6.2.26 是用 4 个 D 触发器组成的四位数码寄存器，$1D\sim4D$ 是 4 个数据输入端，$1Q\sim4Q$ 是相应的数据输出端，$1\overline{Q}\sim4\overline{Q}$ 是对应的反码输出端。可以看出，$\overline{R}_\mathrm{D}$ 为低有效的异步置 0 端，置 0 端无效时，在 CP 脉冲上升沿的作用下，要存入的数据 $1D\sim4D$ 被并行存入到数据输出端。如 CP 无上升沿，则各触发器保持原状态不变，寄存器处在记忆保持状态。

(2) 移位寄存器。能进行移位操作的寄存器称为移位寄存器，它可以在移位脉冲的作用下实现数码逐次左移或右移，移位寄存器在计算机和其他数字系统中广泛应用。移位寄存器可分为单向移位寄存器和双向移位寄存器。

1) 单向移位寄存器。若将前面讨论的数码寄存器的 $1Q$ 接 $2D$、$2Q$ 接 $3D$、$3Q$ 接 $4D$，且数码从 $1D$ 串行输入，则组成了一个串行输入的单向移位寄存器，如图 6.2.27 所示。

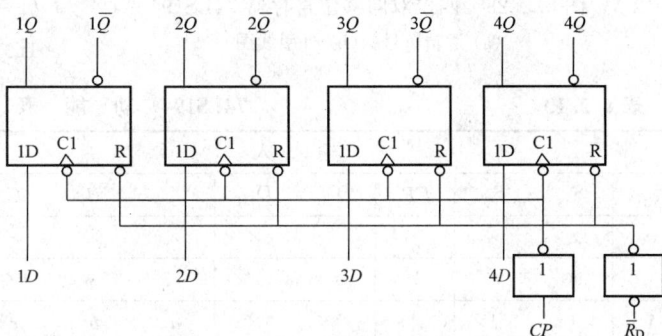

图 6.2.26　四位数码寄存器

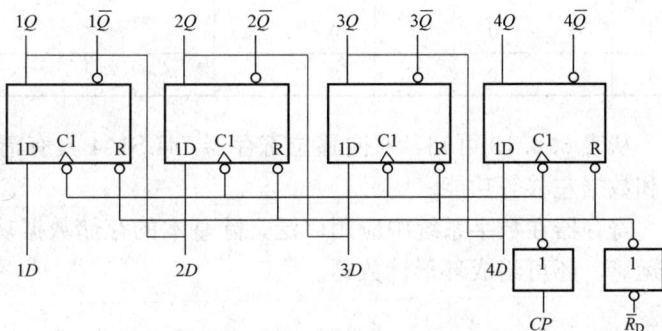

图 6.2.27　四位右移寄存器

设需存入数码为 $D_1D_2D_3D_4$，将此二进制数码高位 D_4 加在 $1D$ 端，则第一个 CP 脉冲到来后，D_4 被读入第一个触发器中，得到 $1Q=D_4$，同时 $1Q$ 又作为第二个触发器 $2D$ 的输入。此时，将 D_3 加在 $1D$ 端，第二个 CP 脉冲到来后，D_4 进入第二个触发器、D_3 进入第一个触发器，即 $2Q=D_4$、$1Q=D_3$。以后，每来一个 CP 脉冲，数据就右移一位，当第四个 CP 脉冲到来后，四个数据全部进入寄存器，移位寄存器的状态确定，即 4 个时钟脉冲后，4 个触发器的输出状态 $4Q\,3Q\,2Q\,1Q=D_4D_3D_2D_1$。

类似地，如将 $4Q$ 接 $3D$、$3Q$ 接 $2D$、$2Q$ 接 $1D$，且数码从 $4D$ 串行输入，则组成左移寄存器。

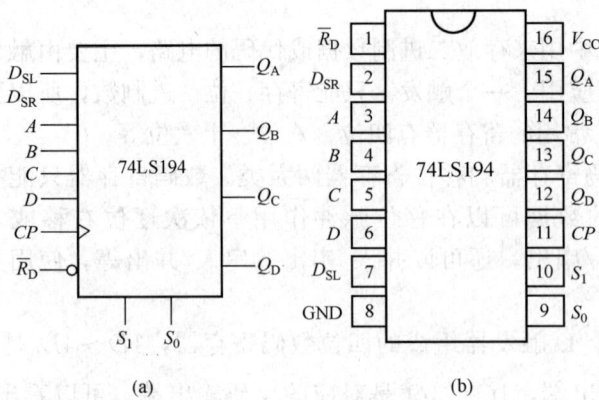

图 6.2.28　四位双向移位寄存器 74LS194
(a) 逻辑符号；(b) 外引线图

2）双向移位寄存器。74LS194 是用 4 个 D 触发器组成四位寄存单元的双向移位寄存器，其逻辑符号和外引线图如图 6.2.28 所示。其中，D、C、B、A 为并行数据输入端，Q_D、Q_C、Q_B、Q_A 为数据输出端，D_{SL} 为左移串行数据输入端，D_{SR} 为右移串行数据输入端，$\overline{R_D}$ 为低电平有效的异步数据清零端，S_1、S_0 是使能控制端，当 S_1、S_0 为不同组合时分别控制寄存器处于保持、并行置数、右移和左移，其功能如表 6.2.13 所示。

表 6.2.13　　　　　　　74LS194　功　能　表

			输　入								输　出		
$\overline{R_D}$	S_1	S_0	CP	D_{SL}	D_{SR}	A	B	C	D	Q_A^{n+1}	Q_B^{n+1}	Q_C^{n+1}	Q_D^{n+1}
0	×	×	×	×	×	×	×	×	×	0	0	0	0
1	×	×	L	×	×	×	×	×	×	Q_A^n	Q_B^n	Q_C^n	Q_D^n
1	1	1	↑	×	×	a	b	c	d	a	b	c	d
1	0	1	↑	×	1	×	×	×	×	1	Q_A^n	Q_B^n	Q_C^n
1	0	1	↑	×	0	×	×	×	×	0	Q_A^n	Q_B^n	Q_C^n
1	1	0	↑	1	×	×	×	×	×	Q_B^n	Q_C^n	Q_D^n	1
1	1	0	↑	0	×	×	×	×	×	Q_B^n	Q_C^n	Q_D^n	0
1	0	0	×	×	×	×	×	×	×	Q_A^n	Q_B^n	Q_C^n	Q_D^n

　　从表 6.2.13 可知，双向移位寄存器 74LS194 具有清零、并行输入、串行输入、数据右移和数据左移等功能。

　　寄存器在数字系统中应用广泛，除基本的存储数据功能之外，可通过其移位功能实现数据运算，还可组成环形计数器。

6.3　半导体存储器与可编程逻辑器件

　　半导体存储器是用来存放大量二进制信息的大规模数字集成电路。由于具有集成度高、容量大、存储速度快、体积小、成本低、可靠性高、省电等一系列优点，半导体存储器已成为电子计算机及数字系统中的重要组成部分。

　　可编程逻辑器件是一种可由使用者按一定规则定义和设计逻辑功能、完成大规模复杂数字系统的集成器件。它集成度高、使用灵活、速度快、系统可靠性强。

　　半导体存储器与可编程逻辑器件均属于大规模集成器件，本节将对它们的组成结构、基本原理及特点做简单介绍。

6.3.1 随机存取存储器（RAM）与只读存储器（ROM）

半导体存储器可分为易失性存储器和非易失性存储器两大类。所谓易失性和非易失性是指存储器在断电后所储存数据是否丢失。随机存取存储器 RAM（Random Access Memory）是一种广泛用于存储数据和程序的易失性半导体存储器，它使用方便，可随时进行数据的读（从 RAM 中调用数据）和写（向 RAM 中存储数据）操作，故 RAM 又称为读/写存储器，但一旦断电，RAM 中所存内容立即丢失。只读存储器 ROM（Read Only Memory）是非易失性存储器，它预先将信息写入存储器中，在操作时只能读出，不能写入。ROM 结构简单，断电后信息不丢失，常用来存放固定的资料及程序。

1. 随机存取存储器（RAM）

（1）RAM 的基本结构。RAM 主要由存储矩阵、地址译码器和输入/输出控制等几部分组成，如图 6.3.1 所示。

存储矩阵是由许多存储单元组成的阵列，每个存储单元可存放 1 位二进制数。存储器中所存数据通常以字为单位，1 个字中可以含有若干个存储单元，即含有若干位，位数也称为字长。存储器的容量通常以字数和字长的乘积表示，如 1024×4

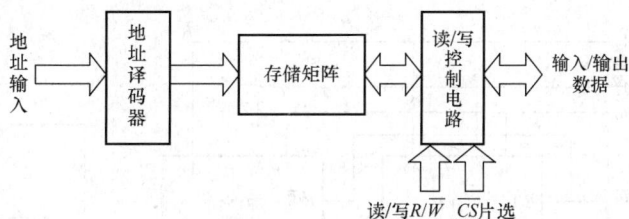

图 6.3.1 RAM 的基本结构

的存储器表示有 1024 个字、每个字有 4 位，其容量共有 4096 个存储单元。RAM 的存储单元结构有双极型、NMOS 型和 CMOS 型等。双极型速度快，但功耗大，集成度不高，大容量的 RAM 一般都采用 MOS 型。

地址译码器是将外部给出的地址信号进行译码，找到相应的字，使这些字中被选中的单元电路和读/写控制电路接通，再由读/写控制电路决定对这些单元进行读或写操作。比如对于 1024×4 的存储器需要用 10 位地址码寻址，已选中字中的 4 个存储单元就可进行读/写操作了。

输入、输出控制也称为读/写控制，是数据读取和写入的指令控制。例如，读/写控制电路的读/写控制信号 $R/\overline{W}=1$ 时，执行读出操作，将被选中的存储单元里的数据送到输入/输出（I/O）端上。当 $R/\overline{W}=0$ 时，执行写入操作，将 I/O 端上的数据写入被选中的存储单元中。$\overline{CS}$ 为片选信号端，当 $\overline{CS}=0$ 时，选中本片电路正常工作；当 $\overline{CS}=1$ 时，电路不能进行读/写操作。

（2）集成 RAM2114 简介。集成 RAM2114 是一个通用的 MOS 集成静态存储器，容量为 1024×4，其逻辑符号及外引线图如图 6.3.2 所示。

集成 RAM2114 有 10 根地址线，

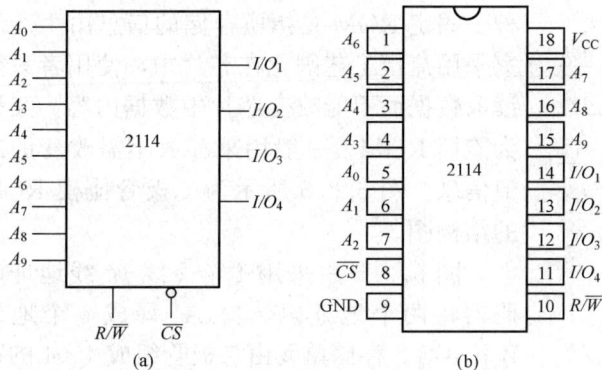

图 6.3.2 集成 RAM2114

（a）逻辑符号；（b）外引线图

可访问 1024（2^{10}）个字。它有常见的 $\overline{CS}$ 片选和 $R/\overline{W}$ 读写允许控制端。I/O_1、I/O_2、I/O_3 和 I/O_4 为输入输出端。集成 RAM2114 的电源电压为 +5V。

（3）集成 RAM 存储容量的扩展。在数字系统中，靠一片存储芯片是很难满足存储要求的，必须将若干片存储器芯片连接起来以达到扩展容量的目的，常见的扩展方式有位扩展和字扩展。

字长也就是位数不够时需要进行位的扩展，可利用并联方式实现。如图 6.3.3 所示，将两片 1024×4 的 RAM2114 的地址线、读/写控制线和片选信号线分别并接在一起，各个芯片的 I/O 仍作为字的位线，就可以扩展为 8 位字长的存储器，即存储容量变为 1024×8。

字数的扩展可以通过外加译码器控制芯片的片选输入端来实现，图 6.3.4 示出了利用 3 线-8 线译码器将 8 个 1K×4 的 RAM 芯片扩展成 8K×4 存储器的例子。

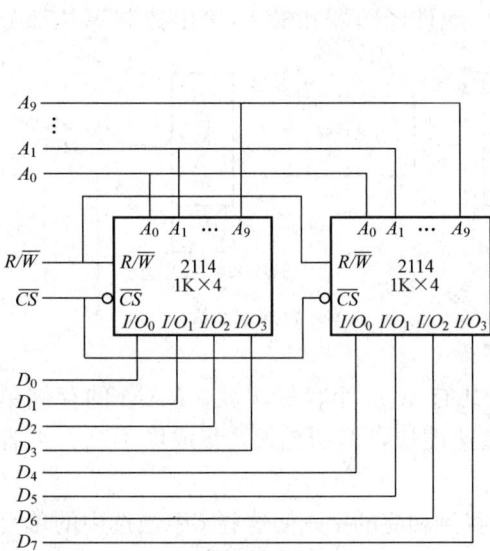

图 6.3.3　集成 RAM2114 的位扩展

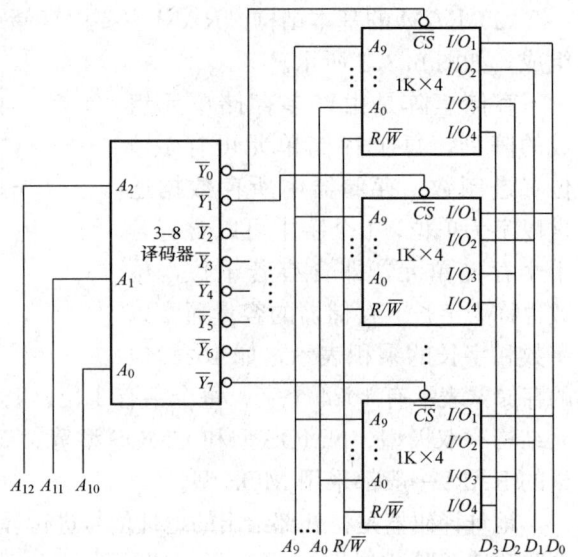

图 6.3.4　集成 RAM2114 的字扩展

2. 只读存储器（ROM）

ROM 是非易失性存储器，断电后信息不丢失，常用来存放固定的信息。

（1）固定 ROM。ROM 器件按制造工艺的不同可分为二极管型、双极型和 MOS 型三种。固定 ROM 是指所存储的信息由生产厂家采用掩模工艺固化在芯片中，使用者只能读取数据而不能改变芯片中数据内容，又称为掩模 ROM。一般用来存放不需改变的二值信息。图 6.3.5 所示为二极管掩模 ROM 的结构图。

图 6.3.5 中采用 1 个 2 线-4 线地址译码器将两个地址码 A_0、A_1 译成 4 个地址 W_0～W_3。存储单元由二极管组成 4×4 的存储矩阵，1 或 0 代码是由二极管的有无来设置的。当译码器输出所对应的 W（字线）为

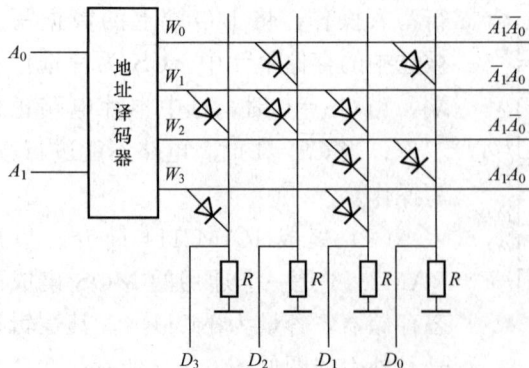

图 6.3.5　二极管掩模 ROM 的结构图

高时，在线上的二极管导通，将相应的 D（位线）与 W 相连使 D 为 1，无二极管的 D 为 0，如图中所存的信息为

$$W_0：0101；W_1：1110；W_2：0011；W_3：1010$$

（2）可编程 ROM。实际应用中，用户常需要自己编程写入数据，由此而产生了可编程 ROM，这极大地缩短了开发时间且费用较低，改正程序错误和更新产品也容易得多。

可编程 ROM（Programmable ROM，PROM）的基本原理如图 6.3.6（a）所示，这是一个简单的 16 位（4×4）PROM，与前面讨论的二极管掩模 ROM 相似。从图 6.3.6（a）中可以看到，每一个存储单元有一个二极管和一个熔断器，即每一个存储单元包含一个逻辑 1，这是 PROM 在写入程序前的状态。

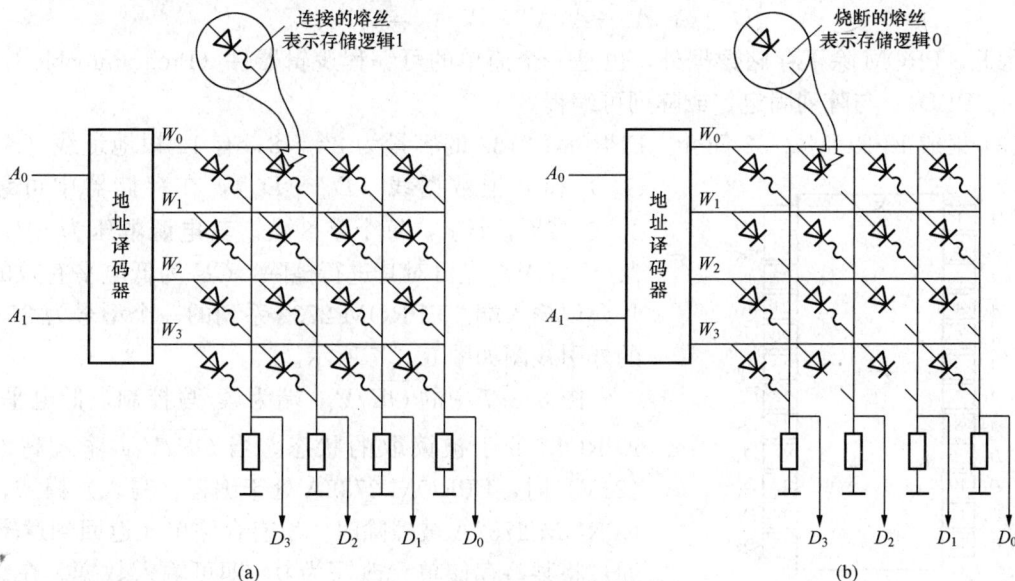

图 6.3.6　可编程 ROM（PROM）
(a) 编程前；(b) 编程后

已经写入数据的 PROM 如图 6.3.6（b）所示。为了对 PROM 写入程序或烧程序，图 6.3.6（b）中所示的细熔丝必须被烧断，通过加大电流烧断熔丝后，二极管被断开，意味着一个逻辑 0 被永久地存储在存储单元中。熔丝一旦被烧断，将不会恢复。所以，PROM 是一次性编程芯片，这给实际使用带来许多不便，在实际使用中更需要可重复编程的芯片。因此，除一次性可编程的 PROM 外，还开发出了紫外线擦除可编程 ROM（Erasable Programmable ROM，EPROM）和电擦除可编程 ROM（Electricity Erasable Programmable ROM，E^2PROM）等。

例如，如果要对 EPROM 重复使用或重复编程，可以将紫外光直接照射 EPROM 芯片顶部的石英窗口约 5 分钟，通过将全部存储单元均设置为逻辑 1 来擦除 EPROM，此后，可对 EPROM 重新写入程序。E^2PROM 也称为 EEPROM，当把它放在电路板上时，能对其进行按字节的擦除或重新写入程序，这对于 PROM 或 EPROM 都是不可能的，其擦写次数可达 1 万次以上。

根据译码器的功能可知，译码器的输出是输入地址码的最小项。若将图 6.3.6（b）中

ROM 地址译码器的输入 A_1、A_0 当成逻辑电路的输入，则地址译码器的输出 W 就完成了相应逻辑变量的与逻辑功能，为固定输出，不可编程，其结构称为与阵列，例如，$W_0 = \overline{A_1} \cdot \overline{A_0}$。类似的，每一位的数据输出 D 则是通过熔丝的通断决定该输出中是否含有该地址对应的最小项，实现相连的最小项相或的逻辑功能，是可编程的，称为或阵列。所以，可以将图 6.3.6（b）中的输出分别写为输入 A_1、A_0 的函数，即

$$\begin{cases} D_3 = \overline{A_1}\,\overline{A_0} + A_1\overline{A_0} + A_1A_0 = A_1 + \overline{A_0} \\ D_2 = \overline{A_1}A_0 + A_1\overline{A_0} = A_1 \oplus A_0 \\ D_1 = \overline{A_1}\,\overline{A_0} + \overline{A_1}A_0 = \overline{A_1} \\ D_0 = \overline{A_1}\,\overline{A_0} + \overline{A_1}A_0 + A_1A_0 = \overline{A_1} + A_0 \end{cases}$$

因此，PROM 除了存储数据外，也是一个简单的可编程逻辑器件（Programmable Logic Device，PLD）。与阵列固定，或阵列可编程。

（3）集成 EPROM 2732 简介。EPROM 2732 的容量为 $2^{12} \times 8$，有 12 根地址线（$A_0 \sim A_{11}$）和 8 根数据线（$D_0 \sim D_7$），在存储器中可编址 4096（2^{12}）个字，每个字 8 位。其电源电压为 5V，用紫外（UV）光可对其进行擦除，$\overline{CE}$ 为低电平有效的芯片允许输入端。EPROM 2732 系列的一个型号为 2732A 的外引线图如图 6.3.7 所示。

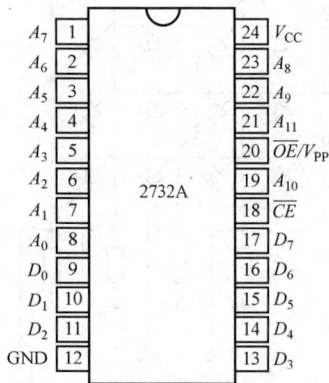

图 6.3.7 中的 $\overline{OE}/V_{PP}$ 端为读/写控制，低电平时，EPROM 处于被读取的状态。当 $\overline{OE}/V_{PP}$ 输入高电平（21V）时，EPROM 2732A 处于编程（写入）模式，当 EPROM 2732A 被擦除时，所有存储单元返回到逻辑 1，通过将某些存储单元改写为 0，即可输入数据。在编程过程中，输入的数据在数据输出引脚 $D_0 \sim D_7$ 加入。

图 6.3.7　EPROM 2732A 外引线图

6.3.2　可编程逻辑器件（PLD）

1. 可编程逻辑器件（PLD）简介

可编程逻辑器件（Programmable Logic Device，PLD）是在 20 世纪 70 年代发展起来的一种大规模集成器件，是一种可以由用户配置、设定其特定逻辑功能的新型逻辑器件。随着集成电路技术和计算机技术的不断发展，可编程逻辑器件日渐成熟并在现代电子系统中起着重要的作用。

（1）PLD 的基本结构。PROM 除了存储数据外，也是一种简单的 PLD。类似的，PLD 作为专用集成逻辑器件，其基本结构也是由与阵列和或阵列构成的，最终的逻辑功能由用户编程决定。

图 6.3.8 是 PLD 的基本结构框图。其中，与阵列是多个多输入与门，或阵列是多个多输入或门，输入缓冲电路可产生输入变量的原变

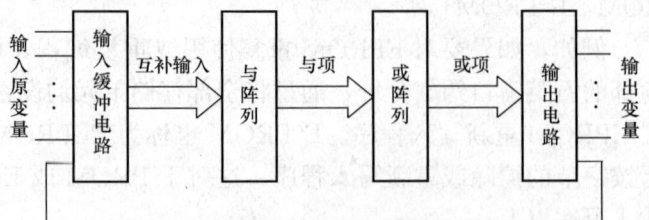

图 6.3.8　PLD 的基本结构框图

量和反变量，输出电路通过三态门控制数据直接输出或反馈到输入端。在实际使用中，可通过编程来选择使用几个门及每个门都用哪些输入端，实现所需要的逻辑功能。这相当于用门电路实现逻辑功能时的选件及接线。

（2）PLD 的简化表示方法。为简便起见，常用图 6.3.9 中所示的简化画法。

图 6.3.9（a）表示一个多输入端的与非门，竖线为输入信号，与横线交叉位置用实心圆点表示内部固定连接且不可改变，用"×"表示可编程连接（可以通过编程使之连接或断开），若没有任何标志，则表示断开，所以图 6.3.9（a）中表示的逻辑关系为 $Y_1 = \overline{ABC}$，图 6.3.9（b）中的逻辑关系是 $Y_2 = A + B + C$。

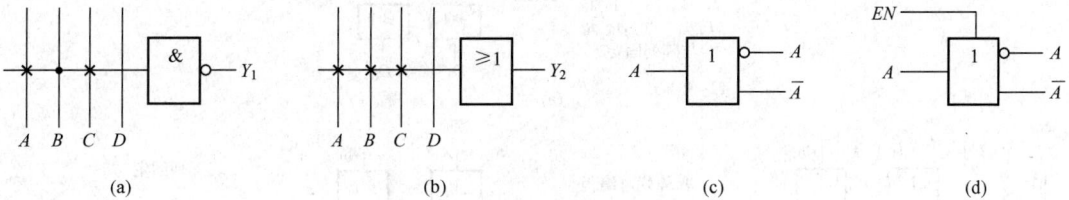

图 6.3.9 PLD 逻辑门表示方式

（a）与非门；（b）或门；（c）互补输出缓冲器；（d）三态输出缓冲器

图 6.3.6 中编程前后的 PROM 可简化表示为图 6.3.10 所示。

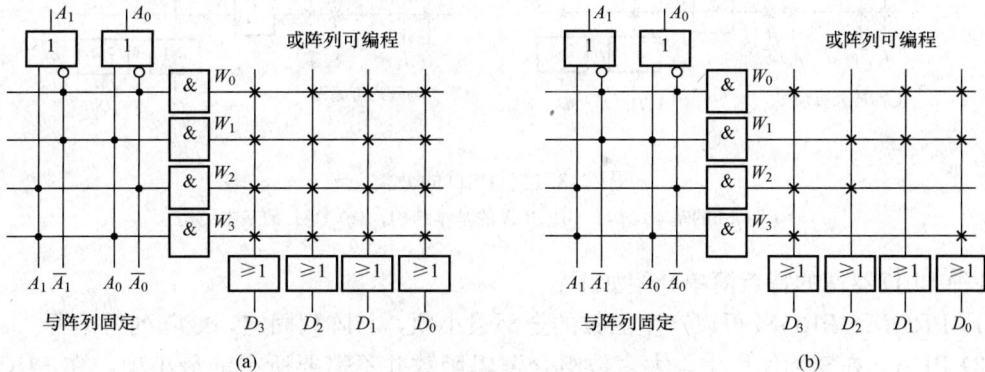

图 6.3.10 PROM 的 PLD 简化表示

（a）编程前；（b）编程后

PROM 是最早期也是最简单的 PLD，它的与阵列是产生全部最小项的全译码器，不可编程，或阵列可编程。

2. 常用 PLD 类型简介

可编程逻辑器件自产生到现在，已出现很多种类型。其各种类型的结构、性能及命名均随不同厂商所提供的器件而不同。早期的简单 PLD 有 PROM、可编程逻辑阵列（Programmable Logic Array，PLA）、可编程阵列逻辑（Programmable Array Logic，PAL）、通用阵列逻辑（Generic Array Logic，GAL）等。这些器件的特点是结构简单，只能实现较小规模的电路，所以称为低密度 PLD。高密度 PLD 的典型品种是复杂可编程器件（Complex Programmable Logic Device，CPLD）和现场可编程门阵列（Field Programmable Gate Array，FPGA）。

按照 PLD 中的与或阵列是否可编程，可将 PLD 分为三种，分别如图 6.3.11 所示。例如，与阵列固定、或阵列可编程的 PROM，与阵列和或阵列均可编程的 PLA 和与阵列可编程、或阵列固定的 PAL 和 GAL。

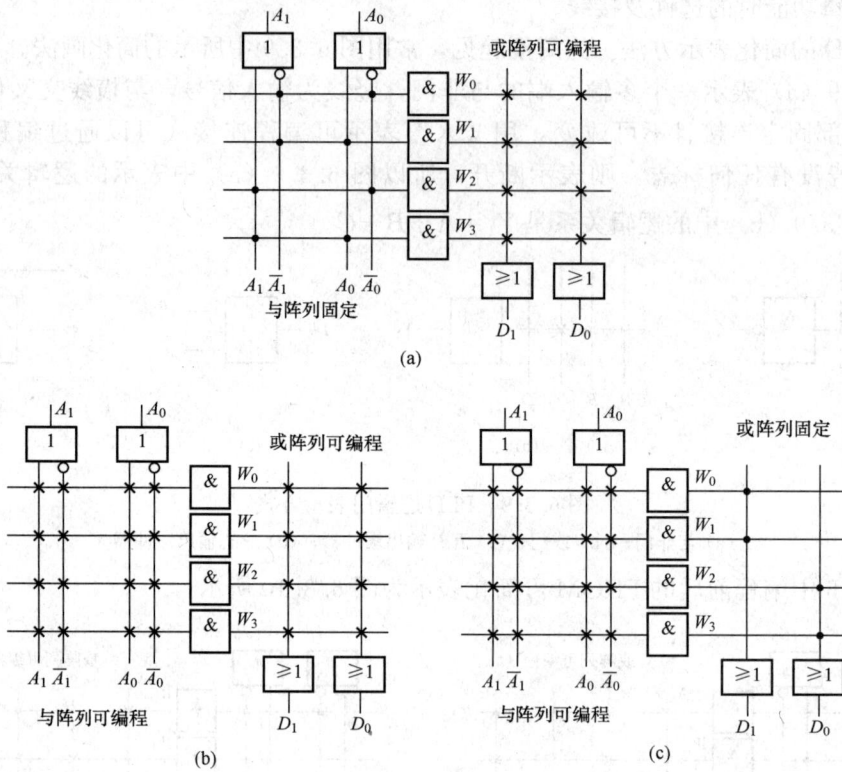

(a)

(b)

(c)

图 6.3.11　PLD 的分类

(a) PROM 的基本结构；(b) PLA 的基本结构；(c) PAL 的基本结构

各种 PLD 器件的特点简单介绍如下：

（1）PROM。PROM 可以产生函数的全部最小项，与阵列固定，或阵列可编程。

（2）PLA。在实际使用中，大多数组合逻辑函数并不需要所有的最小项，在 PROM 的基础上改进成与阵列和或阵列均可编程的 PLA，这样可以提高存储单元的利用率。PLA 利用率高，但需化简逻辑函数后再进行编程，这对于多输入和多输出逻辑函数来说，处理上有一定的困难。此外，PLA 的与阵列和或阵列均可编程，这将使器件的运算速度降低。

（3）PAL。PAL 是继 PLA 后在 20 世纪 70 年代末由 AMD 公司率先推出的一种可编程逻辑器件，它的与阵列可编程，或阵列固定，避免了 PLA 的一些问题，改进了 PLD 的性能。为了实现时序逻辑功能，PAL 在输出端加了寄存器单元。但由于 PAL 的输出结构单一，使得它在使用中应变能力差，同时 PAL 采用熔丝结构，一次编程，使用不便。

（4）GAL。GAL 是在 20 世纪 80 年代初由 Lattice 公司推出的一种低密度可编程逻辑器件。它在 PAL 的基础上对输出结构作了改进，增加了输出逻辑宏单元。另外，采用了 E^2PROM 工艺，实现了电可擦除重复编程。GAL 的绝大多数主流产品与阵列可编程，或阵列固定，个别型号或阵列也可编程。

（5）CPLD。随着 PLD 集成规模的增大，CPLD 采用了分区结构，一个分区称为一个逻辑单元块。CPLD 将整个芯片分成多个逻辑单元块，每个逻辑单元块有自己的与阵列及 I/O

端和输入端，相当于一个 GAL。这些逻辑单元块可通过编程将其相互连接，实现更大的逻辑功能。当然，CPLD 并不是简单地将多个 GAL 合并而成，具有宏单元功能强大、I/O 单元独立、高密度等特点。

随着集成工艺的发展，CPLD 的集成规模越来越大，每片含 10 000 门的 CPLD 已不鲜见。I/O 端数最高可达 256 个，内含的触发器多达 772 只，如此巨大的规模，完全有可能将一个数字系统装在一片 CPLD 中，从而使制成的设备体积小、质量小、成本低、生产过程简单、维修方便。

（6）FPGA。现场可编程门阵列 FPGA 是高密度可编程逻辑器件的另一类产品。前面介绍的 GAL、CPLD 等可编程逻辑器件的基本结构都是由与阵列和或阵列构成的，依靠可编程的与、或运算来完成逻辑关系，称为阵列型器件。而 FPGA 则是另外一种结构，由若干独立的可编程逻辑模块排列成阵列组成，通过可编程的内部连线连接这些模块来实现一定的逻辑功能，因而也称为单元型高密度 PLD。它的基本结构含有多个查找表单元，依靠查找表单元提供的逻辑运算来组合所需的逻辑关系。

随着大规模集成电路技术及计算机技术的不断发展，可编程逻辑器件也将得到不断的发展并被广泛应用。

🌀 自己做小结

【小结】

（1）数字逻辑电路分为 ① 电路和 ② 电路两类。它们虽然都由与、或、非逻辑关系组成，但是组合逻辑电路中无反馈，时序逻辑电路中有反馈，所以 ③ 电路的输出不仅与当时的输入有关，还与电路的上一个状态有关，称其为有记忆功能的数字电路。

（2）组合逻辑电路经常使用逻辑表达式、真值表、卡诺图、工作波形和逻辑图等五种形式来表示。组合逻辑电路分析的步骤是： ④ 。组合逻辑电路设计的步骤是： ⑤ 。

加法器、译码器、编码器和数据选择器等是常见的中规模组合逻辑集成电路，要熟悉其逻辑功能，学会灵活使用。

（3）时序逻辑电路的基本单元是 ⑥ ，具有两个稳定的状态，1 和 0。

触发器有基本 RS 触发器、边沿的 D 触发器和 JK 触发器等，边沿触发器的边沿有上升沿和下降沿两种。利用反馈或触发器可以组成各种时序逻辑电路，根据时钟脉冲的加入方式，可以分为 ⑦ 和 ⑧ 时序逻辑电路。

根据时序逻辑电路的特点，经常用逻辑图、功能表、特性方程（或状态方程）、时序图、状态表和状态转换图等来表示时序电路的逻辑功能。

常用的时序逻辑集成单元电路有计数器和寄存器。计数器的主要功能是对 ⑨ 进行计数，常用于分频、定时、产生节拍脉冲等。寄存器主要用于存储二进制数码。

（4）半导体存储器件与可编程逻辑器件，都是大规模或超大规模逻辑器件，前者多用在电子计算机中，而后者则是电子电路的理想开发器件。

半导体存储器可分为易失性存储器和非易失性存储器两大类。 ⑩ 属于易失性半导体存储器，可随时进行数据的读/写操作，但一旦断电，其中所存内容立即丢失。

⑪ 是非易失性存储器，它预先将信息写入存储器中，在操作时只能读出，不能写入，断电后信息不丢失，常用来存放固定的资料及程序。

只读存储器 ROM 种类较多，包括固定 ROM、一次可编程的 PROM、可紫外线擦除的 EPROM 及电信号擦除的 E^2PROM 等。ROM 的基本组成部分就是 ⑫ 阵列和 ⑬ 阵列。ROM 除作基本的信息存储使用外，还可实现组合逻辑功能。

存储器的容量用"字×位"来表示。

（5）可编程逻辑器件有低密度 PLD 和高密度 PLD 等类型。低密度的可编程逻辑器件有可编程的 PROM、可编程阵列逻辑 PAL、可编程逻辑阵列 PLA、通用阵列逻辑 GAL 等；高密度的可编程逻辑器件有复杂可编程逻辑器件 CPLD 和现场可编程逻辑门阵列 FPGA 等。可编程逻辑器件的应用是现代数字系统设计的发展方向，它可以实现硬件软件化。

【答案】
①组合逻辑；②时序逻辑；③时序逻辑；④图→式→表→功能；⑤功能→表→式→图；⑥触发器；⑦同步；⑧异步；⑨输入的 CP 脉冲有效边沿；⑩随机存取存储器 RAM；⑪只读存储器 ROM；⑫与；⑬或。

习 题

6.1.1 写出如图 6.1 所示逻辑电路图的逻辑函数表达式。

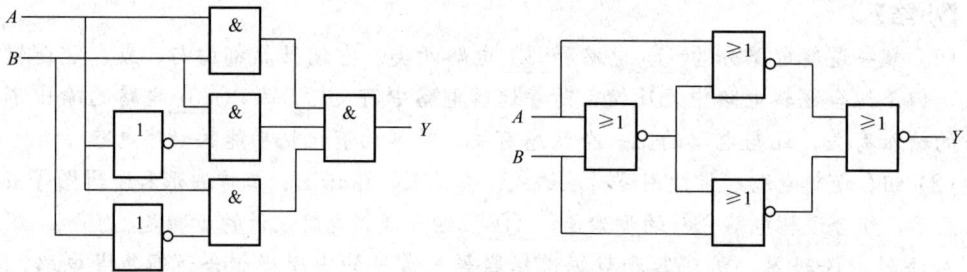

图 6.1 习题 6.1.1 图

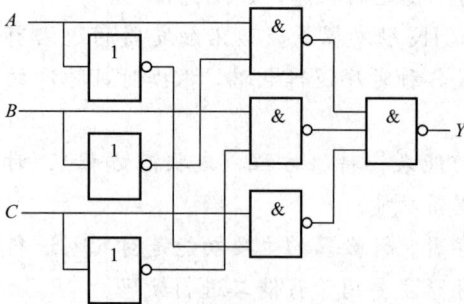

图 6.2 习题 6.1.2 图

（1）$Y=AB+CD$；

（2）$Y=\overline{\overline{(\overline{A}+\overline{B})\overline{B}}}$。

6.1.5 组合电路如图 6.3 所示，试用与非门实现其最简逻辑电路图。

6.1.2 组合逻辑电路如图 6.2 所示，写出 Y 的逻辑函数表达式并化简为最简与或式。

6.1.3 画出实现下列逻辑函数的逻辑电路图。

（1）$Y=\overline{\overline{AB}+AB+A\overline{B}}$；

（2）$Y=\overline{(A\overline{B}+\overline{A}C)}$；

（3）$Y=\overline{\overline{\overline{ABC}}+\overline{A}+B}$；

（4）$Y=\overline{(A+\overline{B}+CD)\ E+\overline{F}}$。

6.1.4 试用与非门分别实现下列逻辑函数，并画出逻辑电路图。

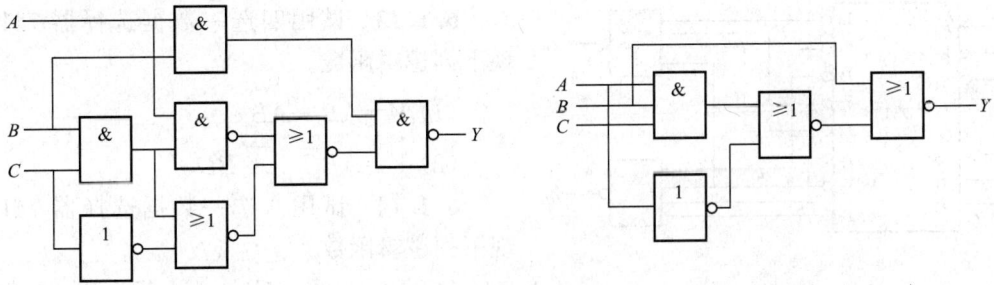

图 6.3　习题 6.1.5 图

6.1.6　组合逻辑电路如图 6.4（a）所示，该电路的输入波形如图 6.4（b）所示，试画出该电路的输出波形。

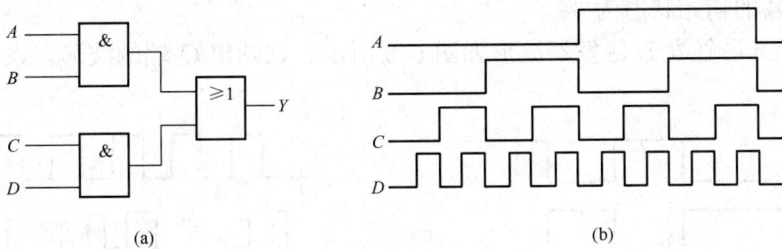

(a)　　　　　　　　　　　　(b)

图 6.4　习题 6.1.6 图

6.1.7　用示波器测得某组合逻辑电路三个输入端 A、B、C 和输出端 Y 的波形如图 6.5 所示。试写出输出逻辑函数表达式，并用最简逻辑门电路实现。

6.1.8　某机构需要三条启动电路，其中两条为正常启动电路，必须同时使用才有效。而另一条为应急启动电路，只要有这一条应急启动就有效，试用与非门来实现此控制电路。

6.1.9　有四台电动机的额定功率分别为 10kW、10kW、20kW 和 30kW，电源设备的额定容量为 45kW。若电动机的运行是随机的，试用与非门设计一个电源过载保护的逻辑电路。

6.1.10　图 6.6 所示的 8 线- 3 线优先编码器 CD4532 的一种工作状态，试指出输出信号 $\overline{EO}$、GS、Y_2、Y_1、Y_0 的状态（1 或 0）。

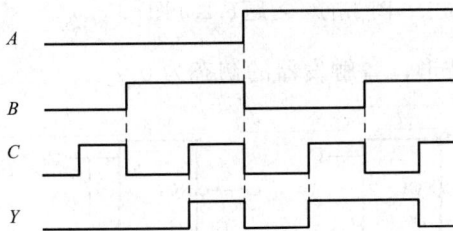

图 6.5　习题 6.1.7 图

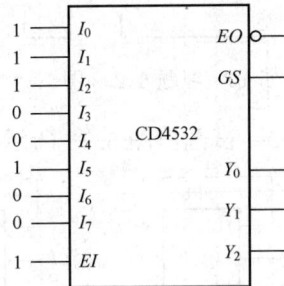

图 6.6　习题 6.1.10 图

6.1.11　试用 3 线- 8 线译码器 74LS138 和与非门实现下列逻辑函数。

（1）$Y=AB+C$；

（2）$Y=ABC+\overline{A}\ \overline{C}$。

6.1.12　用 3 线- 8 线译码器 74LS138 实现的逻辑电路如图 6.7 所示，试写出 Z_1、Z_2 的最简与或表达式。

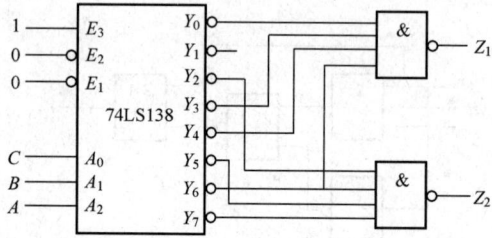

图 6.7 习题 6.1.12 图

6.1.13 试用四选一数据选择器 74153 实现下列逻辑函数。

（1）$Y=\overline{A}B+AB$；

（2）$Y=AB\overline{C}+\overline{A}\ \overline{B}D$。

6.1.14 试用八选一数据选择器 74151 实现下列逻辑函数。

（1）$Y(A，B，C)=\sum m(2，4，6，7)$；

（2）$Y=AB\overline{C}+A\overline{B}D$。

6.2.1 与非门构成的基本 RS 触发器的 $\overline{R}$、$\overline{S}$ 端波形如图 6.8 所示，画出输出端 Q 的波形，设触发器的初始状态为 0。

6.2.2 上升沿触发 D 触发器波形如图 6.9 所示，试画出 Q 端的波形，设触发器的初始状态为 0。

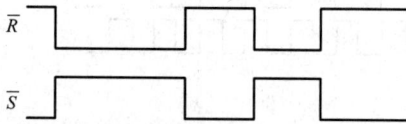

图 6.8 习题 6.2.1 图

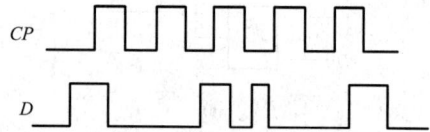

图 6.9 习题 6.2.2 图

6.2.3 下降沿 JK 触发器波形如图 6.10 所示，试画出 Q 端波形（设初态 $Q=0$）。

6.2.4 由 D 触发器和与非门组成的电路如图 6.11 所示，试画出 Q 端的波形，设触发器的初始状态为 0。

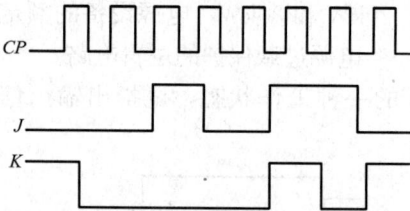

图 6.10 习题 6.2.3 图

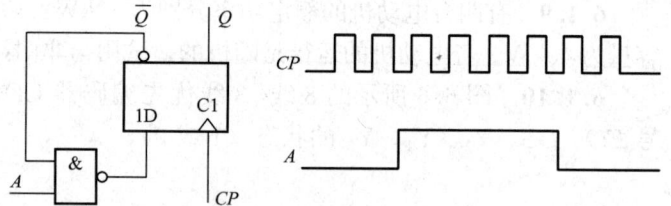

图 6.11 习题 6.2.4 图

6.2.5 试画出图 6.12 所示各触发器的 Q 端波形，各触发器的初态为 0。

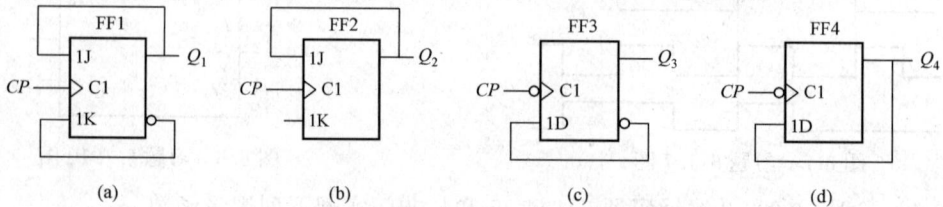

图 6.12 习题 6.2.5 图

6.2.6 试用下降沿 D 触发器组成一个三位二进制异步加法计数器，画出逻辑电路图和时序图。

6.2.7 试用下降沿 D 触发器组成一个三位二进制异步减法计数器，画出逻辑电路图和时序图。

6.2.8　分析图 6.13 所示电路的逻辑功能。

6.2.9　分析图 6.14 所示电路的逻辑功能。

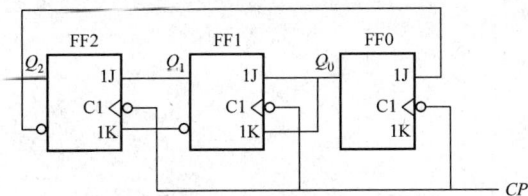

图 6.13　习题 6.2.8 图　　　　　　　　　　图 6.14　习题 6.2.9 图

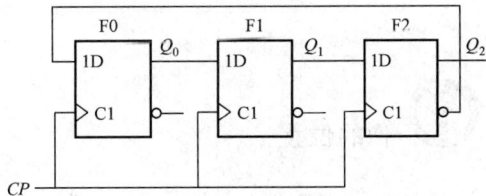

6.2.10　分析图 6.15 所示的由 74290 构成的各电路分别组成几进制计数器，并画出状态转换图。

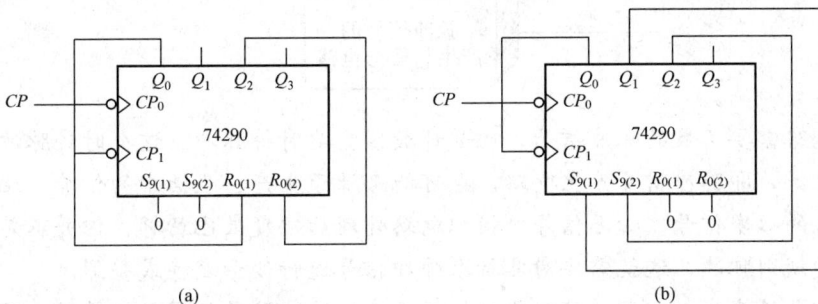

图 6.15　习题 6.2.10 图

6.2.11　试用 74290 构成八进制计数器。

6.2.12　试分别用 74161 的置 0 和置数功能构成八进制计数器（使用置数功能时的置入数据为 0101）。

6.2.13　试用 74290 构成七十八进制计数器。

6.2.14　试用 74160 构成二十四进制计数器。

6.3.1　ROM 和 RAM 有何区别？

6.3.2　指出下列存储系统各具有多少个存储单元，至少需要几根地址线和数据线？

（1）64K×1；（2）256K×4；（3）1M×1；（4）128K×8。

6.3.3　试用 2114RAM 构成 1K×16 位存储器。

6.3.4　试用 2114RAM 构成 2K×8 位存储器。

6.3.5　分别用 PROM 和 PLA 构成一位全加器，画出阵列图。

6.3.6　试用 PROM 实现下列逻辑函数，画出阵列图。

（1）$F = A\overline{B}\ \overline{C}D + \overline{A}BC\overline{D} + ABCD + A\overline{B}C\overline{D}$；

（2）$F = A\overline{B}D + CB\overline{D} + A\overline{C}D + \overline{A}BC$。

6.3.7　一个可编程阵列逻辑 PAL 电路如图 6.16 所示，试写出输出逻辑函数表达式。

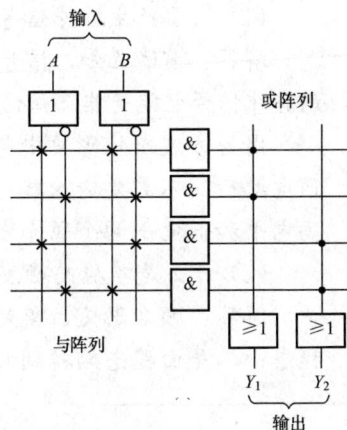

图 6.16　习题 6.3.7 图

第 7 章　脉冲信号的产生与整形

你的位置

模拟信号 → 模数转换器 ADC → 数字信号 → 数字逻辑电路 → 数字信号 → 数模转换器 DAC → 模拟信号

脉冲信号的产生与整形电路

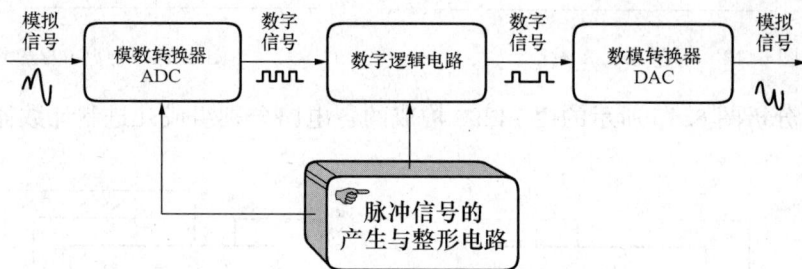

数字电路需要离散的脉冲信号，比如计数器需要时钟脉冲。这个时钟脉冲可能来源于脉冲信号源，即脉冲信号产生电路，也可能来源于生产、生活中的信号，比如经传感器而来的人的心率信号。心率信号经模拟电路处理后幅度虽已足够，但并不是数字电路可以接受的规则脉冲，这就需要对非标准脉冲信号进行波形变换或整形。

脉冲信号的产生与整形电路主要包括用于产生脉冲信号的多谐振荡器，用于波形整形、变换的单稳态触发器和施密特触发器。这些电路可分别由分立件、集成门电路或集成器件来实现。

本章主要讨论 555 定时器构成的脉冲信号产生与整形电路的基本原理和应用。

本章热身

在进行本章的学习之前，先了解下面几个问题。

（1）用于产生脉冲信号的电路为什么称为多谐振荡器？什么是多谐振荡器？

解答：前述已知，信号产生电路可分为正弦和非正弦信号产生电路两大类。本章讨论的脉冲信号也就是非正弦信号中的方波或矩形波信号，多谐振荡器就是矩形波产生电路。

因为方波或矩形波中包含着极丰富的谐波，所以又称为多谐振荡器。多谐振荡器接通电源后，不需要输入就可以自动产生一定频率和一定幅值的矩形波振荡，输出总是在高电平和低电平两个暂态❶之间自动翻转，不存在稳定状态，也称为无稳振荡器。

（2）什么是单稳态触发器？

解答：顾名思义，单稳态触发器有两个特点：一是输出只有一个稳态，另一个为暂稳态；二是由稳态翻转到暂稳态需要输入触发信号。具有以上特点的电路就称为单稳态

---

❶ 暂态也称为暂稳态，指输出的电平信号在没有外来输入触发的情况下也仅能维持一定的时间就会自动向相反状态翻转；稳态指如果没有外来的输入信号，该输出状态将稳定地保持不变。

触发器。单稳态触发器由暂稳态翻转到稳态是自动的，不需触发，暂稳态持续的时间由电路参数决定。

（3）什么是施密特触发器？

解答：施密特触发器输出的两个状态都是稳态，也称为双稳态电路，两个稳态间的相互转换均需要输入触发信号。更重要的一点是，施密特触发器两个稳态间转换所需的输入触发电压不同。假设输入触发电压由较低值增加至 U_{T+} 可以使稳态 A 向稳态 B 翻转，则再由稳态 B 翻转回稳态 A 需要输入的触发电压一定要降低到低于 U_{T+} 的 U_{T-}，反之亦然。具有这样特点的双稳态电路才能称为施密特触发器。

本章关键词

◆ 电压比较器；

◆ 555 定时器；稳态、暂稳态；多谐振荡器、单稳态触发器、施密特触发器。

7.1 电压比较器

由于脉冲信号的产生与整形电路中广泛使用到电压比较器，所以首先介绍电压比较器的基本原理。

7.1.1 基本原理

1. 电压比较器的概述

电压比较器是集成运放的基本应用电路之一，其输入为模拟信号，输出只有两种可能的状态，不是高电平就是低电平。因此与第 2 章负反馈条件下集成运放的线性应用不同，组成电压比较器的集成运放工作在非线性的开环或正反馈状态。

电压比较器将输入的模拟电压信号与基准电压相比较，用输出的高、低电平来指示输入电压与阈值的大小关系。所以，电压比较器广泛应用于各种报警、控制电路，在信号产生电路中主要用来产生矩形波输出，配合其他电子电路还可以实现多种非正弦信号的输出。

2. 单门限电压比较器

由于集成运放的开环增益极高，所以只要两输入端的信号有微小的不同，集成运放的输出值就立即饱和：输出电压只有正向最大值 U_{OH}（正饱和值）和负向最大值 U_{OL}（负饱和值）两种输出状态，分别近似等于正、负电源电压。利用集成运算放大器的上述特性，可以构成各种电压比较器。图 7.1.1 是最简单的单门限电压比较器，电路中无反馈环节，运放工作在开环状态。

当 $u_I < u_+ = V_{REF}$ 时，集成运放的输入电压为 $V_{REF} - u_I > 0$，输出电压 $u_O = U_{OH} \approx +V_{CC}$，而当 u_I 增大到 $u_I > u_+ = V_{REF}$ 时，集成运放的输入电

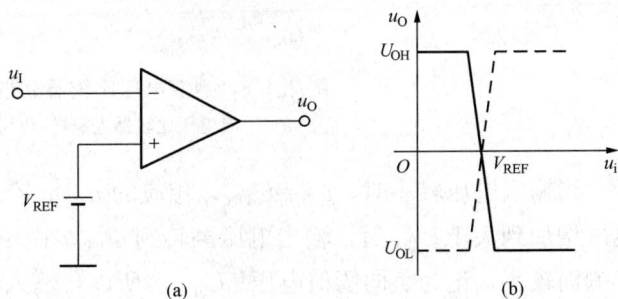

图 7.1.1 基本单门限电压比较器电路及电压传输特性

(a) 基本单门限电压比较器电路图；(b) 电压传输特性

压 $V_{REF} - u_I < 0$，输出电压翻转为 $u_O = U_{OL} \approx -V_{CC}$；反之，当 u_I 从高到低减小时，输出状态也在 V_{REF} 处发生变化。所以，输出电压的高低分别代表 u_I 小于和大于 V_{REF} 的两种情况。比较器输出状态发生改变时对应的输入电压 V_{REF} 称为阈值电压或门限电压，记为 U_T。因为图 7.1.1（a）中的比较器只有一个门限电压，所以称为单限电压比较器。

以输入电压值为横轴、输出电压为纵轴，可以画出该单限电压比较器的传输特性，如图 7.1.1（b）中的实线所示。若将输入信号与参考电压的位置互换，则比较器的阈值电压不变，但输出的情况恰好相反，其电压传输特性如图 7.1.1（b）中的虚线所示。

当输入信号的大小恰好在阈值电压附近，电路又存在干扰信号时，就会发生输入电压频繁地经过阈值，对应的输出电压随之频繁跳变的情况。如果用这个输出电压去控制设备，会出现频繁的起停现象，这是不允许的，如图 7.1.2 中的输出与输入关系。所以，单限电压比较器的特点是电路简单、灵敏度高，但抗干扰能力差，不能用于干扰严重的场合。

比较器除可指示输入电压信号的相对大小以外，还可以用来做波形变换，比如输入正弦信号，输出端可得到与输入信号频率一致的矩形波信号。

3. 迟滞比较器——双门限的电压比较器

为克服单限电压比较器抗干扰能力差的缺点，在比较器电路中引入了正反馈，构成抗干扰能力较强的双门限电压比较器——迟滞比较器。

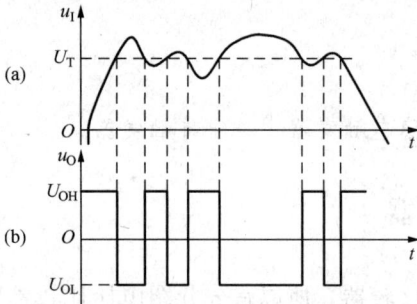

图 7.1.2 反相输入的单限电压比较器
加入受干扰输入信号时的输出波形
（a）输入波形；（b）输出波形

图 7.1.3（a）为迟滞电压比较器的电路图，与单限比较器的区别是引入了正反馈，正反馈使电路的放大倍数更大，集成运放仍工作于非线性状态。不同的是，电路的阈值 u_+ 变为由 V_{REF} 与 u_O 共同决定了。

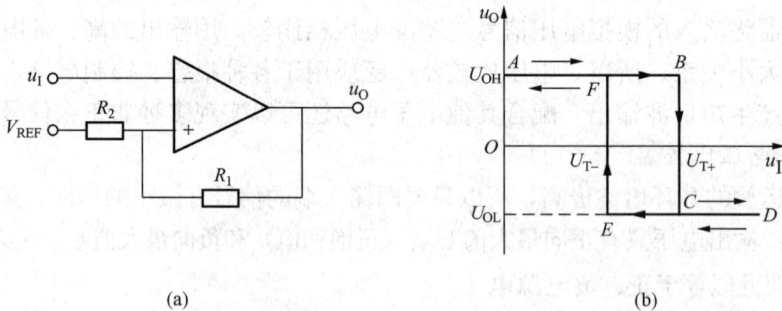

(a)   (b)

图 7.1.3 迟滞电压比较器电路和传输特性曲线
（a）迟滞电压比较器电路图；（b）传输特性曲线

当输入电压较小时，$u_O = U_{OH}$，相应的 u_+ 也较大，记为正向阈值电压 U_{T+}，所以输入电压增加到大于 U_{T+} 后，输出电压翻转到 U_{OL}。由于此时 $u_O = U_{OL}$，相应的 u_+ 由于 U_{OL} 的影响而较小，记为负向阈值电压❶ U_{T-}，所以，输入电压必须减小到 U_{T-} 以下，输出电压才

---

❶ 　正、负向阈值电压也分别称为上、下限触发电压或上、下门限电压等。

能翻转回 U_{OH}，而不是刚才较大的 U_{T+}。双门限的迟滞比较器其实就是一种施密特触发器，其传输特性如图 7.1.3（b）所示。

U_{T+} 与 U_{T-} 的差值定义为回差电压 ΔU_T，即

$$\Delta U_T = U_{T+} - U_{T-} \tag{7.1.1}$$

从传输特性曲线上可以看出，迟滞比较器的特点是：当输入电压从小到大变化时，直到较大的阈值电压 U_{T+}，输出电压由 U_{OH} 翻转为 U_{OL}；当输入电压从大到小变化时，直到较小的阈值电压 U_{T-}，输出电压才由 U_{OL} 翻转为 U_{OH}。所以，当输出电压翻转以后，如果输入受到干扰，只要干扰电压的大小小于回差电压，迟滞比较器的输出就不会再重新翻转回去。因此，回差电压的大小代表了迟滞比较器抗干扰能力的大小。

迟滞比较器具有两个门限电压，抗干扰能力强，但灵敏度较差。如将图 7.1.2 中的输入信号送入阈值电压如图 7.1.3 所示的迟滞比较器中，从图 7.1.4（b）所示的输出波形看出，输出端不再频繁翻转，提高了比较器的抗干扰能力。

由于迟滞比较器良好的抗干扰特性，使之广泛地应用于幅度鉴别、整形、波形变换电路以及各种自动控制电路中。

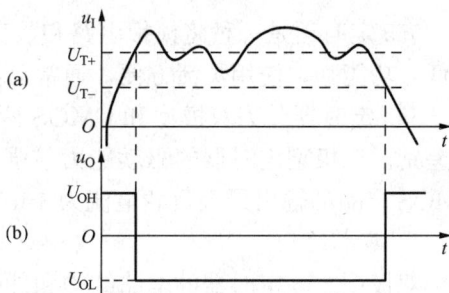

图 7.1.4　迟滞比较器的抗干扰作用
（a）输入波形；（b）输出波形

7.1.2　电压比较器在脉冲信号产生电路中的简单应用

电压比较器广泛用于产生各种非正弦信号，这里仅介绍一种方波产生电路。

用迟滞比较器构成的方波产生电路如图 7.1.5（a）所示。

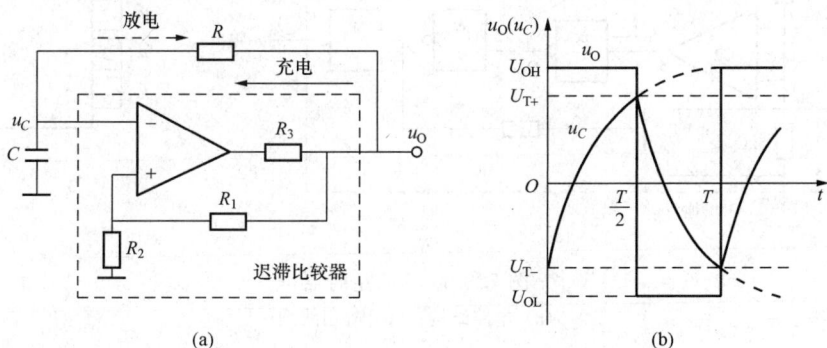

图 7.1.5　方波产生电路与输出波形
（a）方波产生电路图；（b）工作波形

接通电源后，随机假设输出电压为 U_{OH}，则此时集成运放同相端的电压为较大的 U_{T+}，同时 U_{OH} 通过反馈电阻 R 对电容 C 充电，使 u_C 增加，如图 7.1.5（b）所示；当 u_C 增加到略大于 U_{T+} 时，输出电压立即翻转到 U_{OL}，并使同相端的阈值电压变为较小的 U_{T-}，同时由于输出为低电平，电容 C 开始通过 R 放电。当电容放电至 u_C 略小于 U_{T-} 时，输出状态再次翻转回 U_{OH}，如此循环不已，形成一系列的方波输出。

通过调整充放电时间常数，可以改变输出方波的频率。

现在还生产了一些集成电压比较器，所需外接元件少，输出电平与数字电路电平匹配，使用更加方便，常用作模拟电路与数字电路之间的接口电路。集成比较器也分为通用型（如F311）、高速型（如CJ0710）和精密型（如ZJ03）等几大类。

7.2 555定时器与应用电路

7.2.1 555定时器

555定时器是一种将模拟电路和数字电路混合在一起的中规模集成电路，结构简单，成本低，功能强，使用灵活方便，通常只需外部配接少量元件就可形成很多实用电路。

555定时器分为双极型和CMOS两种类型，它们的结构和工作原理基本相同，没有本质差别。双极型定时器的驱动能力较强，最大负载电流可达200mA，电源电压为5～16V。CMOS产品的输出最大负载电流为4mA，电源电压为3～18V。

1. 基本结构

双极型555定时器的电路结构和外引线图如图7.2.1所示。

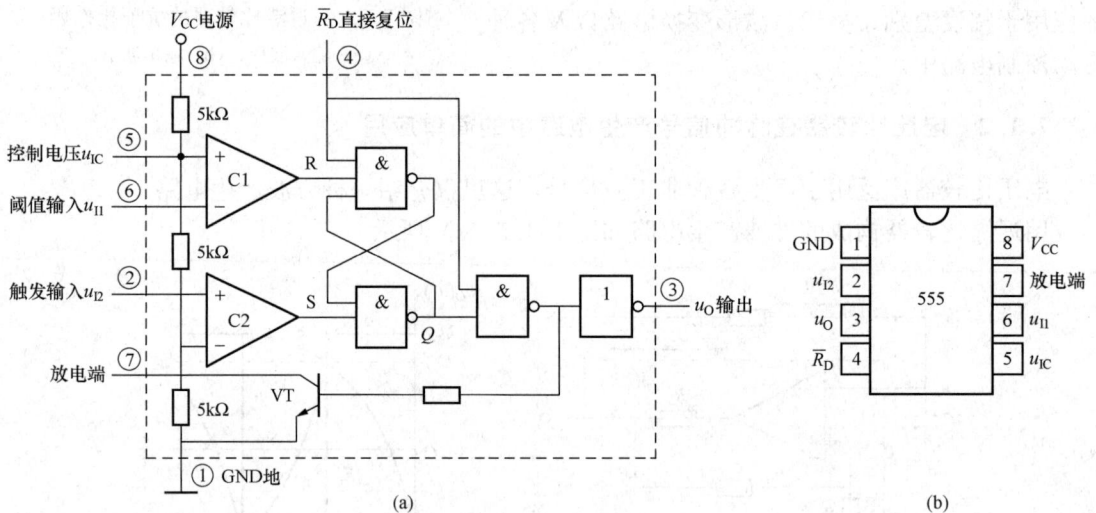

图 7.2.1   555定时器

(a) 电路结构；(b) 外引线图

555定时器内部有三个5kΩ电阻组成的分压器，分别为电压比较器C1提供同相端参考电压 $\frac{2}{3}V_{CC}$，为电压比较器C2提供反相端参考电压 $\frac{1}{3}V_{CC}$，故而得名555定时器。除电阻分压器和两个基本单限电压比较器C1和C2外，555定时器内部还包括基本RS触发器、反相缓冲器和一个放电三极管。整个芯片8个引脚，其外引线图如图7.2.1（b）所示。

2. 工作原理

从图7.2.1（a）可以看出，当直接复位端为低电平时，555定时器被置0且放电管饱和导通。

直接复位端为高电平时，阈值输入和触发输入有效。输入的阈值电压和触发电压分别与 $\frac{2}{3}V_{CC}$ 和 $\frac{1}{3}V_{CC}$ 相比较决定电压比较器 C1、C2 的输出，从而确定 RS 触发器、输出端及放电管 VT 的状态。555 定时器的功能表如表 7.2.1 所示。

表 7.2.1　　　　　　　　　　　　555 定时器的功能表

输　　入			输　　出	
复位 $\overline{R}_D$	阈值输入 u_{I1}	触发输入 u_{I2}	输出 u_O	放电管 VT
0	×	×	0	导通
1	$<\frac{2}{3}V_{CC}$	$<\frac{1}{3}V_{CC}$	1	截止
1	$>\frac{2}{3}V_{CC}$	$>\frac{1}{3}V_{CC}$	0	导通
1	$<\frac{2}{3}V_{CC}$	$>\frac{1}{3}V_{CC}$	不变	不变

如果在控制电压端外加一控制电压 U_{IC}，则电压比较器 C1、C2 的参考电压将分别变为 U_{IC} 和 $\frac{1}{2}U_{IC}$。

7.2.2　利用 555 定时器构成脉冲的产生与整形电路

1. 多谐振荡器

用 555 定时器组成的多谐振荡器电路如图 7.2.2（a）所示。图中直接复位端接正电源，处于无效状态，电路状态由阈值输入电压和触发输入电压决定。R_1、R_2 和 C 为外接定时元件，如果不使用控制电压端，通常将该管脚外接 $0.01\mu F$ 的电容。

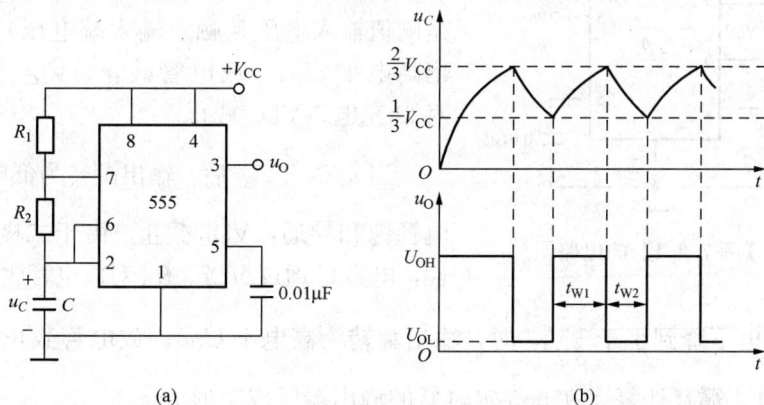

图 7.2.2　用 555 定时器组成的多谐振荡器电路
(a) 电路图；(b) 工作波形

接通电源后，V_{CC} 通过 R_1、R_2 对 C 充电，u_C 从零开始上升。当 $u_C<\frac{1}{3}V_{CC}$ 时，如表 7.2.1 的第二行所示，输出电压为高电平 U_{OH}，同时放电管 VT 截止。在 u_C 充电至 $\frac{1}{3}V_{CC}<u_C<\frac{2}{3}V_{CC}$ 期间时，输出保持 U_{OH} 不变，如表 7.2.1 的第四行所示。

随着 u_C 的升高，当 u_C 略大于 $\frac{2}{3}V_{CC}$ 时，输出电压就翻转为低电平 U_{OL}，同时放电管饱和导通，如表 7.2.1 的第三行所示。因此电容 C 通过 R_2 经放电管 VT 放电，u_C 下降。同样，在 u_C 放电至 $\frac{1}{3}V_{CC}{<}u_C{<}\frac{2}{3}V_{CC}$ 期间时，输出保持 U_{OL} 不变。

当 u_C 下降至略小于 $\frac{1}{3}V_{CC}$ 时，输出电压马上翻转为高电平 U_{OH} 且放电管截止，电容 C 停止放电而重新充电。如此往复，在 555 定时器的输出端形成矩形波振荡，如图 7.2.2 （b）所示。

图 7.2.2 （b）中充电时间（也就是矩形波的高电平持续时间）t_{w1} 和放电时间 t_{w2}（即矩形波的低电平持续时间）可用式 （7.2.1）和式 （7.2.2）估算

$$t_{w1} \approx 0.7(R_1 + R_2)C \tag{7.2.1}$$

$$t_{w2} \approx 0.7R_2C \tag{7.2.2}$$

所以多谐振荡器的振荡周期和频率分别为

$$T = t_{w1} + t_{w2} \approx 0.7(R_1 + 2R_2)C \tag{7.2.3}$$

$$f = \frac{1}{T} = \frac{1}{0.7(R_1 + 2R_2)C} \tag{7.2.4}$$

一般，将高电平持续时间与信号周期的比值 $\frac{t_{w1}}{T}$ 称为占空比 q，习惯上将占空比为 50% 的矩形波称为方波。多谐振荡器主要用来产生各种矩形波或方波振荡。

【例 7.2.1】 图 7.2.3 为占空比可调的多谐振荡电路，试分析其工作原理。

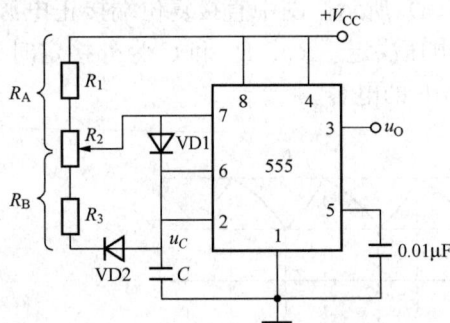

图 7.2.3 【例 7.2.1】的电路图

解： 分析此电路的关键是要考虑二极管的单向导电性。

接通电源后，由于电容 C 上的初始电压（也就是阈值输入电压和触发输入端电压）为 0，所以输出高电平 U_{OH}，放电管截止，V_{CC} 通过 R_A、VD1 对 C 充电，VD2 截止。

当 $u_C > \frac{2}{3}V_{CC}$ 后，输出翻转为低电平 U_{OL}，且放电管饱和导通，VD1 截止。由于二极管的单向导电性，电容 C 通过 VD2、R_B 对放电管放电，u_C 下降。

当 u_C 因放电下降到小于 $\frac{1}{3}V_{CC}$ 时，输出翻转为高电平 U_{OH}，放电管截止，电容 C 停止放电而重新充电，循环往复，在 555 定时器的输出端形成矩形波。

图 7.2.3 中参数计算如下

$$t_{w1} \approx 0.7R_AC \tag{7.2.5}$$

$$t_{w2} \approx 0.7R_BC \tag{7.2.6}$$

所以多谐振荡器的振荡周期和频率分别为

$$T = t_{w1} + t_{w2} \approx 0.7(R_A + R_B)C = 0.7(R_1 + R_2 + R_3)C \tag{7.2.7}$$

$$q(\%) = \frac{t_{w1}}{T} = \frac{R_A}{R_A + R_B} \times 100\% \tag{7.2.8}$$

　　由式（7.2.7）和式（7.2.8）可知，该电路可以在不改变周期的情况下使输出矩形波的占空比可调。

2. 单稳态触发器

　　（1）电路组成与工作原理。用 555 定时器组成的单稳态触发器电路如图 7.2.4（a）所示，R 和 C 为外接定时元件。

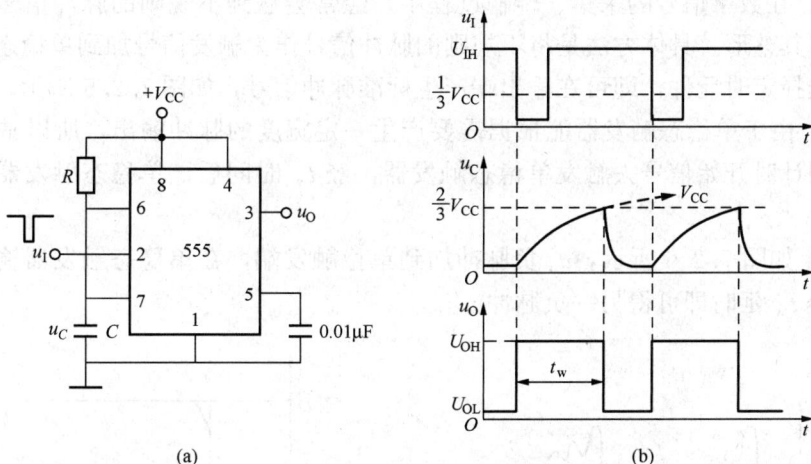

图 7.2.4　用 555 定时器组成的单稳态触发器电路

(a) 电路图；(b) 工作波形

　　单稳态触发器的输入波形如图 7.2.4（b）所示。

　　稳态时，触发输入 u_I 为高电平，电源 V_{CC} 通过 R 对电容 C 充电，当 u_C 上升到大于 $\frac{2}{3}V_{CC}$ 时，阈值输入端电压大于 $\frac{2}{3}V_{CC}$，而 u_I 高电平使触发输入端电压大于 $\frac{1}{3}V_{CC}$，所以定时器输出低电平，放电管饱和导通，C 经 VT 放电，u_C 迅速下降。如表 7.2.1 第三行所示。由于 u_I 始终为大于 $\frac{1}{3}V_{CC}$ 的高电平，所以即使 u_C 放电到 0，也始终符合表 7.2.1 第四行所示的状态，即最后 $u_C \approx 0$，电路始终处于 U_{OL} 的稳态。

　　当触发输入 u_I 出现低电平时，使触发输入端小于 $\frac{1}{3}V_{CC}$，而此时 $u_C \approx 0$ 使阈值输入端也小于 $\frac{2}{3}V_{CC}$，则定时器翻转为高电平，放电管截止，如表 7.2.1 第二行所示。随后，V_{CC} 通过 R 对 C 充电，u_C 上升。充电一段时间后，当 $u_C > \frac{2}{3}V_{CC}$ 时，阈值输入端大于 $\frac{2}{3}V_{CC}$，而此时 u_I 已完成触发回到高电平使触发输入端也满足大于 $\frac{1}{3}V_{CC}$ 的条件，如表 7.2.1 第三行所示，定时器翻转回到输出低电平、放电管导通的状态。此后，电路需要一段短暂的恢复时间使 C 经 VT 再放电到 $u_C \approx 0$，电路恢复稳态，见表 7.2.1 第四行。

　　所以，以上过程中的输出高电平期间是暂稳态，随着电容充电到 $\frac{2}{3}V_{CC}$ 会自动返回输出低电平的稳态。暂稳态时间 t_w 可按式（7.2.9）估算

$$t_w \approx 1.1RC \tag{7.2.9}$$

此电路要求输入触发脉冲宽度要小于 t_w，并且必须等电路恢复后方可再次触发，否则无法再次触发电路，所以属于不可重复触发电路。

（2）单稳态触发器的应用。单稳态触发器应用十分广泛，根据它所起的作用，可分为整形、定时、延时等。

1）整形。在数字信号的采集、传输过程中，经常会遇到不规则的脉冲信号，可利用单稳态触发器将其整形。具体方法是将不规则的脉冲信号作为触发信号加到单稳态触发器的输入端，合理选择定时元件，即可在输出端产生标准脉冲信号，如图 7.2.5 所示。

2）定时。由于单稳态触发器能根据需要产生一定宽度的脉冲输出，所以常用作定时电路使用。即用计时开始信号去触发单稳态触发器，经 t_w 时间后，单稳态触发器便可给出到时信号。

3）延时。如图 7.2.6 所示，u_I 负脉冲加到单稳触发端，在单稳态触发器输出端接一微分电路，则经 t_w 延时即可得另一负脉冲 u_O'。

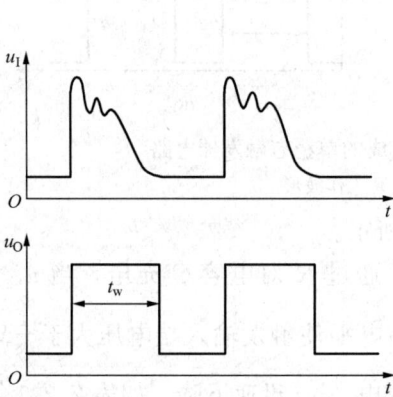

图 7.2.5　单稳整形波形　　　　　图 7.2.6　单稳延时波形

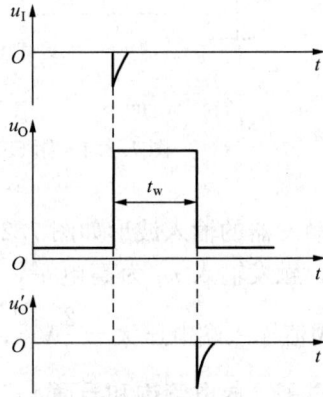

3. 施密特触发器

（1）电路组成与工作原理。用 555 定时器组成的施密特触发器电路如图 7.2.7（a）所示。阈值输入端与触发输入端相连作为输入端。

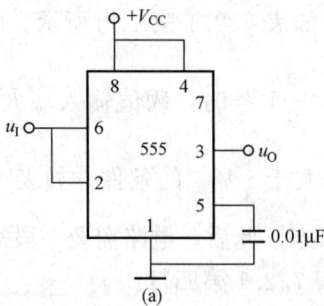

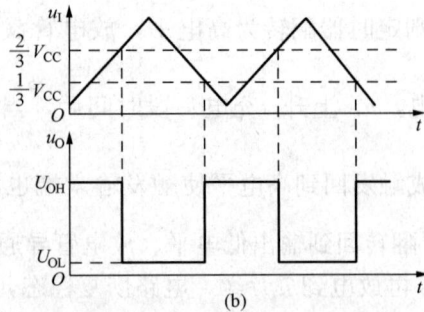

图 7.2.7　用 555 定时器组成的施密特触发器电路

(a) 电路图；(b) 工作波形

设输入为如图 7.2.7（b）所示的三角波电压信号。由图 7.2.7（a）和表 7.2.1 可知，当输入由低向高变化时，在 $u_I < \frac{1}{3} V_{CC}$ 时，定时器输出高电平。$\frac{1}{3} V_{CC} < u_I < \frac{2}{3} V_{CC}$ 时，输出不变，只有当输入 u_I 增加到大于 $\frac{2}{3} V_{CC}$ 时，定时器输出翻转为低电平。

相反，输入电压 u_I 由高向低变化时，在 $u_I > \frac{2}{3} V_{CC}$ 时，定时器输出高电平。$\frac{1}{3} V_{CC} < u_I < \frac{2}{3} V_{CC}$ 时，输出并不翻转而是保持不变，直到输入 u_I 减小到小于 $\frac{1}{3} V_{CC}$ 时，定时器的输出才翻转为低电平。可以看出，此电路的正、负向阈值电压分别为 $U_{T+} = \frac{2}{3} V_{CC}$ 和 $U_{T-} = \frac{1}{3} V_{CC}$。回差电压为 $\Delta U_T = U_{T+} - U_{T-} = \frac{1}{3} V_{CC}$。

如果在控制电压端加控制电压 U_{IC}，则正、负向阈值电压和回差电压均会相应改变，分别为 $U_{T+} = U_{IC}$，$U_{T-} = \frac{1}{2} U_{IC}$ 和 $\Delta U_T = \frac{1}{2} U_{IC}$。

（2）施密特触发器的应用。施密特触发器应用非常广泛，除可用于波形变换、整形和幅度鉴别等方面，还可以用来构成多谐振荡器和单稳态触发器等电路。

1）波形的变换与整形。施密特触发器可将三角波等其他波形变换成矩形波，如图 7.2.7（b）所示。施密特触发器还可将受干扰的脉冲波形变成标准波形，如图 7.2.8 所示。

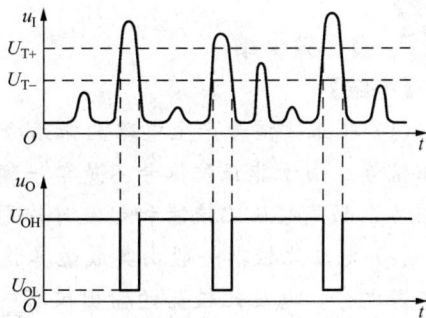

2）幅度鉴别。利用施密特触发器可对一串脉冲进行幅度鉴别，将幅度较小的去除，只保留幅度较大的脉冲，如图 7.2.9 所示。

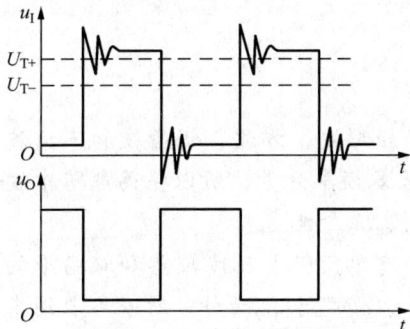

图 7.2.8　施密特触发器的波形整形作用　　　　图 7.2.9　利用施密特触发器进行幅度鉴别

3）构成多谐振荡器。利用施密特触发器还可以构成多谐振荡器，如图 7.2.10 所示。不难发现，该电路与图 7.1.5 所示的用迟滞比较器构成的方波产生电路的原理相同，这是因为迟滞比较器其实就是施密特触发器，读者可自行分析其工作原理。

需要说明的是，由于施密特触发器具有图 7.1.3（b）形状的传输特性曲线❶，所以用符号"⟋⟋"表示具有施密特特性的电路，比如具有施密特特性的六反相器（非门）74LS14 的

❶　图 7.1.3（b）仅为反相输入的施密特特性，还有同相输入的施密特触发器，两种触发器的逻辑符号均以"⟋⟋"作为标记即可。

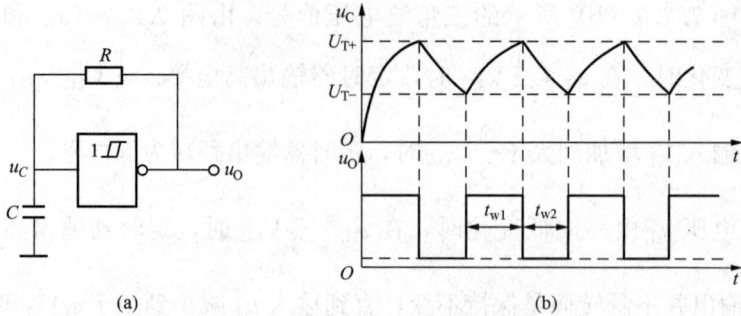

图 7.2.10　用施密特触发器构成多谐振荡器
（a）电路图；（b）工作波形

逻辑符号与外引线图如图 7.2.11 所示。74LS14 内有六个带施密特触发的反相器，正向阈值电压 U_{T+} 为 1.6V，负向阈值电压 U_{T-} 为 0.8V，回差电压为 0.8V。

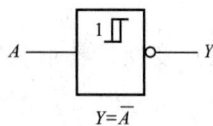

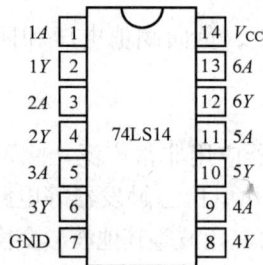

图 7.2.11　施密特六反相器
（a）逻辑符号；（b）外引线图

除 555 定时器外，由于石英晶体振荡频率稳定，选频特性好，由石英晶体组成的多谐振荡器具有很高的频率稳定性，在时钟、计算机等高精度系统中常作为基准时钟信号。还有很多集成的脉冲产生与整形器件，比如双极型集成单稳态触发器 74121 在使用时所需外接元件少，工作稳定，使用十分灵活方便。

自己做小结

【小结】

（1）非正弦信号产生电路的振荡输出主要包括矩形波、方波、锯齿波和三角波等非正弦信号。由于非正弦信号不是单一频率，包含很多频率分量，所以振荡电路中没有选频网络，而是电压比较器和起定时作用的阻容元件。

（2）电压比较器一般由集成运算放大器构成，有单门限电压比较器和双门限的迟滞比较器之分。电压比较器的输出仅有 ① 饱和值和 ② 饱和值两种，所以可以用来指示输入电压相对于参考电压的大小。

（3）脉冲信号的产生与整形电路主要包括多谐振荡器、单稳态触发器和施密特触发器。 ③ 用于产生矩形波振荡信号， ④ 主要用于整形、定时和延时， ⑤ 主要用于波形的整形与变换、幅度鉴别等，也可以用来构成多谐振荡器。它们都是电子系统中经常使用的单元电路。

多谐振荡器接通电源后，不需要输入就可以自动产生一定频率和一定幅值的矩形波振荡，输出总是在高电平和低电平两个 ⑥ 态间自动翻转，不存在稳定状态。

单稳态触发器的输出有 ⑦ 个稳态和 ⑧ 个暂稳态，由稳态翻转到暂稳态需要触发信号，由暂稳态翻转到稳态是自动的，不需触发。暂稳态持续的时间由电路参数决定。

施密特触发器的两个输出状态都是 ⑨ 态，两个 ⑨ 态之间的相互转换均需要输入触发信号，且输入触发电压不同，分别称为正向阈值电压 U_{T+} 和负向阈值电压 U_{T-}。

(4) 555 定时器是一种多用途的集成电路。只需外接少量阻容元件便可组成上述的多谐振荡器、施密特触发器和单稳态触发器。此外，它还可组成其他各种实用电路。由于 555 定时器使用方便、灵活，有较强的带负载能力和较高的触发灵敏度，所以，它在自动控制、仪器仪表、家用电器等许多领域都有着广泛的应用。

【答案】

①正；②负；③多谐振荡器；④单稳态触发器；⑤施密特触发器；⑥暂稳；⑦一；⑧一；⑨稳。

习　　题

7.1.1 图 7.1 中集成运算放大器的开环电压放大倍数为 10^4，其最大输出电压为 $\pm 10\text{V}$，在开环状态下，满足零入零出的要求。问：当输入电压 u_I 分别为 ± 0.5、± 5、$\pm 50\text{mV}$ 时的输出电压值是多少？该电路的线性放大范围对应的输入电压是多少？

7.1.2 图 7.2 所示的电压比较器中，已知 $V_{REF}=2\text{V}$，集成运放的饱和电压为 $\pm 12\text{V}$，若 $u_I=5\sin\omega t$（V），画出各电路的输出电压波形。

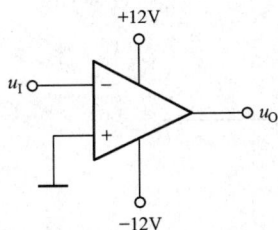

图 7.1　习题 7.1.1 图

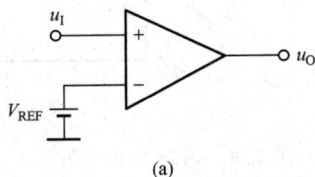

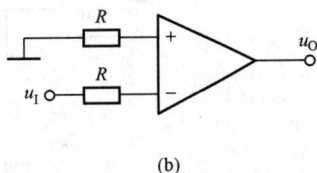

图 7.2　习题 7.1.2 图

7.1.3 图 7.3 所示为简单的监控报警装置。u_1 是传感器对温度、压力等被监控量传感而取得的电压信号，V_{REF} 为参考电压。当 u_1 超过设定的正常值时，报警灯发光，试分析该电路的工作原理，并回答下列问题：

(1) 电阻 R_4 和二极管 VD 的作用是什么？

(2) 若将电路中的迟滞电压比较器替换为单门限比较器，可能会出现什么问题？

7.2.1 555 定时器组成的多谐振荡电路如图 7.4 所示。试计算：(1) 该电路的频率调节范围和占空比调节范围；(2) 如需要输出脉冲信号的频率为 200Hz，R_1 的值应为多少？

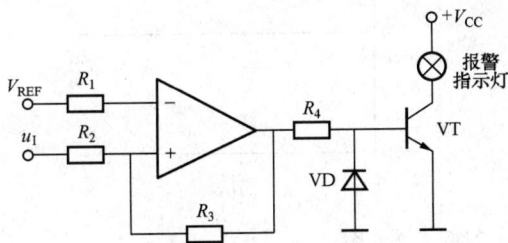

图 7.3　习题 7.1.3 图

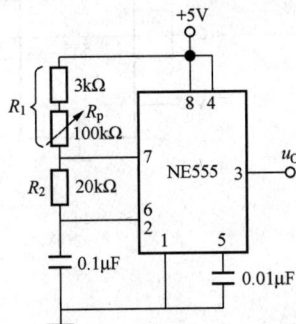

图 7.4　习题 7.2.1 图

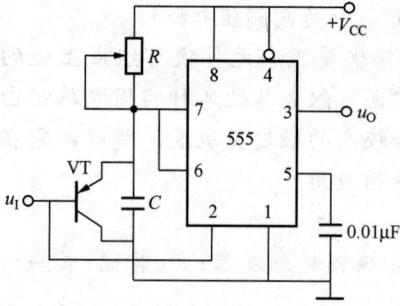

图 7.5　习题 7.2.4 图

7.2.2　图 7.2.2（a）中的 $R_1 = R_2 = 10\text{k}\Omega$，$C = 1\mu\text{F}$，$V_{CC} = 5\text{V}$。要求：（1）求输出低电平持续时间；（2）求输出波形的振荡频率；（3）画出电容器两端电压 u_C 和输出电压 u_O 的波形。

7.2.3　由 555 定时器组成的单稳态触发器如图 7.2.4（a）所示，已知 $V_{CC} = 10\text{V}$，$R = 33\text{k}\Omega$，$C = 0.1\mu\text{F}$，计算该电路暂稳态的宽度 t_w。

7.2.4　图 7.5 为 555 定时器组成的可重复触发的单稳态电路，试分析电路的工作原理。

7.2.5　555 定时器连接如图 7.6（a）所示，试根据图 7.6（b）的输入波形确定输出 u_O 的波形。

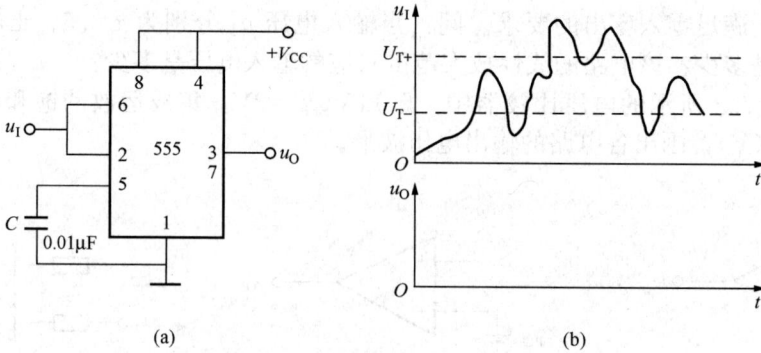

（a）　　　　　　　　　　　（b）

图 7.6　习题 7.2.5 图

7.2.6　555 定时器的连接如图 7.7（a）所示，试根据图 7.7（b）中的输入波形确定输出波形。

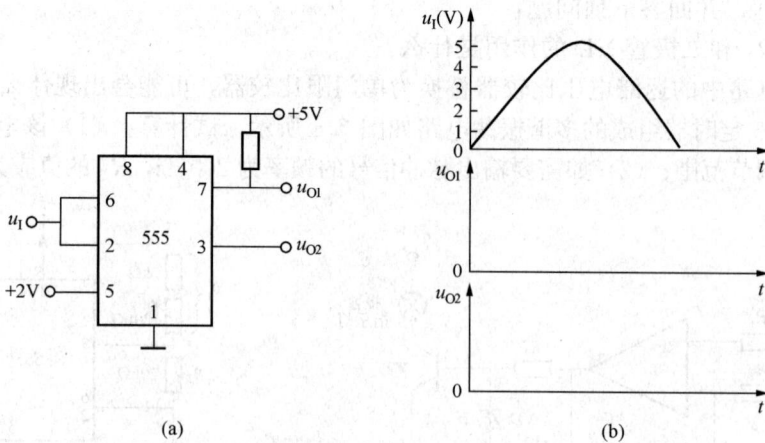

（a）　　　　　　　　　　　（b）

图 7.7　习题 7.2.6 图

7.2.7　要获得图 7.8 各输出波形，应在方框中设置什么电路？

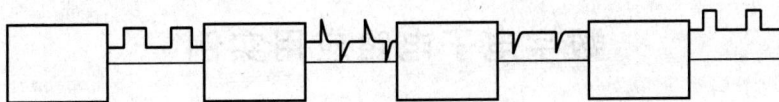

图 7.8　习题 7.2.7 图

数字电子电路应用实例

实例 1　数　字　钟

功能齐全的单片集成数字钟电路有很多，这里介绍的是利用中规模集成器件实现的数字钟电路，主要目的是为了熟悉振荡产生、计数、译码、显示等中规模集成器件的使用与连接。

数字钟电路的框图如图数字实例 1.1 所示。

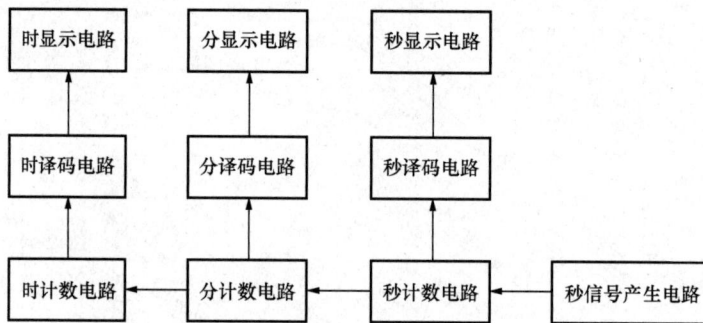

图数字实例1.1　　数字钟的框图

数字钟电路主要由秒信号产生电路和秒、分、时的计数译码显示电路几部分组成。

本例采用 555 定时器组成的多谐振荡器做信号产生电路，并用计数器分频为 1Hz 的秒脉冲信号以作为秒、分、时计数器的 CP 时钟脉冲。

秒、分、时计数器均采用十进制同步集成计数器 74160 组成，需要注意的是，秒计数器和分计数器需要接成六十进制，时计数器可根据需要选择二十四进制或十二进制，本例采用二十四进制。译码显示部分选用 7448 共阴极七段显示译码器与相应的共阴极显示器相配合。

数字钟的整体电路如图数字实例 1.2 所示。

为使电路稳定工作，信号产生电路采用 555 定时器构成多谐振荡器产生 1kHz 振荡再分频为 1Hz 的方式取得。电路参数可按式（7.2.4）选择，比如设 $C = 0.1\mu F$，$R_2 = 4.7k\Omega$，则可计算出 $R_1 \approx 4.89k\Omega$。因此可将 R_1 用一个 $10k\Omega$ 的电位器代替，通过调节即可获得 1kHz 的输出。三级十分频用三个十进制计数器 74290 级联即可方便地实现。

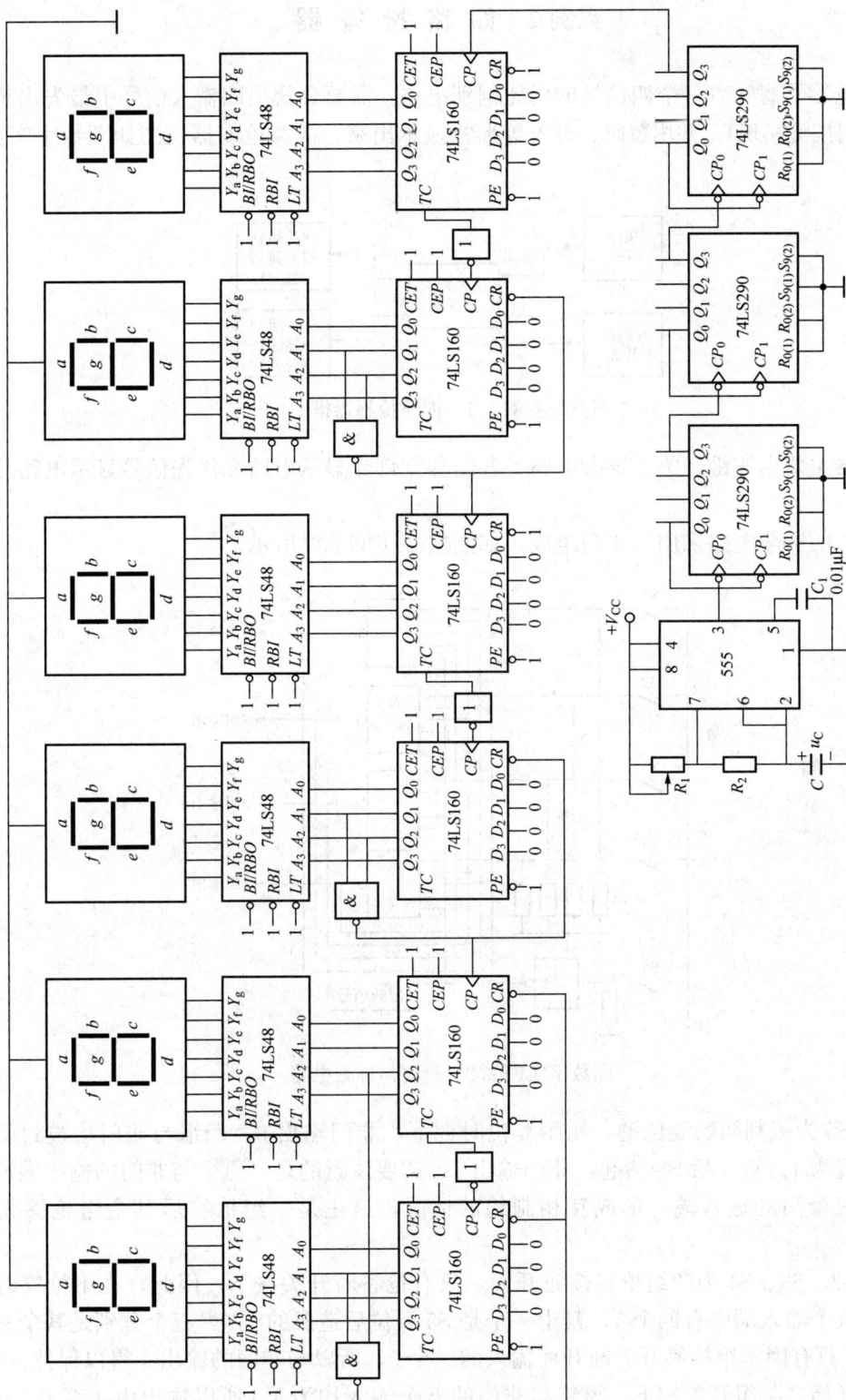

图 数字实例 1.2 数字钟逻辑电路

实例 2　四 路 抢 答 器

四路抢答器意味着一个四信号的优先判别电路：需要分辨出四输入信号中最先出现的一个（本例用按键实现），并用数码、灯光等形式显示出来。四路抢答器框图如图数字实例2.1所示。

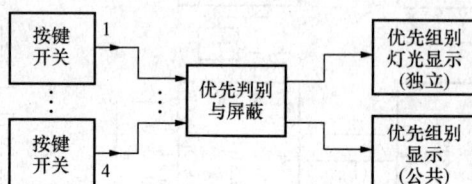

图数字实例2.1　四路抢答器框图

抢答器主要由按键开关、屏蔽电路、各组独立灯光显示电路和优先信号显示电路几部分组成。

本例中的屏蔽电路采用与非门组成，如图数字实例2.2所示。

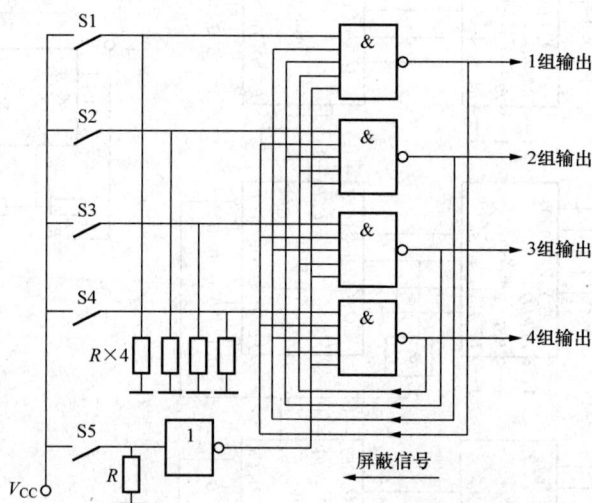

图数字实例2.2　抢答与屏蔽电路

开关S5为裁判初始复位键，初始复位时摁下，非门输出0，四组与非门均被封闭，即输出全被置为1；置1后S5抬起，非门输出1。需要注意的是，每个与非门的输出端均被接回到其他三个门的输入端，形成互相制约的情况，这正是一组抢答后其余组抢答无效的关键。

S1、S2、S3、S4为四组抢答按钮开关，只有抢答时开关按下。因此，在不抢答时每个与非门的五个输入端中有四个1，其中一个是S5复位后造成的1，另三个分别是其余三个门返回的1。只有因本组抢答开关断开而输入的一个0，所以与非门的输出1得以保持。

抢答开始，某组开关按下，该组与非门的五个输入均为1，所以输出由1变0，这个0同时被送回其余三个门的输入端，将门封闭，其余组开关无论是否按下，这三个门的输出1

状态均不变，从而实现了只将最先的一路抢答信号输出、屏蔽其他抢答信号的目的。

图数字实例 2.2 中的电阻 R 一般取几百欧姆即可。四路抢答器的整体电路如图数字实例 2.3 所示。

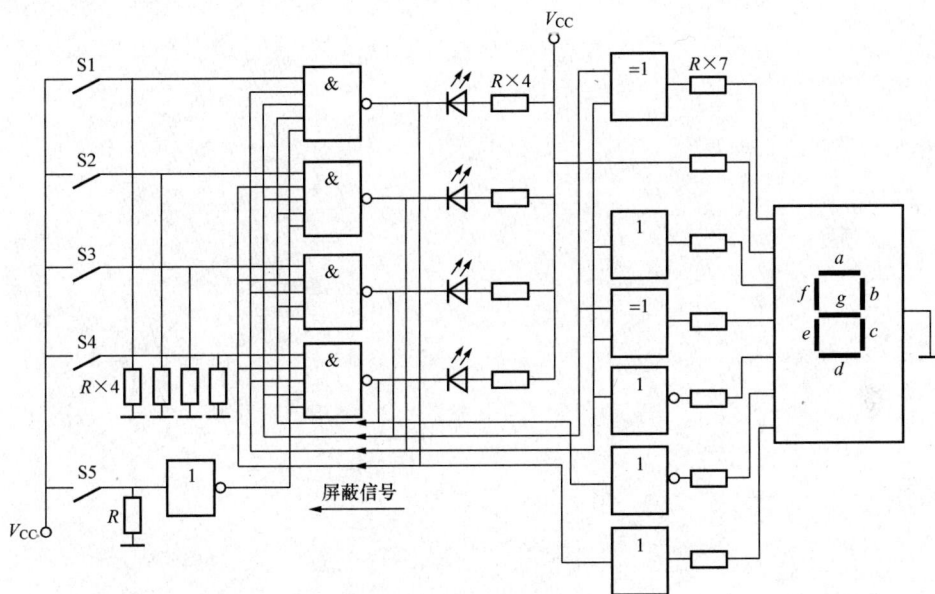

图数字实例 2.3　四路抢答器逻辑电路

各组独立的灯光显示利用发光二极管实现，每组不抢答时输出高电平信号，发光二极管熄灭；该组抢答时，与非门输出低电平信号，发光二极管点亮。

公共的组别显示电路可以采用组合逻辑电路设计的方法进行设计，本例用七个基本门电路设计了一个译码电路，七个门的输出直接驱动七段显示器。当然，采用集成编码器与七段显示译码器配合也可以实现，另外，七段显示器与发光二极管一样都应接限流电阻，图数字实例 2.3 中限流电阻一般取几百欧的经验值即可。

模 数 接 口

第 8 章　模拟与数字系统的接口

你的位置

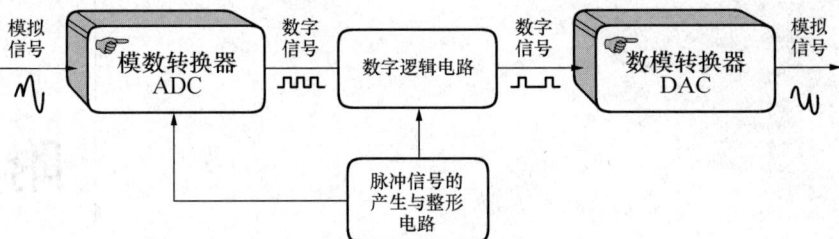

截止到本章，前面已"分别"介绍了模拟和数字电子技术的基本知识和基本电路，但在许多实用电子系统中，模拟和数字电路却并不都是"分别"存在的，而是模拟与数字的混合系统。模拟信号与数字信号截然不同，模拟电路与数字电路也差别极大，这就需要打造模拟与数字系统的接口电路。随着以计算机为代表的数字系统的广泛应用，信号的处理更广泛地采用了计算机技术。但自然界中的压力、温度、液位等物理量均是模拟量，要对这些信号进行控制、检测，也必须使用模数转换电路。模拟信号与数字信号间的相互转换是电子技术不可缺少的重要组成部分。

模数和数模转换器就是可以完成模拟信号与数字信号间相互转换的电路，一般为集成器件。

本章讨论模数转换和数模转换的概念、基本原理及集成芯片，并通过实例了解模数综合系统的构成，为电子技术的学习画下圆满的句号。

本章热身

在进行本章的学习之前，先了解下面几个问题。

(1) 数字系统和模拟系统不能直接相连吗？

解答：数字信号与模拟信号截然不同，所以处理它们的电路也有极大的差别。比如 3.5、4V 甚至 4.5V 的电压信号对于 TTL 数字电路来说都代表同样的信息"逻辑 1"，而这几个电压值对于某一具有特定功能的报警电路来说，可能 3.5V 是正常值，4V 是临界值，4.5V 的电压已经意味着必须要发出报警信号了。所以，要想使数字电路也能处理同样的信息，必须将模拟信号处理为数字系统可识别的数字信息。反之，模拟电路要想处理数字系统送来的信号也是一样。

还有一点，在某种意义上可能更重要。模拟系统的信号可能会有十几、几十甚至上百伏的信号，这样的信号如果不加任何处理直接与数字系统相连的话，那不仅是能否识别的问题，而是会给数字系统带来毁灭性的后果。至于更细致的驱动能力的问题等，都不能使数字系统与模拟系统直接相连，必须要经过数模和模数转换的接口。

（2）数模转换器和模数转换器是同一种电路吗？是不是把输入和输出互换，模数转换器就可以当做数模转换器使用呢？

解答：千万不可以。数模转换器与模数转换器在功能上是相反的，但并不意味着使用者把输入和输出互换，模数转换器就可以当做数模转换器使用了，它们完全是两种不同原理、结构和功能的电路。

（3）在"你的位置"的框图中，为什么模数转换器需要时钟脉冲，而数模转换器不需要呢？

解答：正像上一个问题中所说的，数模转换器和模数转换器完全是两种不同原理、结构和功能的电路，所以模数转换器需要时钟脉冲，而数模转换器不需要。这是因为模数转换器的输入信号是模拟信号，是连续的，而其输出信号是数字信号，是离散的，所以需要按照时钟脉冲的节拍将模拟输入信号离散为断续的数字信号。数模转换器则不需要这个过程。

本章关键词
◆ 数模转换器；解码网络。
◆ 模数转换器；采样、保持、量化、编码。
◆ 分辨率、转换精度、转换时间。

8.1　数模与模数转换器

8.1.1　数模转换器 DAC

将数字信号转换为模拟信号的电路称为数模转换器（Digital to Analog Converter），简称为 D/A 转换器或 DAC。

1. 数模转换的基本原理

（1）数模转换的过程。数模转换的过程如图 8.1.1 所示，将二进制数转换为十进制数后再乘以一定的比例系数就将数字量转换为了模拟量。

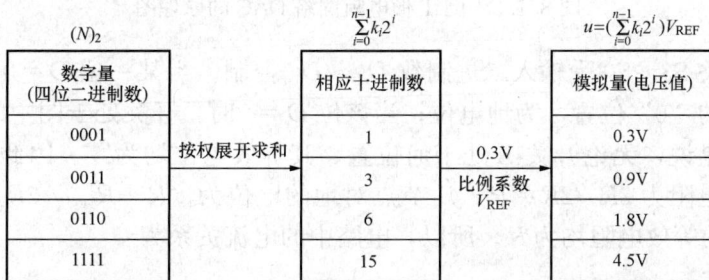

数字量 (四位二进制数)	相应十进制数	模拟量(电压值)
0001	1	0.3V
0011	3	0.9V
0110	6	1.8V
1111	15	4.5V

图 8.1.1　数字量（二进制数）到模拟量（电压值）的转换

图 8.1.1 说明，输入二进制数 $(N)_2$，转换后的模拟电压信号 u 为

$$u = \left(\sum_{i=0}^{n-1} k_i 2^i \right) V_{\text{REF}} \tag{8.1.1}$$

式中：V_{REF} 为比例系数，也称为基准电压。

所以，数模转换器普遍采用的转换方法是将输入的 n 位数字信号分别按权转换成模拟信号，再通过运算放大器相加。D/A 转换器的核心部分是一个能实现按权转换的电阻解码网络，此外，还有基准电压、电子开关、求和电路、数码寄存等部分，如图 8.1.2 所示。

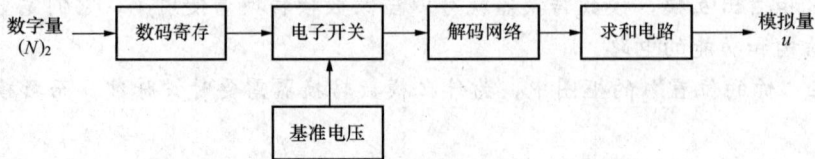

图 8.1.2　数模转换器框图

数字信号以串行或并行的方式输入，经数码寄存器暂存后去控制对应的电子开关，从而在电阻解码网络中获得相应的权值信号，这些代表输入数字信号大小的权值信号经求和电路相加得到与数字量对应的模拟输出。

（2）倒 T 形电阻网络 D/A 转换器原理。按解码网络的不同，D/A 转换器有倒 T 形电阻网络 DAC、权电阻网络 DAC、权电流网络 DAC 和 T 形电阻网络 DAC 等，下面仅以倒 T 形电阻网络为例介绍 D/A 转换器的基本原理。

在单片集成 D/A 转换器中，使用最多的是倒 T 形电阻网络，4 位倒 T 形电阻网络 DAC 的原理如图 8.1.3 所示。它由基准电压 V_{REF}、R-$2R$ 倒 T 形电阻网络、S3～S0 电子模拟开关及运算放大器构成的求和电路组成。

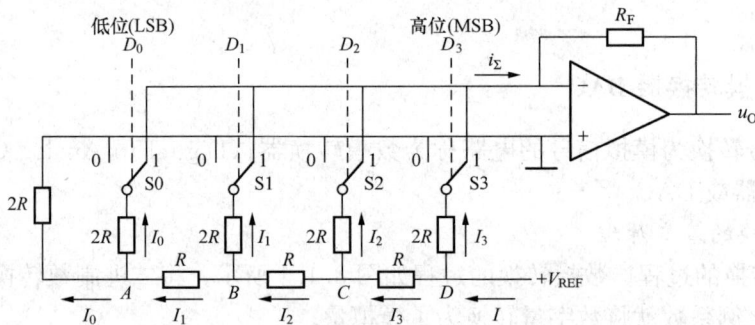

图 8.1.3　倒 T 形电阻网络 DAC 的原理图

电子模拟开关 S3～S0 受输入二进制数 D_3～D_0 控制。当某一位 $D=0$ 时，对应的开关处于图 8.1.3 中的"0"位置，为地电位；当该位 $D=1$ 时，开关处于图中的"1"位置，为虚地电位。也就是说，无论开关 S 处于何位置，其等效电位均为零。因此，图 8.1.3 中 A 节点对地的等效电阻为 $2R//2R=R$，B 节点对地的电位为 $(R+R_A)//2R=R$，依此类推，C、D 各点对地的等效电阻均为 R。所以，电路中的电流关系为

$$I = \frac{V_{REF}}{R}$$

$$I_3 = \frac{1}{2}I = \frac{1}{2}\frac{V_{REF}}{R}$$

$$I_2 = \frac{1}{4}I = \frac{1}{4}\frac{V_{REF}}{R}$$

$$I_1 = \frac{1}{8}I = \frac{1}{8}\frac{V_{REF}}{R}$$

$$I_0 = \frac{1}{16}I = \frac{1}{16}\frac{V_{REF}}{R}$$

所以，在输入二进制数 $D_3 \sim D_0$ 控制下，流入运放反相端的总电流 i_Σ 的表达式为

$$i_\Sigma = i_3 D_3 + i_2 D_2 + i_1 D_1 + i_0 D_0$$

$$= \frac{V_{REF}}{2R}D_3 + \frac{V_{REF}}{4R}D_2 + \frac{V_{REF}}{8R}D_1 + \frac{V_{REF}}{16R}D_0$$

$$= \frac{V_{REF}}{2^4 R}(2^3 D_3 + 2^2 D_2 + 2^1 D_1 + 2^0 D_0)$$

输出模拟电压 u_O 为

$$u_O = -i_\Sigma R_F = -\frac{R_F}{2^4 R}V_{REF}(2^3 D_3 + 2^2 D_2 + 2^1 D_1 + 2^0 D_0) = -K(N)_2 \qquad (8.1.2)$$

可见，$D_3 D_2 D_1 D_0$ 为不同的 4 位二进制数时，输出电压 u_O 为与输入数字量成比例的模拟量，K 为比例系数，即该电路完成了数字量到模拟量的转换。

可知，n 位倒 T 形电阻网络 D/A 转换器的输出电压 u_O 为

$$u_O = -i_\Sigma R_F = -\frac{R_F}{2^n R}V_{REF}(2^{n-1} D_{n-1} + 2^{n-2} D_{n-2} + \cdots + 2^1 D_1 + 2^0 D_0) = -K(N)_2 \qquad (8.1.3)$$

由于无论开关 S 的位置，倒 T 形电阻网络的各支路电流均不随开关状态而变化，所以电路的工作速度较高，在 D/A 转换器中广泛使用。

2. 主要性能指标

（1）分辨率。分辨率是 D/A 转换器对输入微小量变化的敏感程度。D/A 转换器输入相邻两个数码时所对应的输出电压之差为最小可分辨电压，记为 U_{LSB}。可见，分辨率的数值与输入数字量的位数成反比，输入数字量位数越多，最小可分辨电压的数值越小，分辨力就越强。在实际中常用输入数字量的位数来表示分辨率，如 12 位 D/A 的分辨率为 12 位。

（2）转换精度。转换精度分为绝对精度和相对精度。D/A 转换器的实际输出值与理论计算值之差，称为绝对精度，通常用最小分辨电压的倍数表示，如 $\frac{1}{2}U_{LSB}$ 表示输出值与理论值的误差为最小可分辨电压的一半。相对精度是绝对精度与满刻度输出电压（或电流）之比，通常用百分数表示。

（3）转换时间。D/A 转换器从接收数字量开始到输出电压或电流达到规定误差范围所需要的时间称为转换时间，它决定 D/A 转换器的转换速度。

3. 集成数模转换器 AD7520 简介

集成 D/A 转换器品种繁多，按内部结构分，有仅包括电阻解码网络和电子模拟开关的基本 D/A 转换器，有在内部电路中增加了数据锁存器、寄存器的带使能端的 D/A 转换器，还有将基准电压源、求和运放等均集成在芯片上的完整 D/A 转换器。从使用角度看，D/A 转换器可分两大类；一类是在电子电路中使用的，不带使能端，只有数字信号输入和模拟信号输出；另一类是为计算机控制设计的，带有使能端，可直接与计算机系统接口。

AD7520 是 AD 公司生产的 10 位 CMOS 电流输出型 D/A 转换器，内部只含倒 T 形电阻网络、CMOS 模拟开关和 $10k\Omega$ 反馈电阻，电源电压为 5～15V。组成 D/A 转换器时，需外

接集成运算放大器，反馈电阻可采用片内电阻或外加电阻。具有结构简单、功耗低、转换速度快、通用性强等优点。图 8.1.4 示出了 AD7520 内部的电阻网络结构及外引线图。

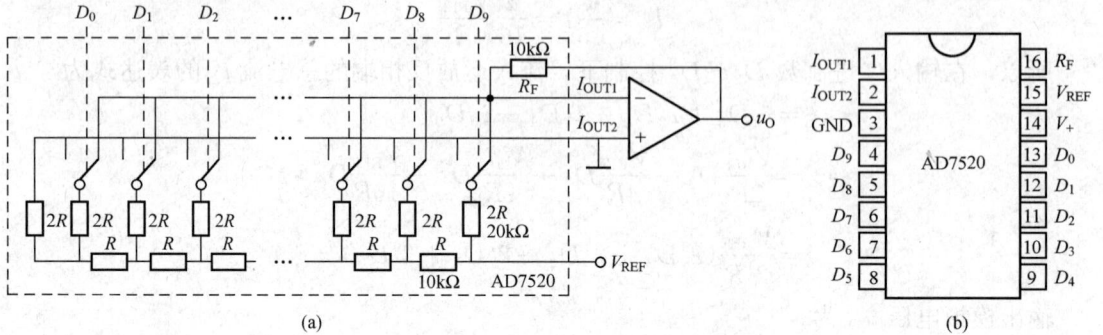

图 8.1.4　集成 D/A 转换器 AD7520

(a) AD7520 内部电阻网络结构；(b) AD7520 外引线图

$D_0 \sim D_9$ 为十个二进制数码输入端，I_{OUT1} 和 I_{OUT2} 为电流输出端，R_F 为反馈电阻引出端，V_{REF} 为基准电压输入端。

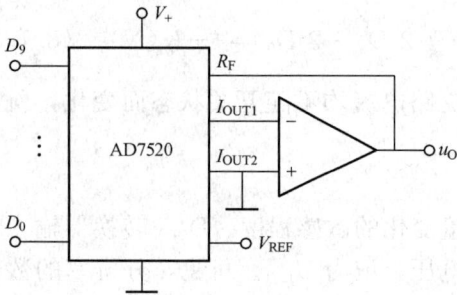

图 8.1.5　单极性输出的数模转换应用电路

图 8.1.5 是由 AD7520 组成的单极性输出的数模转换应用电路。电路由 AD7520 与求和运算放大器组成，运算放大器接成反相比例形式，反馈电阻 R_F 利用 AD7520 内部提供的 $10\text{k}\Omega$ 电阻，也可另外再串接电阻。由前面分析可知，此电路的转换关系为

$$u_O = -\frac{R_F V_{REF}}{2^{10} R}(2^9 D_9 + 2^8 D_8 + \cdots + 2^1 D_1 + 2^0 D_0)$$

$$= -\frac{V_{REF}}{2^{10}}(2^9 D_9 + 2^8 D_8 + \cdots + 2^1 D_1 + 2^0 D_0)$$

8.1.2　模数转换器 ADC

模数转换器（Analog to Digital Converter）简称 A/D 转换器或 ADC，是可以将模拟信号转换为数字信号的电路。

1. 模数转换的基本原理

模拟信号在时间和幅度上都连续，而数字信号在时间和幅度上都是离散的，所以模数转换的过程就是将模拟信号在时间和幅度上分别离散的过程，需要通过采样、保持、量化、编码四个部分来完成。

（1）采样、保持。采样电路可以将输入模拟量在时间上离散。

根据采样定理，只要采样频率大于二倍的模拟信号频谱中的最高频率，就不会丢失模拟信号所携带的信息。所以只要选择合适频率的采样脉冲，就可以把在时间上连续变化的模拟量离散成在时间上断续的电信号。如图 8.1.6 中所示，u_I 是待转换的模拟信号，S 是采样脉冲，经采样后的信号为 u_{O1}。由于需要一定时间才能将每次的采样电压转换成相应的数字量，所以每次采样后均需将采得的电压保持一段时间，经采样保持后的电压波形如图 8.1.6 中的 u_{O2} 所示。

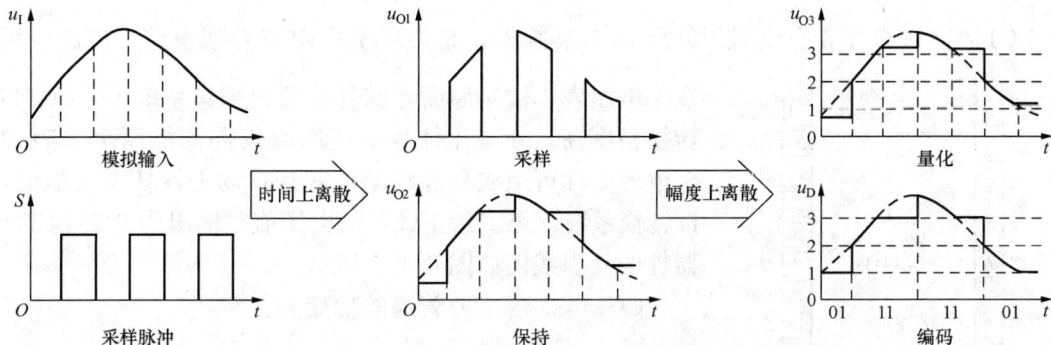

图 8.1.6　模数转换波形

（2）量化、编码。从图 8.1.6 中可以看出，u_{O2} 的保持电压值是由输入信号采样而来，是随机值，而要用有限个 n 位二进制数来表示 u_{O2} 的每个采样值，就必须使 u_{O2} 的阶梯状电平与有限的 2^n 个数字量一一对应。因此，必须将介于两个离散电平之间的采样值用某种方式整理归并到这两个电平之一，才能将采样值限定在 2^n 个相应的离散电平上，这种将幅值取整归并的方式及过程称为量化。量化后，有限个量化值可用 n 位一组的二进制代码来描述，这种用数字代码表示量化幅值的过程称为编码。图 8.1.6 示出的是用两位二进制码来量化编码模拟信号的波形图。在图中，两位二进制数可产生四个量化电平，经过采样保持后的阶梯信号 u_{O3}（即 u_{O2}）有时刚好与量化电平相符，可直接进行编码，而有时不在离散的四个电平上，则需要量化。在图 8.1.6 中，将采样值进行四舍五入处理后分别归并到上、下离散电平上，再将量化后的信号以一定的编码方式进行编码可得到数字量信号 u_D。

A/D 转换器的种类很多，按其工作原理的不同可分为直接 A/D 转换器和间接 A/D 转换器。直接 A/D 转换器是直接将模拟信号转换为数字信号，典型电路有并行比较型、逐次比较型等。间接 A/D 转换器则是先将模拟信号转换成某一中间电量，然后再将中间电量转换为数字量输出，其典型电路为双积分型 A/D 转换器、电压频率转换型 A/D 转换器等。

2. 主要性能指标

（1）分辨率。分辨率指 A/D 转换器输出数字量变化一个数码所对应的输入模拟量的变化范围。输出数字量的位数越多，能分辨出的最小模拟电压越小，如 8 位 A/D 输入最大模拟电压为 5V 时，则其分辨率约为 $\dfrac{5\text{V}}{2^8-1}\approx 19.61\text{mV}$。

为方便起见，A/D 转换器的分辨率也通常用输出数字量的位数来表示，这与 D/A 转换器一致。

（2）绝对精度。绝对精度是指 A/D 转换后的数字量所代表的输入模拟值与实际输入模拟值之差。

通常以数字量最低位所代表的模拟输入值 U_{LSB} 作衡量单位，如 $\dfrac{1}{2}U_{LSB}$、U_{LSB} 等。

（3）转换时间。A/D 转换器完成一次模拟量到数字量的转换所需的时间称为转换时间，它反映了 A/D 转换器的转换速度。

3. 集成模数转换器 CC14433 简介

集成 A/D 转换器种类很多，从使用的角度上看也可分为在电子电路中使用、不带使能端的 ADC 和带有使能端、可与计算机直接相连的 ADC。

CC14433 是单片 $3\frac{1}{2}$ 位双积分型 A/D 转换器，是大规模 CMOS 集成电路，广泛应用于

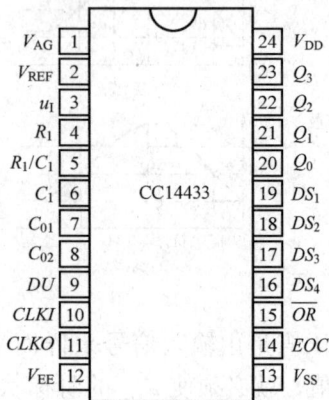

数字电压表、数字温度计和各种低速采集系统中。CC14433 转换精度高，外围元件少，使用时仅需外接两个电阻和两个电容，即可组成具有自动调零和自动极性切换功能的 A/D 转换系统，可测量正或负的电压值，输出为 8421BCD 码。器件的外引线图如图 8.1.7 所示。

图 8.1.7　双积分型 A/D 转换器
　　　　　CC14433 外引线图

CC14433 各主要管脚的功能为：

V_{DD}：正电源电压端。

V_{SS}：数字地。

V_{AG}：模拟地。

V_{EE}：负电源电压。

V_{REF}：基准电压端。当 $V_{REF}=2V$ 时，满量程显示 1.999V；当 $V_{REF}=200mV$ 时，满量程为 199.9mV。

$CLKI$、$CLKO$ 为时钟脉冲输入、输出端，外接 300kΩ 电阻可产生时钟，也可从 $CLKI$ 输入外部时钟脉冲。

C_{01}、C_{02}：接补偿电容端，通常取 $C=0.1\mu F$。

R_1、R_1/C_1、C_1：外接积分元件端。

u_I：输入模拟电压端。

$Q_3 \sim Q_0$：BCD 码输出端，接显示译码器。

$DS_1 \sim DS_4$：千、百、十、个输出位选通信号端，CC14433 以动态扫描方式输出数字量，位选信号 $DS_1 \sim DS_4$ 轮流输出高电平时，$Q_3 \sim Q_0$ 分别输出相应的千位、百位、十位、个位数字量。

$\overline{OR}$：溢出信号输出端，溢出时为 0。

DU：控制转换结果的输出端，若 DU 端输入一个正脉冲，则将转换结果送至输出锁存器中，否则锁存器中的数据不变，输出仍为原来的结果。

EOC：A/D 转换结束正脉冲信号输出端，将 EOC 接到 DU 端，那么输出的将是每次转换后的新结果。

8.2　综合电子系统实例

本节以一个在生产、生活中经常遇到的多路温度测量与显示系统为例，介绍一个模拟-数字混合的综合电子系统。

8.2.1　多路温度测量系统框图

多路温度测量系统框图如图 8.2.1 所示，图中包括传感器与信号采集电路、多路模拟开关、放大电路、A/D 转换电路和数码显示电路等几个组成部分。本例选择 8 路温度作为被测信号，实际使用中可根据需要减少或扩展。信号采集系统负责将非电量温度经传感器传感为电信号，多路模拟开关可以实现多路温度的巡回检测或某一路指定温度的检测，放大电路将传感来

的电信号放大处理为合适的信号幅值，A/D 转换将放大器输出的模拟信号转换为数字系统可接收的数字信号，数码显示电路可以将已经转换为数字量的温度信号以数码的形式直观显示。

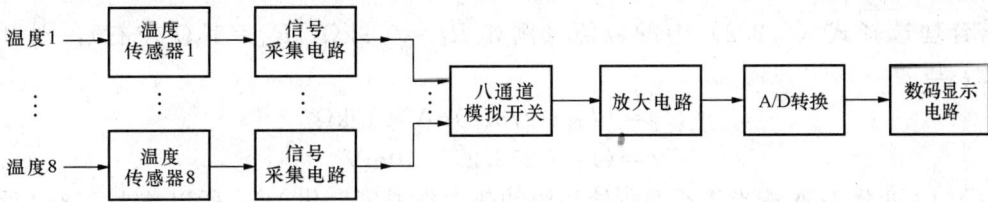

图 8.2.1 多路温度测量系统框图

8.2.2 电路组成

1. 温度传感器——非电量到电量的转换

温度信号是一个随时间连续变化的非电量模拟信号，因此，首先要采用温度传感器将之变换为模拟电信号。集成温度传感器实质上是一种半导体集成电路，其原理是利用三极管发射结压降 U_{BE} 与热力学温度 T、发射极电流 I_E 的关系来实现对温度的检测。

集成温度传感器的输出形式有电压输出型和电流输出型两种。

这里选用美国 AD 公司生产的单片集成两端电流输出型温度传感器 AD590。它采用金属壳 3 脚封装，如图 8.2.2（a）所示。其中 1 脚为电源正端 V_+，2 脚为电流输出端，3 脚为管壳，一般不用。集成温度传感器的电路符号如图 8.2.2（b）所示。

AD590 的主要特性为流过器件的电流变化 $1\mu A$ 相当于器件所处环境的热力学温度（开尔文）变化 1K，即

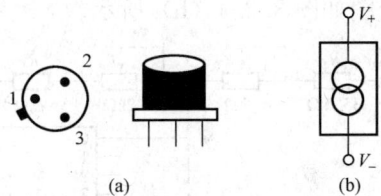

图 8.2.2 集成温度传感器
(a) 结构图；(b) 电路符号

$$\frac{I_T}{T} = 1 \ (\mu A/K) \qquad (8.2.1)$$

式中：I_T 为流过 AD590 的电流，μA；T 为热力学温度，K。

AD590 的测温范围可达 $-55 \sim +150℃$，电源电压范围为 $4 \sim 30V$。AD590 具有线性优良、性能稳定、灵敏度高、无需补偿、热容量小、抗干扰能力强、可远距离测温且使用方便等优点，可广泛应用于各种冰箱、空调器、粮仓、冰库、工业仪器配套和各种温度的测量和控制等领域。

2. 信号采集与放大电路——模拟电子电路

由于 AD590 是电流输出型的温度传感器，并且输出电流与热力学温度成正比，所以温度信号采集与放大电路至少应该完成以下两个功能：一是能将电流量转换成电压量，二是将热力学温标转换为摄氏温标。图 8.2.3 为一个能实现电流/电压和绝对/摄氏温标转换的信号采集与放大电路。由集成运放的虚短和虚断，即 $u_- = u_+ = 0$ 和 $I_1 = I_2 + I_T$ 可得

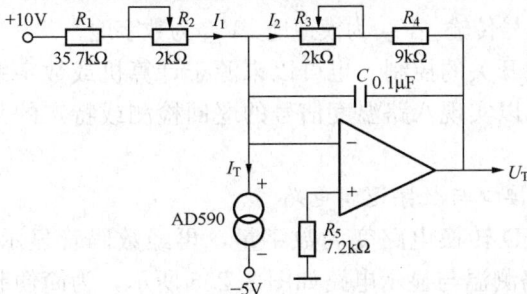

图 8.2.3 电流/电压及绝对/摄氏温标转换电路

$$\frac{10-0}{R_1+R_2} = \frac{0-U_T}{R_3+R_4} + I_T$$

解得

$$U_T = \left(I_T - \frac{10}{R_1 + R_2}\right)(R_3 + R_4) \tag{8.2.2}$$

若合理选择式（8.2.2）中的数值（例如 $R_2 = 0.9\text{k}\Omega$，$R_3 = 1\text{k}\Omega$ 左右），则可将式（8.2.2）写为

$$\begin{aligned}U_T &= (I_T - 273.2)\mu\text{A} \times 10\text{k}\Omega \\ &= (I_T - 273.2) \times 10\text{mV}\end{aligned} \tag{8.2.3}$$

由于 I_T 变化 $1\mu\text{A}$ 相当于器件所处环境的热力学温度变化 1K，所以减去 273.2 后就已经转换为了摄氏温标，也就是说，电路的输出 U_T 为与摄氏温度成正比的模拟电压输出，摄氏温度变化 1℃，U_T 变化 10mV。所以，该电路完成了电流/电压和绝对/摄氏温标的转换，且 0℃时，U_T 为 0mV，100℃时，U_T 为 1000mV，在数值上是 10 倍的关系。图中的电容 C 可以抑制高频干扰，提高信号采集电路的性能。

为进一步提高信号采集与放大电路的精度，集成运放可选择高精度、低漂移的集成运放类型。

3. 模拟开关——数字控制的模拟开关

图 8.2.3 仅能对一路温度信号进行采集，若要实现多路采集，可配合模拟开关来实现，如图 8.2.4（a）所示，为方便起见，图中仅画出一路信号。八通道模拟开关 CC4051 的外引线图如图 8.2.4（b）所示。

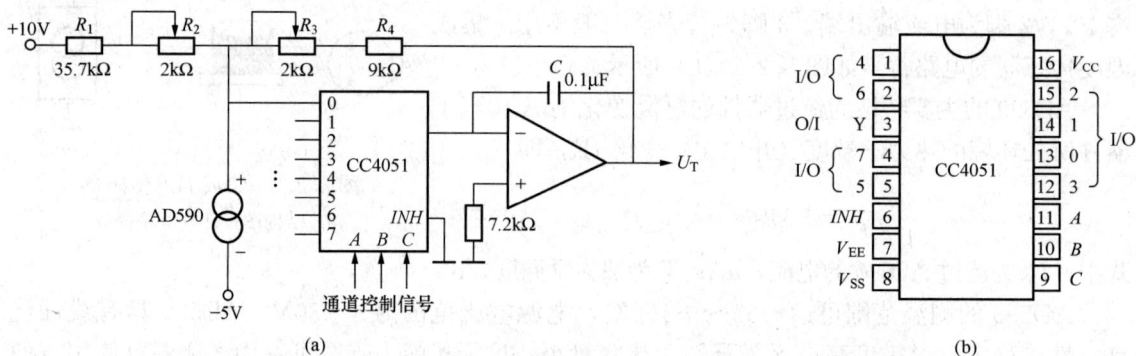

图 8.2.4　八路温度信号采集电路和八通道模拟开关 CC4051 的外引线图

（a）八路温度信号采集电路；（b）八通道模拟开关 CC4051 外引线图

CC4051 是八选一的数字控制模拟开关集成电路。当禁止端 INH 为高电平时禁止工作，当 INH 为低电平时允许三位地址端 C、B、A 控制哪个通道被选通。各模拟开关为双向，既可以实现 8 线- 1 线传输信号，也可以实现 1 线- 8 线的信号传输。V_{EE} 为模拟地，V_{SS} 为数字地。

通道选择 C、B、A 的信号可以来源于机械开关的控制，也可以来源于计算机或数字系统的控制。根据 C、B、A 的不同设置方式，可以实现八路温度信号的巡回检测或特定的某路温度的监测。

4. A/D 转换与数码显示电路——模数转换接口与数字逻辑电路

将信号采集电路处理后的模拟信号送入 A/D 转换电路变为数字量，再经数码管显示，就完成了整个温度测量与显示系统，完整的八路测温与显示电路如图 8.2.5 所示，为简便起见，图中未画出各电压源电路和八路通道控制信号产生电路。

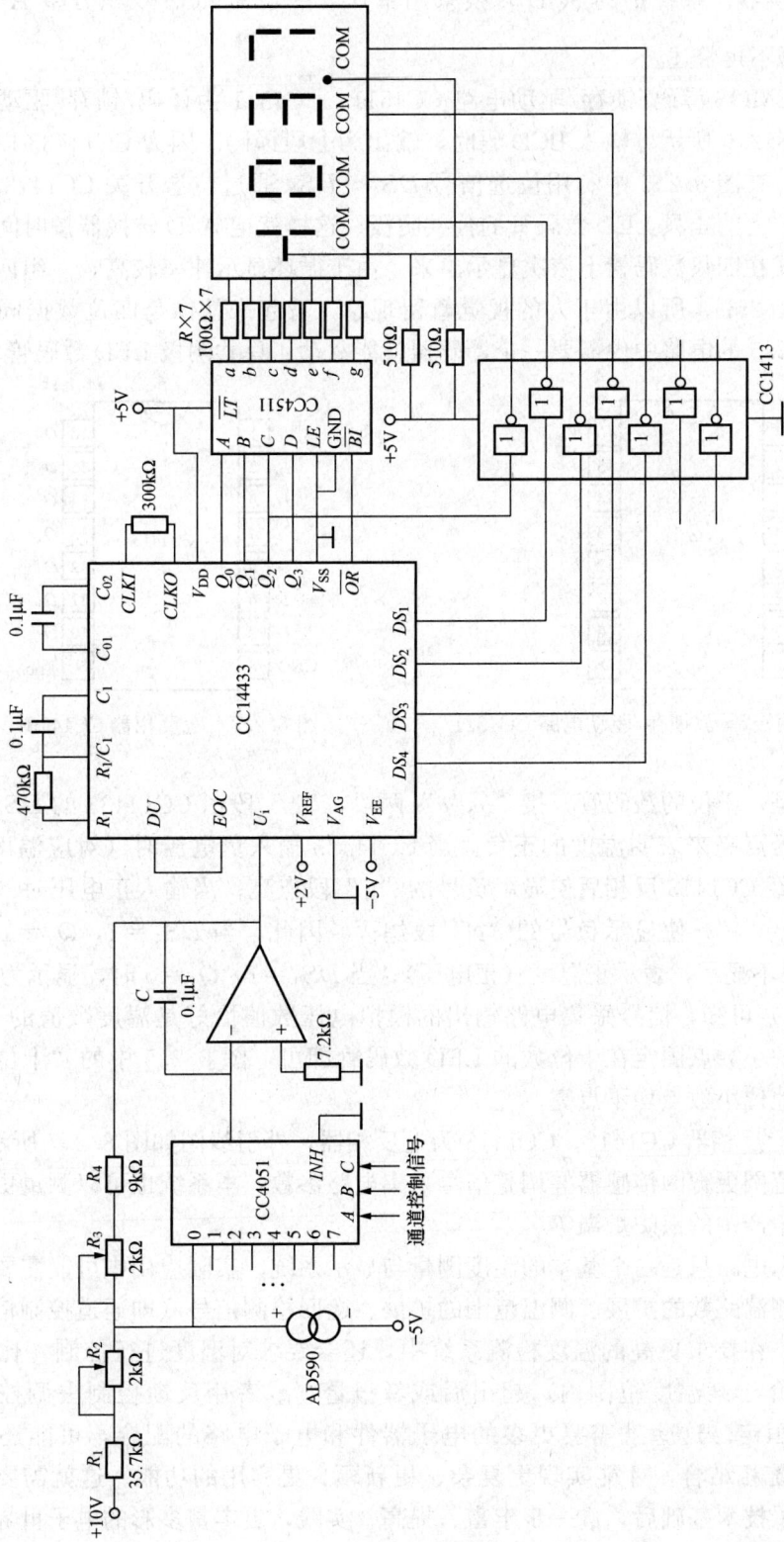

图 8.2.5 八路温度测量与显示系统原理电路

（1）A/D 转换器。系统中的 A/D 转换采用单片 $3\frac{1}{2}$ 位 CMOS 双积分型 A/D 转换器 CC14433，其原理不再赘述。

（2）共阴极 CMOS 译码/锁存/驱动电路 CC4511。CC4511 为译码/锁存/驱动电路，器外引线排列如图 8.2.6 所示。输入 BCD 码时，输出为七段译码。因为 CC14433 以动态扫描方式输出数字量，在图 8.2.5 中利用位选信号 $DS_1 \sim DS_4$ 通过位选开关 CC1413 分别控制千、百、十、个位上的 4 只 LED 数码管的公共阴极。这样就把 A/D 转换器按时间顺序输出的数据以扫描形式在四只数码管上依次显示出来。由于循环显示速率较高，一组四位数显示一遍的时间仅需 1.2ms，所以由于人的视觉暂留现象，看起来就像是四位数据同时显示一样。所以，图 8.2.5 的电路中仅需要一个译码器就能驱动 4 只共阴极 LED 数码管。

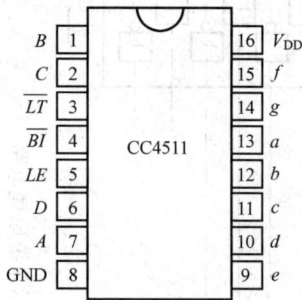

图 8.2.6　共阴极译码/锁存/驱动电路 CC4511　　　　图 8.2.7　七反相器 CC1413

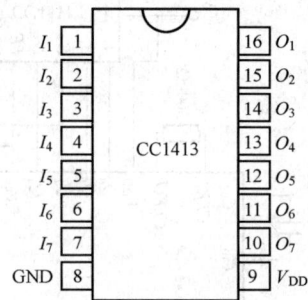

需要说明的是，千位的数码管只接"b、c"两段，"g"段由 CC14433 的 DS_1 与 Q_2 端配合来控制其是否点亮来表明温度的正负。当 CC14433 输入负电压时（对应温度为 0℃ 以下），$Q_2 =$"0"，经 CC1413 反相后使显示负号的"g"段点亮；当输入正电压时（对应温度为 0℃ 以上），$Q_2 =$"1"，使显示负号的"g"段熄灭。因此，当 $DS_1 = 1$，$Q_2 = 1$ 时，千位数码管的"g"段不显示，表示正温度（正电压）；当 $DS_1 = 1$，$Q_2 = 0$ 时，显示为负。

从式（8.2.3）可知，信号采集电路输出的模拟电压数值恰好是温度数值的 10 倍，因此，将温度显示的小数点固定在十位数的 LED 数码管即可，图 8.2.5 中的"十位"小数点需一直点亮，其他位小数点均不点亮。

（3）CMOS 七反相器 CC1413。CC1413 为七反相器，外引线图如图 8.2.7 所示。

如选择温度范围更宽的传感器并调整信号采集电路参数，本系统也可以测量更大的温度范围，比如工业生产中的锅炉炉温等。

图 8.2.5 所示电路只是一个基本的温度测量与显示系统，实际应用中可能需要更多的实用功能，比如，测温路数的扩展、测温范围的扩展、巡回检测信号（即通道控制信号）的产生方式与频数等。在要求更高的温度检测系统中，还会要求对温度进行控制，比如要求某环境的温度必须介于某温度范围内，超出后或者报警、或者用反馈控制去调控温度，使该环境温度相对恒定。这些就需要更多的电子器件和电子电路的配合，可能还需要与单片机、计算机系统相结合，才能实现更复杂、更新颖、更实用的功能。这就需要读者们在具备了基本的电子技术基础后，进一步丰富、提高、实践，更丰富多彩的电子世界将会展现在你的眼前。

自己做小结

【小结】

（1）A/D 和 D/A 转换器集成芯片又称为 ADC 和 DAC，它们都是大规模集成芯片，在电子系统中被广泛应用。

（2）D/A 转换器可将　①　量转换成　②　量，其电路形式按其解码网络结构分为倒 T 形电阻网络、权电阻网络、权电流网络和 T 形电阻网络等多种。其中以　③　电阻网络应用较广，由于其支路电流流向运放输入端时不存在传输时间，因而具有较高的转换速度。

（3）　④　转换器可将模拟量转换成数字量，转换过程需要经过　⑤　、　⑥　、　⑦　和　⑧　四个步骤。A/D 转换器按其工作原理可分为直接型和间接型。直接型典型电路有并行比较型、逐次比较型，特点是工作速度快但精度不高。间接型典型电路为双积分型和电压频率转换型，特点是工作速度较慢，但抗干扰性能较好。

（4）实际应用中的电子系统往往是　⑨　与　⑩　的混合系统。随着以计算机为代表的数字系统的广泛应用，信号的处理更广泛地采用了计算机技术，模拟信号与数字信号间的相互转换成为电子技术中不可缺少的重要组成部分。随着电子技术的不断发展，高精度、高速度的 A/D 和 D/A 转换器集成芯片层出不穷，极大方便了各种应用。

【答案】

①数字；②模拟；③倒 T 形；④A/D；⑤采样；⑥保持；⑦量化；⑧编码；⑨模拟电路；⑩数字电路。

习　　　题

8.1.1　已知某 D/A 转换器的最小电压约 5mV，最大满刻度电压为 10V，试求该 D/A 转换器数字量的位数是多少？

8.1.2　已知某 D/A 转换器输入 10 位二进制数，最大满刻度电压为 5V，试求最小分辨电压和分辨率。

8.1.3　在 AD7520 组成的单极性输出电路中，$V_{REF}=10V$，$R_F=R=10k\Omega$。若输入数字量为 1011010101，求输出电压 u_O。

8.1.4　图 8.1 所示为权电阻网络 D/A 转换电路，试分析电路工作原理，推导出输出电压的表达式。

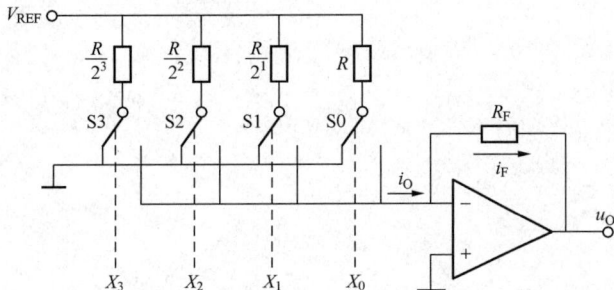

图 8.1　习题 8.1.4 图

8.1.5 8 位 A/D 转换器的输入满量程为 10V，当输入下列电压值时，数字量的输出分别为多少？

（1）3.5V；（2）7.08V；（3）59.7mV。

8.1.6 某 12 位 A/D 转换器的输入满量程为 10V，试计算该 A/D 转换器分辨的最小阶梯电压？

8.2.1 以图 8.2.5 所示的八路温度测量系统为基础，考虑以下方案：

（1）若想将 8 个被测温度以 2min 为周期循环显示，试考虑八通道模拟开关 CC4051 的通道控制信号的设计方案。

（2）将该系统扩展为 80 路测温系统，可以考虑什么方案？

（3）将该系统改造为 8 路平均温度的检测，需要考虑哪些电路设计？

附录 A　综合测试题 A 卷

一、半导体二极管和三极管的问答与分析题（共 15 分）

1. 回答问题。

（1）二极管有几个 PN 结？二极管有几个引脚？正偏的二极管处于什么状态？反偏的二极管处于什么状态？（4 分）

（2）三极管有几个 PN 结？放大状态三极管的发射结和集电结是什么偏置？饱和状态三极管的发射结和集电结又分别是什么偏置？截止状态三极管的发射结必须处于什么偏置？（6 分）

2. 图 A.1 所示三极管各电极电流为 $I_1 = 2.4\text{mA}$，$I_2 = -2.36\text{mA}$，$I_3 = -0.04\text{mA}$，问 A、B、C 各是三极管的哪个电极？是 NPN 管还是 PNP 管？该管的 β 值是多少？（5 分）

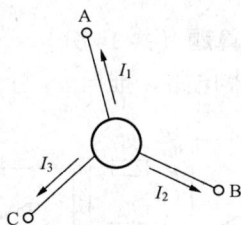

图 A.1

二、基本放大电路的分析与计算（共 25 分）

1. 分析图 A.2 电路中反馈电阻 R_F 构成的反馈类型。（5 分）

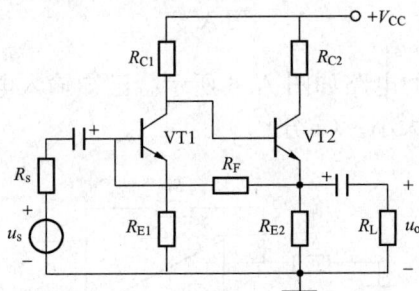

图 A.2

2. 三极管放大电路如图 A.3 所示，试判断该电路对正弦交流信号有无放大作用。（5 分）

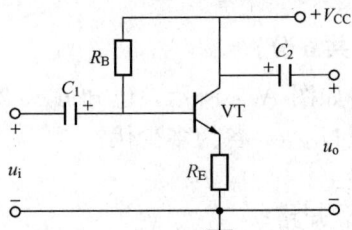

图 A.3

3. 在图 A.4 所示的单级放大电路中，已知 $\beta = 60$，$V_{CC} = 12\text{V}$，$R_C = 4\text{k}\Omega$，$R_L = 4\text{k}\Omega$，

各电容对交流信号相当于短路，三极管的发射结压降$U_{BE}=0.7V$。要求：（1）若三极管的管压降$U_{CE}=3V$，计算R_B的电阻值；（2）画出小信号等效电路；（3）计算电压放大倍数A_u、输入电阻r_i和输出电阻r_o。（15分）

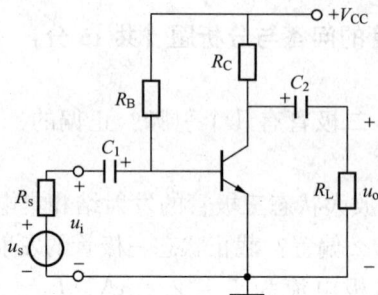

图 A.4

三、集成运算放大器的分析与计算题（共 14 分）

1. 图 A.5 为理想集成运算放大器电路，推导u_o与u_{i1}、u_{i2}和u_{i3}的关系。（10分）

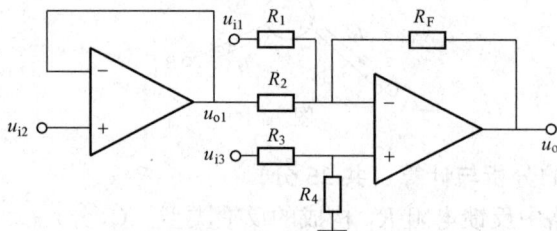

图 A.5

2. 理想运算放大器构成的电路如图 A.6 所示。已知输入电压为 100mV，$R_F=220k\Omega$，$R_1=20k\Omega$，计算输出电压的大小。（4分）

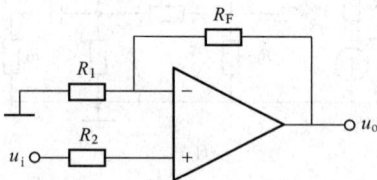

图 A.6

四、直流电源电路分析题（共 6 分）

单相桥式整流电容滤波电路如图 A.7 所示，已知$u_2=20\sqrt{2}\sin\omega t$（V），在下述不同情况下，说明输出直流电压平均值$U_{O(AV)}$各为多少伏？

（1）滤波电容C因虚焊未接上；

（2）有滤波电容C、负载R_L开路；

（3）整流桥中有一个二极管因虚焊而开路，且电容C开路；

（4）有电容C，且满足$R_LC\geqslant(3\sim5)\dfrac{T}{2}$。

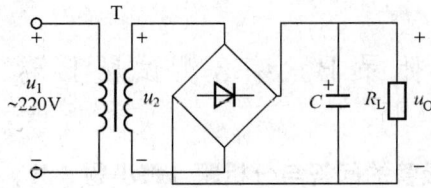

图 A.7

五、门电路与触发器分析题（共 25 分）

1. 比较下列各数的大小，找出最大数和最小数。（4 分）

$(117)_{10}$，$(1110110)_2$，$(164)_8$，$(73)_{16}$，$(0000000110011001)_{8421BCD}$。

2. 用卡诺图化简逻辑函数 $L(A，B，C，D)=\sum m(0，2，4，5，7，8)+\sum d(10，11，12，13，14，15)$ 为最简与或式。（5 分）

3. 图 A.8（a）所示的波形图中 A、B 为输入，F 为输出，写出 F 的表达式，并列出 F 的真值表。用图 A.8（b）中的 74LS00 四与非门芯片实现该逻辑，输入必须是原变量形式。注：74LS00 芯片 14 脚为电源 V_{CC} 端，7 脚为接地 GND 端。（8 分）

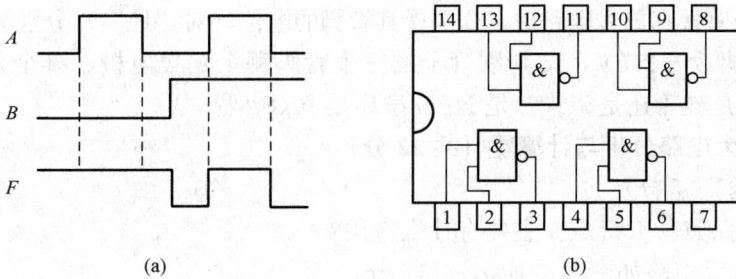

(a)　　　　　　　　　　　　　(b)

图 A.8

4. 用真值表说明逻辑函数 $Y=AB+AC+BC$ 与 $F=\overline{A}\,\overline{B}+\overline{A}\,\overline{C}+\overline{B}\,\overline{C}$ 的关系，并用图 A.9 给出的四选一数据选择器 74LS153 实现逻辑函数 Y。（8 分）

六、集成计数器芯片分析题（共 15 分）

集成四位二进制加法计数器 74161 构成的计数电路如图 A.10 所示。要求：（1）说出该电路构成了几进制计数器，并写出该电路的计数状态循环；（2）当预置数据输入为 0001 时，画出七进制计数电路的连线，如有需要可配合适当逻辑门。

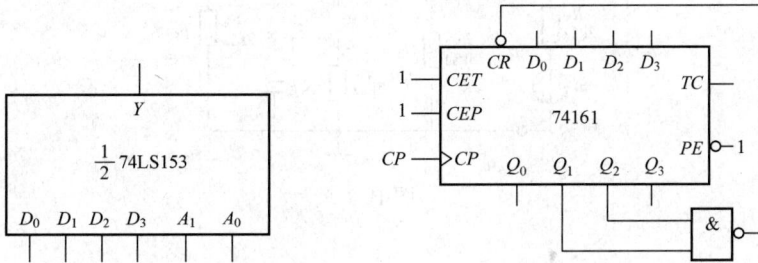

图 A.9　　　　　　　　　　　　图 A.10

附录 B　综合测试题 B 卷

一、半导体二极管和三极管的问答与分析题（每小题 5 分，共 15 分）

1. 理想二极管电路如图 B.1 所示，图中二极管 VD 处于什么状态？$U_{AO}=$？

2. 判断图 B.2 中三极管的状态，并说明是硅管还是锗管？

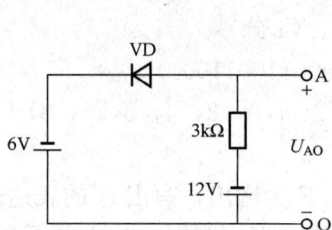

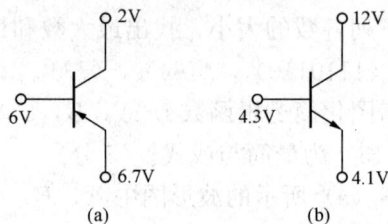

图 B.1　　　　　　　　　　　　　图 B.2

3. 有一三极管接在放大电路中，今测得其管脚的电位（对"地"）分别为：1 脚为 $-2V$、2 脚为 $-9V$、3 脚为 $-2.3V$，试判别管子的三个管脚哪个是集电极、哪个是发射极、哪个是基极，并说明是硅管还是锗管？是 NPN 型还是 PNP 型？

二、基本放大电路分析与计算题（共 22 分）

1. 回答问题。（7 分）

共集电极电路有什么特点？主要有什么应用？

2. 三极管放大电路如图 B.3 所示。（15 分）

已知：$\beta=100$，$U_{BE}=0.7V$，其他参数如图 B.3 中标注。

要求：（1）计算该电路的静态工作点；（2）画出该电路的小信号等效电路；（3）计算放大电路的电压放大倍数 $A_u=\dfrac{u_o}{u_i}$、输入电阻 r_i 和输出电阻 r_o。

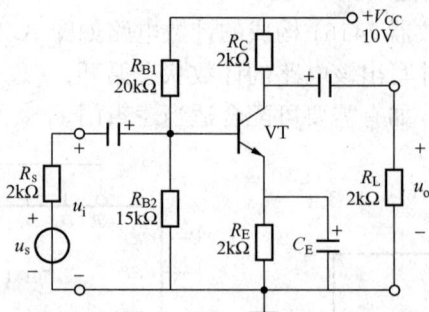

图 B.3

三、集成运算放大器电路分析与计算题（共 15 分）

1. 求出图 B.4 中 u_o 与 u_{i1}、u_{i2}、u_{i3} 的关系式。（10 分）

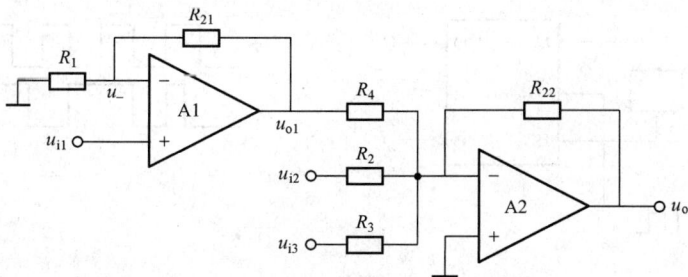

图 B.4

2. 理想运算放大器构成的电路如图 B.5 所示，若 $R_1 = R_2 = 20\text{k}\Omega$，$R_F = 40\text{k}\Omega$，$u_{i1} = 2\text{V}$，$u_{i2} = -3\text{V}$，计算输出电压的值。（5 分）

四、正弦波振荡电路问答题（共 4 分）

正弦波振荡的幅度平衡条件是什么？相位平衡条件是什么？

五、直流电源电路作图题（共 6 分）

画出一个包括电源变压器、整流二极管、滤波电容和负载电阻在内的单相桥式整流、电容滤波电路。

六、门电路和组合逻辑电路分析与设计题（共 18 分）

1. 数制转换。（5 分）

(1) $(94.625)_{10} = ($　　　　　$)_2 = ($　　　　　$)_{8421\text{BCD}}$。

(2) $(107)_8 = ($　　　　$)_2 = ($　　　　$)_{16} = ($　　　　$)_{10}$。

2. 写出图 B.6 所示逻辑图表示的表达式，不必化简。（4 分）

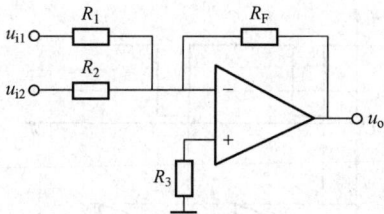

图 B.5

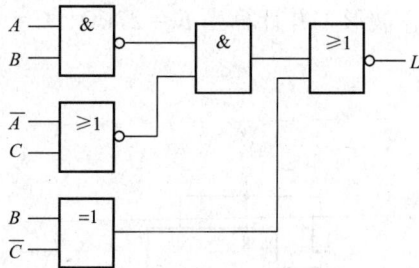

图 B.6

3. 设计一个三人多数表决电路。A、B、C 三人中 A 为组长，同意的人中必须有 A 表决结果才通过。列出真值表，写出最简逻辑函数表达式，并用与非门实现该逻辑函数。（9 分）

七、触发器、时序逻辑电路与 PLD 器件分析题（共 20 分）

1. 填空。（5 分）

(1) DAC 是将（　　）转换为（　　）的转换器。

(2) 施密特触发器有（　　）个稳态，（　　）个暂稳态。

(3) PAL 的中文含义是（　　　　　　）。

2. 触发器分析题。（5 分）

根据图 B.7 中给出的 CP 以及 D 的波形画出 Q 和 $\overline{Q}$ 端波形，Q 端初始状态为 0。

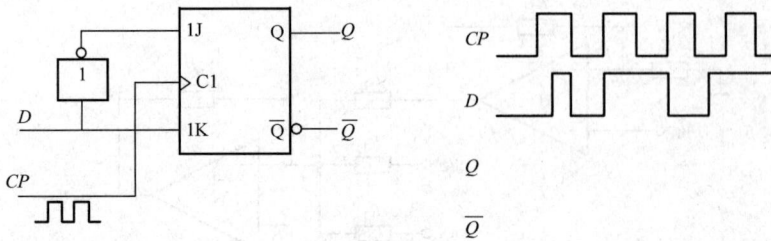

图 B.7

3. 集成计数器芯片分析题。（5 分）

利用集成异步二-五-十进制加法计数器 74290 构成的实用电路如图 B.8 所示，分析该电路构成了几进制计数器并写出计数状态循环。

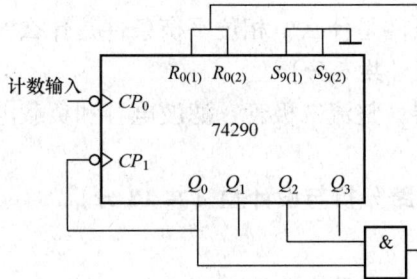

图 B.8

4. 由 555 定时器组成的单稳态触发器如图 B.9 所示，根据输入 u_1 与电容电压 u_C 波形，画出输出 u_O 波形，并计算当 $R=27\text{k}\Omega$、$C=0.05\mu\text{F}$ 时脉冲宽度 t_w。（5 分）

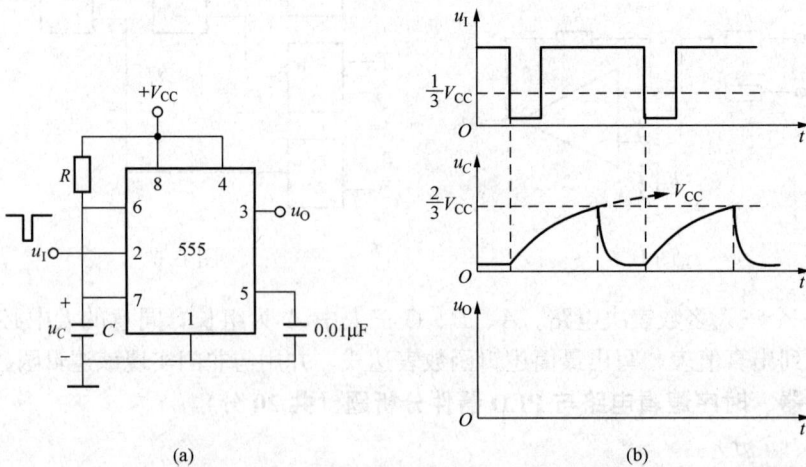

(a)   (b)

图 B.9

附录 C 常用电阻器阻值和允许误差标注方法

1. 常用电阻器的标称阻值系列和允许误差等级

电阻器的标称阻值是按国家规定的阻值系列标注的，因此，实际使用时必须按此阻值系列去选用。常用电阻器的标称阻值系列和允许误差等级如表 C.1 所示，使用时将表中所列数值乘以 10^n（n 为正整数或负整数），就成为这一阻值系列。

表 C.1 常用电阻器的标称阻值系列和允许误差等级

允许误差	±5%-Ⅰ	±10%-Ⅱ	±20%-Ⅲ	允许误差	±5%-Ⅰ	±10%-Ⅱ	±20%-Ⅲ
标称阻值	1	1	1	标称阻值	3.3	3.3	3.3
	1.1				3.6		
	1.2	1.2			3.9	3.9	
	1.3				4.3		
	1.5	1.5	1.5		4.7	4.7	4.7
	1.6				5.1		
	1.8	1.8			5.6	5.6	
	2				6.2		
	2.2	2.2	2.2		6.8	6.8	6.8
	2.4				7.5		
	2.7	2.7			8.2	8.2	
	3				9.1		

2. 阻值和允许误差在电阻器上常用的标注方法

电阻器的阻值和误差等级除了可以直接印在电阻器上外，还有一种常见的色环标注法，如图 C.1 所示。

图 C.1 阻值色环标注法

色环有四环和五环之分，距离一端较近的为第一环。如果是四环标注，前两环为有效数字，第三环为倍率，第四环代表误差；如果是五环标注，则前三环为有效数字，第四环为倍率，第五环为误差。其色环代表的含义如表 C.2 所示。

表 C.2 电阻色标法的具体规定

颜色	黑	棕	红	橙	黄	绿	蓝	紫	灰	白	金	银	无色
代表数字	0	1	2	3	4	5	6	7	8	9	—	—	—
倍率	10^0	10^1	10^2	10^3	10^4	10^5	10^6	10^7	10^8	10^9	10^{-1}	10^{-2}	—
允许误差（±）	—	1%	2%	—	—	0.5%	0.2%	0.1%	—	—	5%	10%	20%

【例 C.1】 某色环电阻共有四环，依次为黄、紫、红、金，则其色环代表的意义为：$47×10^2±5\%$，即 $4.7\mathrm{k\Omega}±5\%$。

附录 D 半导体分立器件型号命名方法

1. 型号组成原则

根据 GB/T 249—1989《半导体分立器件型号命名方法》，半导体分立器件型号由五部分组成，各部分意义如下：

第一部分：用阿拉伯数字表示器件的电极数目；

第二部分：用汉语拼音字母表示器件的材料和极性；

第三部分：用汉语拼音字母表示器件的类别；

第四部分：用阿拉伯数字表示序号；

第五部分：用汉语拼音字母表示规格号。

应注意的是，场效应器件、特殊半导体器件、复合管、PIN 型管、激光器件的型号命名只有第三、四、五部分。

2. 型号组成部分的符号及意义

半导体分立器件型号组成部分的符号及意义见表 D.1。

表 D.1　　　　　　　　　半导体分立器件型号组成部分的符号及意义

第一部分		第二部分		第三部分		第四部分	第五部分
用阿拉伯数字表示器件电极数目		用汉语拼音字母表示器件的材料和极性		用汉语拼音字母表示器件的类别		用阿拉伯数字表示器件序号	用汉语拼音字母表示规格号
符号	意义	符号	意义	符号	意义		
2	二极管	A	N 型锗材料	P	小信号管		
		B	P 型锗材料	V	混频检波管		
		C	N 型硅材料	W	电压调整管和电压基准管		
		D	P 型硅材料	C	变容管		
3	三极管	A	PNP 型锗材料	Z	整流管		
		B	NPN 型锗材料	L	整流堆		
		C	PNP 型硅材料	S	隧道管		
		D	NPN 型硅材料	K	开关管		
		E	化合物材料	X	低频小功率管 $(f_M < 3\text{MHz},\ P_{CM} \leqslant 1\text{W})$		
				G	高频小功率管 $(f_M > 3\text{MHz},\ P_{CM} \leqslant 1\text{W})$		
				D	低频大功率管 $(f_M < 3\text{MHz},\ P_{CM} \geqslant 1\text{W})$		
				A	高频大功率管 $(f_M > 3\text{MHz},\ P_{CM} \geqslant 1\text{W})$		
				T	闸流管		
				Y	体效应管		
				B	雪崩管		
				J	阶跃恢复管		

【例 D. 1】　硅整流二极管 2CZ50X。

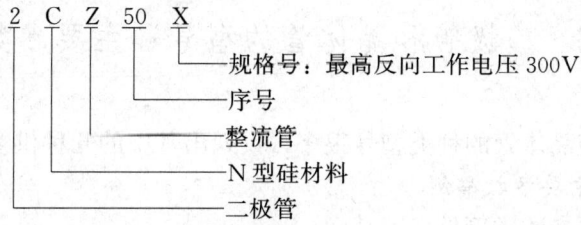

```
2   C   Z   50   X
                  └──── 规格号：最高反向工作电压 300V
              └──────── 序号
          └──────────── 整流管
      └──────────────── N 型硅材料
  └──────────────────── 二极管
```

【例 D. 2】　锗 PNP 型高频小功率晶体管 3AG11C。

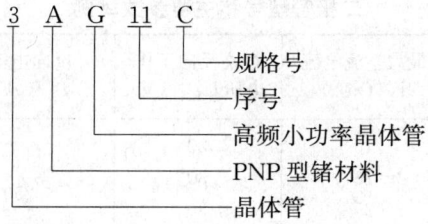

```
3   A   G   11   C
                  └──── 规格号
              └──────── 序号
          └──────────── 高频小功率晶体管
      └──────────────── PNP 型锗材料
  └──────────────────── 晶体管
```

附录 E　二极管和晶体管的型号和主要参数举例

二极管和双极结型晶体管的种类型号很多，仅列出其中的几种供参考。

1. 二极管型号和主要参数举例

二极管型号和主要参数举例见表 E.1。

表 E.1　二极管型号和主要参数举例

类型	型号	最大整流电流 I_F（mA）	最高反向工作电压 U_{RM}（V）	反向电流 I_R（μF）	最高工作频率 f_M（Hz）	结电容（pF）
点接触型锗二极管	2AP1	16	20	$\leqslant$250	150M	$\leqslant$1
	2AP2	16	30			
	2AP3	25	30			
	2AP4	16	50			
硅整流二极管	2CZ54D	400	200	250	3k	
	2CZ54E	100	100	$\leqslant$20	50k	
加散热片的硅整流二极管	2CZ55C	1000	100	$\leqslant$600	$\leqslant$3k	
	2CZ56C	3000	50	$\leqslant$1000	$\leqslant$3k	

2. 稳压二极管的型号和主要参数举例

稳压二极管的型号和主要参数举例见表 E.2。

表 E.2　稳压二极管的型号和主要参数举例

型号	稳定电压 U_Z（V）	最小稳定电流 $I_{Z(min)}$（mA）	最大稳定电流 $I_{Z(max)}$（mA）	动态电阻（Ω）	U_Z 的温度系数 K（%/℃）	最大耗散功率 P_{ZM}（mW）
2DW230	5.8～6.6	10	30	$\leqslant$25	｜0.05｜	200
2DW231	5.8～6.6			$\leqslant$15		
2DW232	6.0～6.5			$\leqslant$10		
2CW50	2.5～3.5	10	71	80	$\geqslant$－0.09	250
2CW51	3.2～4.5		55	70	－0.05～＋0.04	
2CZ55C	11.5～12.5	5	20	18	$\leqslant$0.095	250
2CZ56C	12.5～14		18			

3. 晶体管型号和主要参数举例

晶体管型号和主要参数举例见表 E.3。

表 E.3　晶体管型号和主要参数举例

类 型		型 号	β	P_{CM}（W）	I_{CM}（mA）	$U_{(BR)CEO}$（V）	I_{CEO}（μA）
低频小功率晶体管	硅管	3CX200A（PNP）3DX200A（NPN）	55～400	0.3	300	$\geqslant$12	$\leqslant$2
	锗管	3AX31A（PNP）3BX31A（NPN）	40～180	0.125	125	$\geqslant$6 $\geqslant$10	$\leqslant$800

续表

类　　型		型　　号	β	P_{CM}（W）	I_{CM}（mA）	$U_{(BR)CEO}$（V）	I_{CEO}（μA）
低频大功率晶体管	硅管	3DD206（NPN）	≥30	25	1500	≥400	≤0.1
	锗管	3AD150A（PNP）	≥30	1	100	≥100	≤10
硅高频小功率晶体管		3DG6A（NPN）	10～200	0.1	20	15	≤0.1
		3DG6B（NPN）	20～200			20	≤0.01
		3DG6C（NPN）	20～200			20	≤0.01
		3DG6D（NPN）	20～200			30	≤0.01
		3CG14A（PNP）	20～150	0.15	25	≥12	≤0.1
		3CG14B（PNP）				≥15	
		3CG14C（PNP）				≥15	
		3CG14D（PNP）				≥15	

附录 F　集成电路型号命名方法

　　根据 GB 3430—1989，半导体集成电路的型号由五个部分组成。第一部分统一用字母"C"，表示符合国家标准，第二到第五部分的符号及意义如表 F.1 所示。

表 F.1　　　　　　　　　　　　　　　　**半导体集成电路的型号组成**

第二部分		第三部分	第四部分		第五部分	
用字母表示器件的类型		用阿拉伯数字和字母表示器件的系列品种	用字母表示器件的工作温度范围		用字母表示器件的封装	
符号	意义	符号与意义	符号	意义	符号	意义
T	TTL	以 TTL 为例：	C	0～70℃	B	塑料扁平
H	HTL	54/74×××；	G	−25～70℃	P	塑料双列直插
E	ECL	54/74L×××；	L	−25～80℃	J	黑瓷双列直插
C	CMOS	54/74LS×××；	E	−40～85℃	T	金属圆形
F	线性放大器	54/74AS×××；	R	−55～85℃	S	塑料单列直插
W	稳压器	54/74ALS×××等	M	−55～125℃		
J	接口电路	以 CMOS 为例：				
M	存储器	4000 系列；				
AD	A/D 转换器	54/74HC×××；				
DA	D/A 转换器	54/74HCT×××等				

【例 F.1】　通用型集成运算放大器 CF741CT。

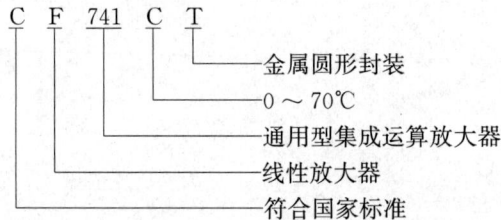

```
C  F  741  C  T
            │  └── 金属圆形封装
            └───── 0 ～ 70℃
         └──────── 通用型集成运算放大器
      └─────────── 线性放大器
   └────────────── 符合国家标准
```

【例 F.2】　CMOS4000 系列四双向开关 CC4066EJ。

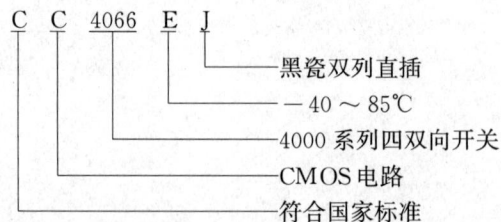

```
C  C  4066  E  J
             │  └── 黑瓷双列直插
             └───── − 40 ～ 85℃
          └──────── 4000 系列四双向开关
      └───────────── CMOS 电路
   └──────────────── 符合国家标准
```

　　国外的半导体集成电路型号，随着各个生产厂家的不同会稍有不同，具体可参阅有关资料。

附录 G 习题参考答案（部分）

第 0 章

0.2.1 （1）√；（2）√；（3）×

0.2.2 （1）小于；（2）少子

0.3.1 （1）×；（2）√

第 1 章

1.1.1 （1）×；（2）×；（3）√；（4）√

1.1.4 （a）截止，-12V；（b）VD1 截止、VD2 导通，-4.5V；（c）VD1 截止、VD2 截止，12V

1.1.7 100Ω

1.2.5 （a）放大；（b）饱和；（c）截止

1.3.1 （a）耗尽型 PMOS，$U_P=2$V，$I_{DSS}=1.8$mA；（b）增强型 NMOS，$U_T=3$V

第 2 章

2.1.1 $A_u=200$，46dB；$A_i=100$，40dB；$A_p=20\,000$，43dB

2.1.2 250Ω

2.1.3 （a）无；（b）无；（c）有；（d）无

2.1.5 （1）$I_C=1.3$mA，$U_{CE}=6.8$V；（2）不变；（3）$R_{B1}=38$kΩ

2.1.6 （1）$I_B=127.5\mu$A，$I_C=5.1$mA，$U_{CE}=-8.35$V；（2）不能

2.1.7 PNP，-4V，2V

2.1.9 （1）$I_B=30\mu$A，$I_C=1.5$mA，$U_{CE}=6$V；（2）$A_u=-167$，$A_{us}=-91$；（3）$r_i=1.2$kΩ，$r_o=4$kΩ；（4）均下降，$A_u=-100$，$A_{us}=-55$

2.1.10 $I_E=1.15$mA，$I_B=23\mu$A，$U_{CE}=5.1$V；$A_u=-69$，$r_i=1.3$kΩ，$r_o=4$kΩ

2.1.11 $A_u=-8.8$，$A_{us}=-7.9$；$r_i=4.5$kΩ，$r_o=3.3$kΩ

2.1.12 （1）$I_E=1.8$mA，$I_B=18\mu$A，$U_{CE}=2.8$V；（2）$A_{us1}=-0.8$，$A_{us2}=0.8$；（3）$r_i=8.3$kΩ；（4）$r_{o1}=2$kΩ，$r_{o2}=32\Omega$

2.1.13 （2）$A_u=0.99$，$A_{us}=0.97$；（3）$r_i=51$kΩ，$r_o=34\Omega$

2.1.14 （1）$R_E=14.3$kΩ；（2）$R_C=9$kΩ；（3）$A_{us}=-92$

2.1.17 $A_f=20$，$F=0.04$

2.1.18 60dB

2.1.19 483mV

2.1.20 0.1%

2.2.2 （1）$A_{ud}=-16.7$；（2）$A_{ud}=-1.01$；（3）$A_{ud}=-33$

2.2.3 $u_o=-4.5$V

2.2.4 $u_o=2u_{i2}-2u_{i1}$

2.2.5　$u_o = -\dfrac{R_F}{R_4}\Big(1+\dfrac{R_{21}}{R_1}\Big)u_{i1} - \dfrac{R_F}{R_2}u_{i2} - \dfrac{R_F}{R_3}u_{i3}$

2.2.6　$u_o = -u_i \sim u_i$

2.2.7　$u_o = \dfrac{R_3}{R_2+R_3}\Big(1+\dfrac{R_F}{R_1}\Big)u_{i2} - \dfrac{R_F}{R_1}u_{i1}$

2.2.8　$I_O = \dfrac{U}{R_1}$，恒流

2.2.9　$u_o = \dfrac{R_4}{R_3}\Big(1+\dfrac{2R_2}{R_1}\Big)(u_1-u_2)$

2.2.10　$I_M = 100\mu A$

2.3.3　(1) $P_{om}=25W$，$P_{T1}=3.42W$；(2) $P_{om}=22.5625W$，$P_{T1}=3.85W$

2.3.4　$P_o=6.25W$，$P_{T1}=2.5W$，$P_V\approx11.26W$，$\eta\approx55.5\%$

2.3.5　(1) $V_{CC}=12V$；(2) $P_{VM}\approx11.5W$，$P_{T1}=1.23W$；(3) $U_{om}=12V$

2.3.6　$P_{om}=4W$，$V_{CC}=24V$

2.3.7　(4) $P_o=3.125W$，$\eta\approx69.4\%$

第3章

3.2.3　(1) 略大于 $10.2k\Omega$；(3) $796Hz$

3.2.4　9952Ω

3.2.5　$483Hz$，略大于 $5.55k\Omega$

3.2.8　(a) 并联型；(b) 串联型

第4章

4.1.2　$U_2=40V$，$I_{O(AV)}=1.8A$，$I_{D(AV)}=0.9A$

4.1.3　(1) $U_{O(AV)}=18V$；(2) $I_{O(AV)}=0.3A$，$U_{RM}\approx28.28V$；(3) 可能烧坏变压器和整流管；(4) 半波整流电路，$U_{O(AV)}=9V$；(5) $U_{O(AV)}=-18V$

4.2.2　整流管 $I_{D(AV)}=125mA$，$U_{RM}\approx35.35V$；滤波电容 $C\geqslant333\mu F$，$U_{CM}\approx35.35V$，均未考虑裕量。

4.3.1　$U_O=12V$

4.3.4　$R_P=2.1k\Omega$

第5章

5.1.1　$(1111111)_2$

5.1.2　$(11111.01)_2$

5.1.3　$(111101000111111.001011)_2$

5.1.4　$(1254.375)_{10}$

5.1.5　$(11111101.01001111)_2$，$(FD.4F)_{16}$

5.1.6　$(00100110.0011)_2$

5.1.7　$(00101000)_{8421BCD}$，$(11011.101)_2$，$(31.6)_8$，$(25.625)_{10}$，$(19.8)_{16}$

5.2.1　$1V$；$10V$；$9.3V$

5.2.5　$Y=(A+B)\overline{C}$

5.3.2　(1) $AB+\overline{C}$；(2) $A+B$；(3) $\overline{A}B+A\overline{B}$；(4) $AB+B\overline{C}+B\overline{D}$

5.4.2　(1) $F=A\overline{C}+A\overline{D}+A\overline{B}$；(2) $F=A\overline{B}+B\overline{C}+AD$；(3) $F=\overline{A}B+BD+\overline{B}\,\overline{D}$；

(4) $F=B+D+AC$

第 6 章

6.1.10　$\overline{EO}$、GS、Y_2、Y_1、$Y_0=0$、1、1、0、1

6.1.12　$Z_1=\overline{B}\,\overline{C}+\overline{A}BC+A\overline{C}$，$Z_2=B\overline{C}+AC$

6.2.10　五进制，七进制

6.3.2　(1) 64K 个存储单元，16 根地址线，1 根数据线；

(2) 1M 个存储单元，18 根地址线，4 根数据线；

(3) 1M 个存储单元，20 根地址线，1 根数据线；

(4) 1M 个存储单元，17 根地址线，8 根数据线

6.3.7　$Y_1=AB+\overline{A}\,\overline{B}$，$Y_2=A\overline{B}+\overline{A}B$

第 7 章

7.1.1　$\pm5V$，$\pm10V$，$\pm10V$；线性放大范围为 $\pm1mV$

7.2.1　(1) 频率范围为 $100\sim332Hz$，占空比范围为 $53.5\%\sim86\%$；(2) $R_1=31.4k\Omega$

7.2.2　(1) $t_{w2}=7ms$；(2) $47.6Hz$

7.2.3　$t_w=3.63ms$

第 8 章

8.1.1　11 位

8.1.2　$4.89mV$，10 位$\left(\text{或}\dfrac{1}{2^{10}-1}\right)$

8.1.3　$-7.08V$

8.1.4　$u_O=-\dfrac{R_F}{R}V_{REF}\,(2^3X_3+2^2X_2+2^1X_1+2^0X_0)$

8.1.5　(1) 01011001；(2) 10110101；(3) 00000010

8.1.6　$2.44mV$

综 合 测 试 题

A 卷

一、半导体二极管和三极管的问答与分析题（共 15 分）

1. (1) 一；二；导通；截止；(2) 二；正偏、反偏；正偏、正偏；反偏

2. A 是发射极、B 是集电极、C 是基极，NPN，59

二、基本放大电路的分析与计算（共 25 分）

1. 电压并联负反馈

2. 无，输出短路

3. (1) $R_B=301k\Omega$；(2) 略；(3) $r_{be}=1k\Omega$，$r_i=1k\Omega$，$r_o=4k\Omega$，$A_u\approx-120$

三、集成运算放大器的分析与计算题（共 14 分）

1. $u_o=-\dfrac{R_F}{R_1}u_{i1}-\dfrac{R_F}{R_2}u_{i2}+\left(\dfrac{R_4}{R_3+R_4}\right)\left(1+\dfrac{R_F}{R_1//R_2}\right)u_{i3}$

2. 1.2V

四、直流电源电路问答题（共 6 分）

(1) 18V；(2) 28.3V；(3) 9V；(4) 24V

五、门电路与组合逻辑电路分析题（共 25 分）

1. BCD 码最大，十六进制数最小

2. $L=\bar{B}\,\bar{D}+B\bar{C}+BD$ 或 $B\,\bar{D}+\bar{C}\,\bar{D}+BD$

3. $F=A+\bar{B}$，连线图略

4. Y 和 F 互反，逻辑图略

六、集成计数器芯片分析题（共 15 分）

(1) 六进制计数器，状态转换图略；(2) 略

B 卷

一、半导体二极管和三极管的问答与分析题（共 15 分）

1. 截止，-12V

2. 放大，硅管；放大，锗管

3. 1 是发射极，2 是集电极，3 是基极；锗管；PNP 管

二、基本放大电路分析与计算题（共 22 分）

1. 电压放大倍数小于 1 约等于 1，输入输出电压同相，输入电阻大，输出电阻小；输入级，缓冲级和输出级

2. (1) $I_C=1.8mA$，$I_B\approx18\mu A$，$U_{CE}=2.8V$；(2) 略；(3) $r_i\approx1.4k\Omega$，$r_o=2k\Omega$，$A_u=-57$

三、集成运算放大器电路分析与计算题（共 15 分）

1. $u_o=-\dfrac{R_{22}}{R_4}\left(1+\dfrac{R_{21}}{R_1}\right)u_{i1}-\dfrac{R_{22}}{R_2}u_{i2}-\dfrac{R_{22}}{R_3}u_{i3}$

2. $u_o=2V$

四、正弦波振荡电路问答题（共 4 分）

$AF=1$，$\phi_a+\phi_f=\pm2n\pi$

五、直流电源电路作图题（共 6 分）

略

六、门电路和组合逻辑电路分析与设计题（共 18 分）

1. (1) $(94.625)_{10} = (1011110.101)_2 = (10010100.011000100101)_{8421BCD}$；

(2) $(107)_8 = (001000111)_2 = (47)_{16} = (71)_{10}$

2. $L = \overline{\overline{AB} \ \overline{\overline{A}+C} + B \oplus \overline{C}}$

3. 真值表略，最简式 $Y = AB + AC = \overline{\overline{AB} \ \overline{AC}}$，逻辑图略

七、触发器、时序逻辑电路与 PLD 器件分析题（共 20 分）

1. (1) 数字量，模拟量；(2) 2，0；(3) 可编程阵列逻辑

2. 触发器分析题（5 分）

略。

3. 集成计数器芯片分析题（5 分）

五进制计数器；计数状态循环略

4. 波形略，1.49ms

参 考 文 献

［1］　集成电路手册编委会. 中外集成电路简明速查手册：TTL、CMOS 电路. 北京：电子工业出版社，1999.

［2］　康华光. 电子技术基础. 5 版. 北京：高等教育出版社，2006.

［3］　华成英. 模拟电子技术基本教程. 北京：清华大学出版社，2006.

［4］　叶挺秀，张伯尧. 电工电子学. 3 版. 北京：高等教育出版社，2008.

［5］　刘继承，申功迈. 电子技术基础. 北京：高等教育出版社，2005.

［6］　秦曾煌. 电工学：电子技术. 7 版. 北京：高等教育出版社，2009.

［7］　杨素行. 模拟电子技术基础简明教程. 3 版. 北京：高等教育出版社，2006.

［8］　余孟尝. 数字电子技术基础简明教程. 3 版. 北京：高等教育出版社，2006.

［9］　郝波. 电子技术基础——模拟电子技术. 西安：西安电子科技大学出版社，2004.

［10］　郝波. 电子技术基础——数字电子技术. 西安：西安电子科技大学出版社，2004.

［11］　尹常永. 电子技术. 北京：高等教育出版社，2008.

［12］　黄继昌，徐巧鱼，张海贵，等. 传感器工作原理及应用实例. 北京：人民邮电出版社，1998.

［13］　孙肖子，张企民. 模拟电子技术基础. 西安：西安电子科技大学出版社，2001.

［14］　吕国泰，吴项. 电子技术. 4 版. 北京：高等教育出版社，2013.

［15］　王成安，刘瑞国. 模拟电子技术：实训篇. 大连：大连理工大学出版社，2003.

［16］　欧阳星明. 数字逻辑. 4 版. 武汉：华中科技大学出版社，2009.

［17］　熊宝辉. 模拟集成电路. 北京：水利电力出版社，1994.

［18］　谭建生. 数字电路与逻辑设计. 北京：电子工业出版社，1998.

［19］　熊保辉. 电子技术基础. 北京：中国电力出版社，1999.

索引（汉英对照）

——小规模（Small Scale～，SSI）
——中规模（Medium Scale～，MSI）
——大规模（Large Scale～，LSI）
——超大规模（Very Large Scale～，VLSI）
——甚大规模（Ultra Large Scale～，ULSI）
量化（Quantification）
编码（Coding）
编码器（Encoder）
——优先（Priority）
最小项（Miniterm）
温度漂移（Temperature Drift）

十三画

输入电阻（Input resistance）
输出电阻（Output resistance）
频率（Frequency）
滤波电路（Filter）
——电容（Capacitance）
——电感（Inductance）
触发器（Flip-Flop）
——钟控（Clocked）
——边沿（Edge-triggered）
数模转换器（Digital to Analog Converter，DAC）
数据选择器（Multiplexer）

数据分配器（Demultiplexer）
数字信号（Digital signal）
数字逻辑电路（Digital logic circuit）
置位（Set）

十四画

静态（Statics）
静态工作点（Quiescent point）
稳压电源（Regulated power supply）
——串联反馈式（Series feedback type）
模拟信号（Analog signal）
模数转换器（Analog to Digital Converter，ADC）

十五画

增益（Gain）
——电压（Voltage）
——电流（Current）
摩根定理（De Morgan's theorem）

十六画

整流电路（Rectifier）
——单相半波（Single-phase half-wave）
——单相全波（Single-phase full-wave）
——单相桥式（Single-phase bridge）